舰船装备保障工程丛书

舰船装备维修决策建模
与优化技术

阮旻智　黄傲林　管旭军　葛恩顺　著

北　京

内 容 简 介

本书针对舰船装备的可靠性维修与决策问题开展研究,基于以可靠性为中心的维修理论,构建舰船装备的多种故障模型和维修策略模型,并从降低装备的维修费用率、提高装备可用度等角度对模型进行优化。介绍舰船装备维修策略选取的总体原则,并根据装备状态是否可观测,分别建立不同的维修决策模型,讨论维修间隔、维修次数、检测效果等因素对维修决策的影响;针对装备失效机理的不同,建立多重故障并发下的维修决策模型,并对模型进行优化;针对单一维修方式的不足,对一定风险条件下的组合维修策略模型进行研究。

本书可为装备使用人员制订维修保障策略提供科学方法,可供军事装备保障的教学科研人员及工程技术人员、各级装备业务管理人员,以及军事装备保障专业的高等院校本科生和研究生参考使用。

图书在版编目(CIP)数据

舰船装备维修决策建模与优化技术/阮旻智等著. —北京:科学出版社,
2018.11

(舰船装备保障工程丛书)
ISBN 978-7-03-058447-2

Ⅰ.①舰… Ⅱ.①阮… Ⅲ.①军用船-装备-维修 Ⅳ.①E925.6

中国版本图书馆 CIP 数据核字(2018)第 178067 号

责任编辑:张艳芬 罗 娟 / 责任校对:郭瑞芝
责任印制:张 伟 / 封面设计:蓝 正

科学出版社 出版
北京东黄城根北街 16 号
邮政编码:100717
http://www.sciencep.com

北京九州迅驰传媒文化有限公司 印刷
科学出版社发行 各地新华书店经销
*
2018 年 11 月第 一 版 开本:720×1000 B5
2018 年 11 月第一次印刷 印张:15 1/2
字数:292 000
定价:98.00 元
(如有印装质量问题,我社负责调换)

《舰船装备保障工程丛书》序

舰船装备是现代海军装备的重要组成部分,是海军战斗力建设的重要物质基础。随着科学技术的飞速发展及其在舰船装备中的广泛应用,舰船装备呈现出结构复杂、技术密集、系统功能集成的发展趋势。为使舰船装备能够尽快形成并长久保持战斗力,必须为其配套建设快速、高效和低耗的保障系统,形成全系统、全寿命保障能力。

20世纪80年代,随着各国对海军战略的调整以适应海军装备发展需求,舰船装备保障技术得到迅速发展。它涉及管理学、运筹学、系统工程方法论、决策优化等诸多学科专业,现已成为世界军事强国在海军装备建设发展中关注的重点,该技术领域研究具有前瞻性、战略性、实践性和推动性。

舰船装备保障的研究内容主要包括:研制阶段的"六性"设计,使研制出的舰船装备具备"高可靠、好保障、有条件保障"的良好特性;保障顶层规划、保障系统建设,并在实践中科学运用保障资源开展保障工作,确保装备列装后尽快形成保障能力并保持良好的技术状态;研究突破舰船装备维修与再制造保障技术瓶颈,促进装备战斗力再生。舰船装备保障能力不仅依赖于装备管理水平的提升,而且取决于维修工程关键技术的突破。

当前,在舰船装备保障管理方面,正逐步从以定性、经验为主的传统管理向综合运用现代管理学理论及系统工程方法的精细化、全寿命周期管理转变;在舰船装备保障系统设计上,由过去的"序贯设计"向"综合同步设计"的模式转变;在舰船装备故障处理方式上,由过去的"故障后修理"向基于维修保障信息挖掘与融合技术的"状态修理"转变;在保障资源规划方面,由过去的"过度采购、事先储备"向"精确化保障"转变;在维修保障技术方面,由过去的"换件修理"向"装备应急抢修和备件现场快速再制造"转变。

因此,迫切需要一套全面反映海军舰船装备保障工程技术领域的丛书,系统开展舰船装备保障顶层设计、保障工程管理、保障性分析,以及维修保障决策与优化等方面的理论与技术研究。本套丛书凝聚了撰写人员在长期从事舰船装备保障理论研究与实践中积累的成果,代表了我国舰船装备保障领域的先进水平。

中国工程院院士
波兰科学院外籍院士

2016 年 5 月 31 日

前　言

舰船装备是我国海军战斗力的重要组成部分,而装备维修是保持、恢复乃至提高战斗力的重要手段和措施。舰船装备维修决策技术是在保证系统安全性和可靠性的前提下,对成本和收益进行综合权衡,确定和调整维修时机、维修任务及维修计划,优化维修策略。

维修装备和医生问诊有很多相通之处,前者是通过装备的使用和维修保障人员根据装备自身的特点与工作、故障时的外在表现同时结合自己的工作经验,查明可能的故障原因,进而制订相应的维修保障策略;后者是医生根据自己掌握的医学知识、临床经验、患者对病情的描述和临床表现,排除可能的病因,进而查明病情,制订相应的治疗方案。虽然装备维修保障工作不像医疗工作那样纷繁复杂,但是随着海军装备技术的不断发展和进步,装备智能化程度和复杂程度日益提高,舰船装备维修保障工作也面临着前所未有的巨大挑战。

所幸的是,在强军改革的大背景下,与装备保障密不可分的信息技术和传感器技术近年来得到了长足发展,维修保障人员能够采集到的装备信息也越来越多,数据驱动的研究方法已经在诸多领域展现了强大的解决问题的能力,这在客观上为发现探明装备故障问题的"真相"提供了更多技术上和手段上的可能。

本书是对作者所在团队多年来从事海军舰船装备维修保障理论研究的总结和提炼,书中针对舰船装备故障发生和维修工作的特点,除了利用传统的故障率函数作为描述装备故障的数学工具,还探讨利用随机过程、马尔可夫链等方法建立若干数学模型,为解决特定条件下的装备维修优化问题提供可行的途径。

全书共 10 章。第 1 章概述舰船装备维修工作的特点,对舰船装备维修涉及的一些基本概念、专业术语和背景知识进行简要介绍;第 2 章介绍进行维修决策优化应掌握的概率论和随机过程方面的基础理论;第 3 章介绍基于装备效能和传感器监测数据的两种不同装备技术状态的评估方法,并在此基础上探讨如何对装备系统的技术状态进行评估;第 4 章介绍基于二元语义的舰船装备维修方式多属性群决策模型,尝试解决选择维修决策方式时决策群体语言评价集粒度不一致的问题;第 5 章讨论基于时间的预防性维修策略,包括不可修系统的寿命更换策略和可修系统的定周期/不定周期预防性维修策略;第 6 章讨论当维修效果不完全时如何对装备进行维修更换,包括基于瞬时可用度的估算方法和基于维修次数考量的方法;第 7 章运用马尔可夫链和 Gamma 过程对不完全维修下的视情维修策略进行研究;第 8 章讨论视情维修中的特殊情形,即当状态检测效果不完全时如何对视情维修策略进行优化；第 9 章讨论多重故障并发下的维修决策，分别针对多重劣化故障、劣化故障与冲击故障等情形进行分析，对寿命更换策略进行扩展和推广；第 10 章综合考虑了不同维修策略的特点和优势，构建了基于组合维修策略的装备维修决策框架，最大限度地提高了装备的保障水平。

限于作者学术水平，本书难免存在不足之处，欢迎读者批评指正。

目　　录

第 1 章　绪　　论

舰船装备维修是舰船装备保障的一项重要工作,贯穿舰船的整个服役期。在介绍维修决策建模和优化技术之前,本章首先对舰船装备维修涉及的一些基本概念、专业术语和背景知识进行简单介绍。

1.1　研究背景

随着科学技术尤其是信息和传感技术的迅速发展,现代装备逐渐朝着数字化、综合化、智能化的方向发展,装备复杂程度不断提高,尤其是在航空、航天、航海等领域,大型复杂装备不断涌现,使得装备作战效能的发挥更加依赖装备的维修保障能力。与此同时,复杂装备系统的维护和保障成本也越来越高。有报告显示,从20 世纪 70 年代开始,美国军队每年用于设备检修的费用超过 2000 亿美元[1],80年代以来,维修费用更是接近装备研制费与采购费之和;德国每年用于工业产品维修的支出占国内生产总值的 13%~15%[2,3]。维修对于军事和国民经济都有举足轻重的影响,科学合理的维修策略可以降低装备故障频率,提高装备的利用率,减少对保障资源的消耗,延长装备的使用寿命,降低装备单位时间的运行成本,如何制订有效的维修策略是装备保障领域亟待解决的重要问题。

在 20 世纪初,装备维修缺乏理论指导,装备维修采取的主要方式是故障后进行修理。到了 20 世纪 50 年代,可靠性理论蓬勃发展,人们普遍认识到装备可靠性与其运行时间之间存在一定关联,以预防为主的维修方式得到推广。定期对装备进行预防性维修能够减少或避免故障发生,以预防为主的维修方式在减少非计划故障停机、避免由故障带来的人身安全和经济损失等方面起到一定的积极作用。但是,随着理论研究的深入,人们对装备的故障规律及其统计特征有了更深入的了解,认识到预防性维修工作并不是做得越多、越频繁,装备就越可靠。例如,对于发生随机故障(即故障规律服从指数分布)的装备,预防性维修是没有效果的,反而在一定程度上可能影响装备的可靠性;同时,如果对维修策略考虑不周,缺乏科学理论指导,往往会带来巨大的经济损失,甚至招致灾难性后果[4]。

到了 20 世纪六七十年代,以可靠性为中心的现代维修理论得以形成[5]。这种新的维修思想以可靠性理论为基础,以维修对象的可靠性分析为依据,通过对装备的故障和状态数据进行分析,组织实施维修保障工作,具有很强的针对性。在此基础上发展起来的维修建模和优化技术也成为运筹学与可靠性工程学的一个重要分支。该理论致力于综合衡量维修工作相关的支出和收益两方面因素,侧重于对系统时效、装备的劣化过程以及维修工作等给出定量的描述和分析,从运筹学角度指导维修工作的进行,通过模型求解和优化给出最佳的维修时机及维修方式。

舰船装备是海军战斗力的重要组成部分,舰船装备维修是巩固海上战斗力,保证舰船作战、训练、执勤的一项重要技术保障工程,对海军现代化建设具有重大作用。而海军是典型的高技术军种,部分舰船装备技术含量高,装备结构复杂,零部件繁多,在使用过程中会出现不同程度的磨损和老化,同时装备本身与船体结合紧密,容易受舰船建造质量和外部环境等多方面因素影响,整个寿命周期中故障率呈现上升趋势[6],此类装备系统的维修一直困扰着国内外的装备保障人员。

从 20 世纪 60 年代起,美国军队开始对舰船装备维修进行改革,在以可靠性为中心的现代维修理论指导下,基于状态的维修等多种维修方式得到了广泛应用,维修管理人员通过对装备的状态信息以及历史故障信息进行分析,评估其技术状态并预测其剩余寿命,从而科学地进行维修规划。美国海军从 20 世纪 90 年代开始研制的综合状态评估系统(integrated condition assessment system, ICAS)能够完成数据采集、趋势分析、故障诊断、状态评估、预测分析等多项工作,可以针对装备实际情况制订灵活的维修策略,很好地解决舰船劣化装备的维修问题。美国军队在 12 个级别(包括航母)的 100 余艘水面舰船上部署了该系统[7, 8]。表 1-1 显示了美国军队提康德罗加级巡洋舰在部署 ICAS 前后保障经费和舰员维修保障时耗的对比。

表 1-1　提康德罗加级巡洋舰 CG47(单舰年)消耗对比

开支项目	部署 ICAS 前	部署 ICAS 后	节省
舰员级维修经费	88.8 万美元	73.6 万美元	15.2 万美元
燃料消耗	300 万美元	290 万美元	10 万美元
有记录的维修保障	41700 人时	30200 人时	11500 人时

目前我国海军对舰船装备采用的维修方式主要还是故障后维修和预防性维修。故障后维修是指在装备发生故障后,通过维修或者更换使其恢复到规定状态的装备保障活动,属于事后维修;预防性维修是指在装备故障发生之前,通过擦拭、润滑、调整、检查、定期拆修和定期更换等活动使其保持在规定状态。预防性维修在我国海军舰船装备维修的实际操作中又多表现为定期维修。定期维修是以装备的日历时间为基础,对装备的预防性维修活动间隔进行安排,大的预防性维修活动往往结合舰船的等级修理(包括坞修、小修、中修等)进行,定期维修的优点是可以预先安排详细的维修作业计划、组织人力和物资,缺点是维修间隔的确定带有一定的主观性,缺乏理论依据。

另外,随着装备故障诊断与传感器技术的发展,对于舰船装备,国内也逐步开展了基于状态的维修理论与实践的研究。但总体而言,视情维修在工程实践上还处于起步阶段,目前仅有少量的舰船装备具备开展视情维修所需的条件。一方面是因为在理论研究上起步较晚,另一方面则是受限于传感技术的发展,在实际的装备维修工作中没有或者只有少量的状态信息可用于维修的辅助决策。

综上所述,国内在军用舰船装备的维修中主要存在以下问题:

(1) 维修方式决策不当增加了维修任务量和维修经费,同时增大了装备由维修造成的故障风险。

(2) 预防性维修周期的确定缺乏理论支撑,不合理的预防性维修间隔容易造成装备修理过剩或失修,降低装备的使用寿命和可用度。

(3) 开展视情维修所需的状态信息较多,理论也较为复杂,在一定程度上限制了视情维修的推广和应用。

1.2　维修的基本概念

1.2.1　维修工作及其分类

用户都希望装备系统尽可能长期保持在工作状态,至少在他们需要的期限内保持在工作状态。为了实现这一目标,有必要进行适当的维修工作,以保持系统使用期间的功能。这样,维修工作就定义为使产品保持或恢复到规定状态所进行的全部活动。图 1-1 给出了维修工作的过程。从图中可以看出,维修工作的实施首先需要一定的资源,如维修器材、设备和具有维修技能的人员;其次需要能够保障维修活动得以开展的适当环境。

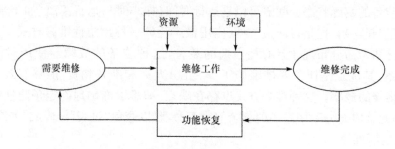

图 1-1　维修工作过程

传统上根据维修活动目的不同,通常把维修工作分为预防性维修和修复性维修两大类,如国家军用标准以及瑞典的 SS-EN13306(2001)标准等。后来,在深入分析维修工作及装备状态发展趋势的基础上,又进一步定义维修为使装备保持、恢复或改善到规定状态所进行的全部活动,并按照维修目的与时机将维修工作分为预防性维修（包括定期维修、视情维修、预先维修和故障检查）、修复性维修、应急性维修和改进性维修，如图 1-2 所示。

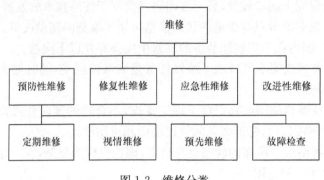

图 1-2　维修分类

1. 预防性维修

预防性维修是指为预防产品故障或故障的严重后果，使其保持在规定状态所进行的全部活动。这些活动可包括擦拭、润滑、调整、检查、定期拆修和定期更换等。这些活动的目的是发现并消除潜在故障，或避免故障的严重后果，防患于未然。预防性维修适用于故障后果危及安全和任务完成或导致较大经济损失的情况。根据人们长期积累的经验和技术的发展，预防性维修通常分为定期维修、视情维修、预先维修、故障检查。

1) 定期维修

定期维修是指装备使用到预先规定的间隔期，按事先安排的内容进行维修，而不考虑装备的实际状态。间隔可以是运行时间（如小时）、运行距离（如千米）或活动次数（如起降）。这是目前最常见、应用最广泛的一种预防性维修方式。定期维修适合已知寿命分布规律且有耗损期的装备，这种装备的故障与使用时间有明确的关系，其优点是便于安排维修工作、组织人力和准备物资，能够有效地减少故障后维修的概率。这种维修方式也存在缺点，即难以准确地确定预防性维修间隔期，因此难以充分利用产品的剩余使用寿命，难以避免"过剩"维修或"欠修"。

2) 视情维修

视情维修又称为基于状态的维修（condition based maintenance，CBM）。它是对产品进行定期或连续的监测，发现其出现功能故障征兆时进行有针对性的维修。视情维修适用于耗损故障初期有明显劣化征候的装备，并需有适当的检测手段和标准。其优点是维修的针对性强，既能充分利用机件的工作寿命，又能有效预防故障的发生。

3) 预先维修

随着科技、军事、经济的发展,对系统和设备(特别是航空航天等领域)使用中的可靠性、安全性要求越来越高,甚至提出了零故障要求。一种在预防故障方面更加超前、更加主动的维修方法发展起来,这就是预先维修。预先维修是针对故障根源采取的维修措施,包括对故障根源的监测和排除。预先维修的理论认为,由磨损、腐蚀、失调等造成的产品(机件)性能退化有一个发展过程,而磨损、腐蚀、失调等又有其根本原因,如润滑油变质、机件所处环境的油液或气体变质、机械振动等。如果对这些问题进行监控,消除它们,就可以避免机件发生磨损、腐蚀、失调等,实现零故障。

4) 故障检查

检查产品是否仍能工作的活动称为故障检查或功能检查。故障检查是针对那些后果不明显的故障,因此它适用于平时不使用或不工作的装备,或者产品的隐蔽功能故障。通过故障检查可以预防故障造成严重后果。

以上几种预防性维修方式各有其适用的范围和特点,并无优劣之分。通过正确运用定期维修与视情维修,适时进行故障检查,积极开展预先维修技术研究和应用,可以在保证装备战备完好性的前提下有效地节约武器装备维修的人力和物力。

2. 修复性维修

修复性维修也称为排除故障维修或修理,它是指装备或其构成组件发生故障或遭到损坏后,使其恢复到规定技术状态所进行的维修活动。它可以包括下述一个或全部活动:故障定位、故障隔离、分解、更换、再装、调校、检验以及修复损坏件等。

3. 应急性维修

应急性维修是指在作战或紧急情况下,采用应急手段和方法,使损坏的装备迅速恢复必要功能所进行的应急性修理。最主要的是战场抢修或称为战场损伤评估与修复(battlefield damage assessment and repair),这是指当装备在战斗中遭受损伤或发生故障时,采用快速诊断与应急修复技术,恢复或部分恢复必要功能或自救能力所进行的战场修理。

4. 改进性维修

改进性维修是指利用完成装备维修任务的时机,对装备进行经过批准的改进和改装,以提高装备的战术性能、可靠性或维修性,或使之适合某一特殊的用途。它是维修工作的扩展,其实质是修改装备的设计。

此外,根据维修工作是在装备故障前主动实施还是装备故障后被动开展,又将维修分为主动性维修(active maintenance)和非主动性维修(reactive maintenance)。主动性维修是为了防止装备达到故障状态,而在故障发生前所进行的维修工作,前述的定期维修、视情维修和预先维修都属于这类维修方式;非主动性维修又称为反应式维修,主要是指修复性维修。

1.2.2 维修级别与维修级别分析

维修级别是指按照装备维修的范围和深度及其维修时所处场所划分的维修等级。一般分为基层级维修、中继级维修和基地级维修三级。

基层级维修(organizational-level maintenance)是由直接使用装备的单位对装备所进行的维修,主要完成装备日常维护保养、检查和排除故障,调整和校正,部件的更换以及定期检修等周期性工作。基层级维修仅配备有限的保障设备和人员,开展较短时间内能完成的简单维修工作。

中继级维修(intermediate-level maintenance)是指装备所在建制单位的某上级修理部(分)队及其派出的修理分队的维修,主要完成装备及其组件的修理、装备战伤修理、一般改装和简单零件制作等。中继级维修的主要任务是对复杂装备的中修及简单装备的大修,同时担负对基层级维修的必要支援。

基地级维修(depot-level maintenance)是由总部、大军区、军兵种修理机构或装备制造厂等具有装备大修、大部件修理、备件制造等能力的修理机构对装备进行的各种中继级所不能完成的维修工作。

舰船装备维修是舰船在服役期间,使装备保持或恢复其规定状态所进行的技术和管理活动,它是由信息、资料、人员、备品备件、保障设备、计划、工作流程和工序等一系列资源投入的活动。舰船装备一般采用三级维护体制,其中与基层级维修相对应的是舰员级维修。其主要维修任务包括战时抢修和日常维护,前者使用装备自带设备,找到装备故障单元,使用备件更换之,迅速恢复战斗力;后者是日常进行的例行保障工作,包括检查、保养、维护、预防性维修和修复性维修。

维修级别是根据维修工作的实际需要划分的。现代装备的维修项目很多,而每一个项目的维修范围、深度、技术复杂程度和所需要的维修资源各不相同,因此需要不同的人力、物力、技术、时间和维修手段。事实上,不可能把装备所有维修工作需要的人力、物力都配备在一个级别上。合理的办法就是根据维修的不同深度、广度、技术复杂程度和维修资源划分不同的级别。这种级别的划分不仅要考虑维修本身的需要,还要考虑作战使用需求和作战保障的要求,并且要与作战指挥体系相结合,以便在不同的建制级别上组建不同的维修机构。不同军兵种修理级别的划分有所不同,但划分的基本原则是相似的,通常需要考虑维修的任务、部队的编制体制及维修原则等因素。

由于海军作战环境和海洋环境的特殊性,以及舰船任务剖面的特点,海军舰载装备保障与陆军、空军等军种相比具有其特殊性。首先，按一般舰艇的任务剖面，舰艇远离基地执行海上巡航和作战任务平均每次 21~60 天，如遇执行远洋任务或出访多个国家则可能需要 90 天以上。舰艇出海时间长，长期离开基地，缺乏支援，要求舰船级维修有其自主性。其次，舰船处于恶劣的海洋环境，并处在以高速突袭导弹为主要威胁的复杂多变的作战环境中，要求单舰和舰艇编队具有很强的海上训练、海上机动维修、舰员自修和战损抢修能力。最后，也是海军与其他兵种区别最大的，舰船是所有军事装备和民用装备中最复杂的系统。舰船上除作战系统（如武器系统、探测系统等）和平台系统（如推进系统、电力系统、损管系统和辅机系统）外，还包括舰员生活系统。装备数量之大，复杂程度之高直接导致维修任务复杂、维修工作量巨大，而且各维修工作之间相互关联，主次有序。这就要求舰船级维修分层次和分级别。

修理级别分析（level of repair analysis，LORA）是装备保障性分析的重要组成部分，是装备维修规划的重要工具之一，其目的是为装备的修理确定可行的、效费比最佳的修理级别或做出报废决策，并使之影响设计。LORA 是一种系统性的分析方法，它以经济性或非经济性因素为依据，确定装备中待分析产品需要进行维修活动的最佳级别，LORA 总体流程如图 1-3 所示。

舰船装备是一个复杂的系统，有不同功能层次的零部件。如果对所有的零部件都进行 LORA，既不经济，也没必要。因此，LORA 中所指的待分析产品是一个广义的概念，不仅包含产品的名称，还必须对装备进行功能层次的划分，结合固障模式、影响等因素进行构建。例如，对于典型的舰船装备，可以分成以下七个层次：系统、分系统、子系统、单元、部件、组件和零件。其中，系统、分系统、子系统由于其结构复杂，大都可以进一步拆分，故当其发生故障后，不对其直接进行 LORA；而对于零件，通常不需要修理，即对于典型装备，在进行 LORA 时所指的产品层次是单元、部件、组件。

此外，不能把子产品分配到比它所在产品的修理级别还低的修理机构去维修；一个产品弃件，其子产品也必须随之弃件。

LORA 的方法有很多种，需要根据实际情况选择适用的方法；同时，可以运用相关方法进行分析评价，使决策更为合理。

1.2.3　维修策略

维修策略是指为了保证装备使用的安全性、可靠性、可用性以及经济性，对维修行为进行的合理安排和规划，在不同的维修策略下，根据不同的事件（如工作时间、系统故障的发生或发生故障的设备数量等）给出不同的维修决策。根据舰船装备构成的不同，维修策略又分为单设备系统的维修策略和多设备系统的维修策略。

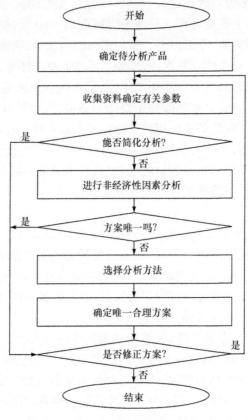

图 1-3　LORA 总体流程

1. 单设备系统的维修策略

1) 年龄更换策略

基本的年龄更换策略(age replacement policy)是指系统工作时间达到确定的常数 T 时,若系统仍未发生故障,则进行预防更换;若在 T 时刻之前发生故障,则当时立刻进行故障后更换。该维修策略是最早研究的维修策略,也是目前研究最广泛的维修策略。年龄更换策略只考虑了修复如新(即更换)的情况,而在实际中存在极小修、小修和大修等各种不完全维修的情况,实际的维修时间、维修费用和维修效果都不尽相同。因此,在基本的年龄更换策略基础上,研究人员提出了大量其他基于系统年龄的维修策略。

2) 成批更换策略

最基础的成批更换策略(block replacement policy)是指系统在等间隔时间点上进行周期预防更换。若系统在其他时间发生故障,则当时立即进行故障后更换,并且任何故障后更换都不影响周期预防更换计划。与年龄更换策略不同,在该维修策略中,预防维修工作均由事先计划决定,无须考察记录系统工作时间,因此成批更换策略在工程实践中易于施行。实际进行的维修工作对改善设备性能状况的效果各不相同,因此考虑小修、大修等各种"修复非新"的维修情况时,根据基础的成批更换策略可扩展出许多周期性预防维修策略。成批更换策略尽管针对的是单设备系统,但往往应用于多设备系统,特别是数量较多、价格较低的各种零部件。

3) 故障限制策略

以失效率、可靠性等作为指标来决定是否对系统进行维修的策略称为故障限制策略(failure limit policy)。故障限制策略包含以可靠性为中心的维修思想,适用于安全性要求较高的设备(如航空发动机)。理论上,故障限制策略可以很好地降低设备的故障率,但是实际中这种策略的表现参差不齐,主要原因是其决策所依赖的失效率、可靠性等指标是一类统计指标,针对的是一类设备,而在单个设备上往往很难估计。此外,用于视情维修决策的比例故障率模型(proportional hazards model,PHM)本质上也是一种故障限制策略,该模型描述了系统状态、运行时间和系统可靠性之间的函数关系。

4) 维修限制策略

维修限制策略(repair limit policy)实际上是考虑一定约束条件下的维修活动,根据约束条件的不同,主要可分为维修费用限制策略和维修时间限制策略。在采用维修费用限制策略的情况下,当系统发生故障时,若估计的维修费用小于某一设定的额度,则对系统进行维修,否则更换系统。这种维修策略的缺点是它只考虑单次维修的费用问题,从而可能导致较长时间内系统故障和维修费用较高。因此,人们提出了维修费用率(单位时间的平均费用)限制策略,即当系统发生故障时,只要故障维修费用率达到或超过某一设定的额度,就对系统进行维修,否则更换系统。维修时间限制策略是指当系统发生故障时进行维修,如果维修活动已经进行了 T 时间仍未完成,就对系统进行更换,否则系统维修之后继续运行,其中 T 称为维修时间限。

5) 视情维修策略

随着传感技术、监测和诊断技术的快速发展,从 20 世纪 70 年代开始,视情维修获得了广泛的关注和应用。视情维修强调对系统或设备进行状态监测和诊断,并评估系统劣化状况,从而根据分析与诊断结果对维修时间和维修项目进行安排。

目前的视情维修策略主要为控制限规则(control limit rule),即对系统进行连续或间断的监测,若发现系统劣化水平或劣化状态达到某一状态阈值,则对系统进行预防维修,该阈值称为预防维修状态阈值。考虑到故障有随机故障(random failure)和劣化故障(deterioration failure)的区别,维修可分为小修、大修和更换等不同情况;另外,视情维修需要对系统状态进行观测和评估,而实际中对系统状态的检查也可能无法得到完全准确的状态评估结果,据此又可以衍生出多种不同的视情维修策略,在本书的后续章节中对此将做进一步分析。

2. 多设备系统的维修策略

多设备系统的维修策略与单设备系统维修策略相比,最大的不同在于针对某一设备的维修活动会对系统内的其他设备产生一定的影响。从维修的角度考虑,多设备系统中设备与设备之间主要存在经济依赖关系、随机依赖关系和结构依赖关系三种。

经济依赖关系是指在同一时段内对一组设备进行维修比分别对各设备单独进行维修节省费用。例如,流程工业的生产系统通常包括各种设备,若能对设备进行维修分组,并充分利用机会维修,则很大程度上可以减少停机损失,提高设备可用度,降低维修费用和生产损失。随机依赖关系表示系统中各种劣化过程的相互影响,使得不同设备之间或同一设备的不同部件之间的故障不独立,一个部件的状态会影响其他部件的寿命分布。此外,许多舰船装备系统是由多个设备串并联组成的,某一设备进行停机检修经常会影响其他设备(如必须同时停机或者工作负荷变动),结构依赖关系就是指这种在维修过程中必须要考虑的设备之间的物理拓扑关系。经济相关性由于普遍存在且关系描述较为明确,因此相关研究较多,目前主要分为分组维修(group maintenance)、批量维修(block maintenance)和机会维修(opportunistic maintenance)三类。

1) 分组维修

分组维修策略要求一旦对系统进行维修或更换操作,系统内所有的部件都要恢复到性能如新的状态。对整个系统进行维修,是指对出现故障的部件实行事后维修,未出现故障的部件进行预防性维修,维修后整个系统恢复如新。考虑到系统实际的运行情况,分组维修又分为两类:静态分组和动态分组。前者只考虑系统长期的运行状况,忽略系统短期的状态信息;后者在前者的基础上,进一步考虑系统短期状态信息对维修决策的影响。

2) 批量维修

批量维修策略是指按相等的维修间隔对系统内各部件进行预防性更换/维修,它与分组维修策略的区别在于:批量维修允许在预防性维修间隔时间内对故障部件进行更换。与分组维修的某些策略相比,由于预防性维修间隔事先给定,批量维修策略更简单和易于操作,但也可能造成过度维修、资源浪费。

3) 机会维修

机会维修策略是由 Berg 首先提出的,最初是针对寿命服从指数分布的两个相同部件组成的系统,根据这种策略,当其中一个部件出现故障时,另一个的使用时间若超过事先给定的控制限 L，则将两者都进行更换或维修。最初的机会维修选取时间作为策略控制变量，实际中也有选择故障率或者状态等其他变量的策略，针对的应用对象也可以扩展至由两个以上部件构成的装备系统。

1.3　舰船装备维修保障思想

装备维修思想是人们对装备维修活动根本性的理解与认识，是对装备维修实践客观规律的集中反映。维修思想的建立与科技水平、装备的先进与复杂程度、维修人员的素质、维修手段的完善程度等有关，并随着科学技术的发展和人们对维修实践的不断认识而逐步深化。

1.3.1　以可靠性为中心的维修思想

可靠性反映装备不经人力或其他因素干扰而保持其技术状态、在工作中不发生故障、圆满完成其规定功能的能力，而维修的目的在于保持和恢复装备的技术状态。显然，装备的可靠性水平决定装备是否经常因为故障而需要修理，而维修的效果又以使装备的可靠性恢复到预定的水平为目标。

早期的维修，基本上属于一门操作技艺，且在装备故障后进行，实行的是装备"不坏不修，坏了才修"的事后维修方式，此时装备的可靠性和维修性都处在较低水平。

随着生产力的发展，出现了流水线技术，为了实现不间断生产，20 世纪 20 年代美国首先实行了定期预防性维修，即事先在某个固定时刻对装备进行分解检查，更换翻新，以预防和减少故障的发生。这种定时维修在防止故障和事故、减少停机损失、提高生产效益上明显优于早期的事后维修方式。

定时维修基于这样一个概念，即装备的每个构成部件只要工作就会出现磨损，过度磨损就会引发故障，有故障就会影响安全性。因此，每个部件的可靠性与使用时间有直接关系，可以找到一个在使用中不可超越的寿命——定时拆修间隔期，即"到寿"必须拆修，以确保装备使用的安全性和可靠性；并且认为，拆修得越彻底，分解得越细，防止故障的可能性就越大；定时维修工作做得越多，可靠性就越高，为此常常靠缩短定时拆修间隔的办法来预防故障的发生。然而，超出人们意料的是，不管怎么缩短拆修间隔，或加大拆修范围以及拆修的深度，无论维修活动进行得多么充分，很多故障仍然不能防止和有效减少，故障率反而有所增加。频繁的维修不仅限制了装备的使用，降低了装备可用度，而且消耗了大量人力和物力，增加了维修费用。

20 世纪 50 年代末，美国航空公司的维修费用占使用总费用的 30%，美国空军有 30% 的人力和接近 1/3 的经费用于维修，维修费用超过了购置费用，形成了买得起、用不起的现象，由此人们对多做维修工作能预防故障的效果产生了怀疑。可靠性工程、维修性工程、故障物理学、故障诊断技术以及概率统计和管理科学的发展，为研究维修问题奠定了理论基础。1960 年，美国联邦航空局与联合航空公司双方代表组成了一个维修指导小组（maintenance steering group，MSG），对可靠性与拆修间隔之间的关系进行了深入研究，并在 1968 年 7 月制订了维修鉴定与大纲《MSG-1 手册》，首次提出了定时、视情和状态监控三种维修方式，并成功制订了 B-747 飞机的预防性维修大纲，这是以可靠性为中心的维修理论应用于实际的第一次尝试，取得了巨大成功。

1978 年，美国联合航空公司受美国国防部委托撰写了专著《以可靠性为中心的维修》。该专著对故障的形成、故障的后果和预防性维修工作的作用进行了开拓性分析，首次采用自上而下的方法分析故障的影响，严格区别安全性与经济性的界限，提出多重故障的概念，用 4 种工作类型替代 3 种维修方式，重新建立了维修分析的逻辑决断图。从此，人们把制订预防性维修大纲的逻辑决断分析方法统称为以可靠性为中心的维修（reliability centered maintenance，RCM）方法。

20 世纪 80 年代以后，以可靠性为中心的维修理论又有了进一步发展。1984 年，美国国防部发布指令文件《国防设备维修大纲》（DODD 4151.16），进一步明确了以可靠性为中心的维修思想的本质是：根据舰船装备的可靠性状况进行必要的维修，通过维修来控制或消除使装备可靠性下降的各种因素，保持或恢复装备的可靠性。

以可靠性为中心的维修思想集中体现在时机与效果两个方面：维修工作的时机，尤其是重大维修工作的时机，应该控制在装备即将发生故障时，体现维修的本质意义。过于频繁的维修将导致人力和费用的过大投入，而延迟的维修将会带来装备更大程度的损伤或导致任务失败。维修工作的效果，从浅层次上看，在于维修工作是否有效避免或消除了装备的故障；从深层次看，在于维修工作是否有效避免或消除了装备故障所导致的后果。装备的故障，只要没有后果或后果轻微，就没有必要预防它，维修的时机就是故障的时机；而对于后果严重的故障，必须设法预防，维修的时机应该是在功能故障发生之前。

遵循以可靠性为中心的维修思想，维修必须根据对装备技术状况预测和检查的结果，区别对待维修对象的实际情况，依照各部件的功能和故障原因，有针对性地实施。其实质就是依据装备的可靠性，把握装备的故障规律，仅进行必要的维修工作。最终目的是选择最佳的维修时机和最适合的维修工作类型，采用最快的方法，保证最优的维修质量，减少维修工作量和降低维修费用，取得最佳的维修效益。为此，必须改变单一的定时维修方式，转而采用定时维修和视情维修相结合的方式；必须以原位监测取代离位检测作为主要的故障发现方法；必须建立完整的维修情报资料收集和分析系统，为维修决策提供可靠依据。

1.3.2　全系统、全寿命的保障思想

随着武器装备复杂程度的提高,装备服役后在使用和维修方面遇到越来越多的问题,导致装备的使用可用度、战备完好性等指标不断降低,寿命周期费用不断增加,传统的以装备使用性能为主的先研制后保障的思路难以适应现代战争的需要,主要表现如下:

(1) 保障设备欠缺或者不配套,给部队的使用和维护带来困难。

(2) 备品备件等保障资源供应规划不足,缺乏对保障系统分析和供应体制的了解。

(3) 维修和技术资料难以满足部队维修需求。

因此,迫切要求在装备研制阶段就开始保障性分析,进行使用性能和保障性能的协同设计,即进行全系统、全寿命的综合保障,如图 1-4 所示。

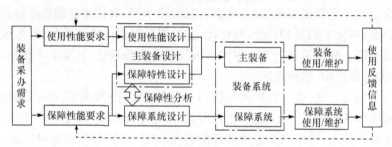

图 1-4　装备保障性协同设计

美国军队在经历了 20 世纪下半叶的几场战争后,逐渐意识到综合保障工作在现代战争中的重要作用,并于 1964 年颁布了国防部指令文件《系统和设备的综合后勤保障要求》(DODI 4100.35),首先提出了综合后勤保障(integrated logistic support,ILS)的概念,并提出了装备全寿命管理中的综合后勤保障问题;1968 年,美国国防部指令文件《系统和设备的综合后勤保障的采办和管理》(DODI 4100.35G)中把综合后勤保障划分为 11 个方面的工作要素。在制订顶层保障性要求的同时,为了综合保障工作能够切实进行并发挥作用,美国军方于 1973 年制订了保障性分析(logistic support analysis,LSA)和保障性分析记录(logistic support analysis records,LSAR)的军用标准 MIL-STD-1388-1 及 MIL-STD-1388-2,前者用于规范 LSA 中各类方法和过程有序执行,确保保障性设计/分析、保障系统工程活动与系统功能/硬件同步设计、制造、部署,后者用于规范保障性分析中输入输出数据的存取与利用。

1983~1984 年,美国国防部先后将 MIL-STD-1388-1 和 MIL-STD-1388-2 升级为 MIL-STD-1388-1A 和 MIL-STD-1388-2A,重点强调装备研制过程中性能、费用、进度和保障性之间的平衡,随着计算机技术的发展,MIL-STD-1388-2A 又升

级为 MIL-STD-1388-2B。经过近 30 年的摸索和经验总结,美国国防部于 1991 年颁布了新的采办指令文件《重大国防系统的采办》(DODD 5000.1)和《防务采购管理政策和程序》(DODD 5000.2),将保障性定义为装备通用性能的一个组成部分,将综合后勤保障作为装备采办工作一个不可分割的组成部分,并将综合保障的范畴扩大为使用和维护装备的人员、保障要素、保障基础设施等。

在此理念的指导下,美国国防部进一步制订了 MIL-HDBK-502 和 MIL-PRF-49506,前者是军用标准 MIL-STD-1388-1A 的实施指南,后者则对实施指南中涉及的数据进行了详细定义。

全系统、全寿命保障思想的含义是:要从全系统、全寿命两个方面来综合考虑舰船装备的维修保障问题。它与以可靠性为中心的维修思想并不冲突,所强调的是要把维修问题纳入舰船全系统建设和全寿命管理,即在装备研制初期就考虑装备的维修性和保障性问题,使所设计的装备达到规定的设计要求。

从全系统考虑舰船维修,就是既要重视舰船本身,又要重视舰船维修保障所需的各类资源,并使它们互相匹配,整体优化,为舰船提供一个匹配的、有效而经济的维修保障系统。强调装备的维修保障系统与装备本身相比,性能上不落后,部署时间上不滞后,即同步、协调发展。

全寿命的要点是:要统筹把握舰船的全寿命过程,使其论证、设计、研制、制造、使用与维修等各个阶段互相衔接,密切配合,相辅相成。特别是在论证、研制中要充分考虑舰船使用、维修乃至退役处理的各个环节、各种时间和各种问题。同时,在使用、维修中充分利用和发挥研制、生产中形成的特性与数据,合理、正确地使用、维修,而在技术保障中积累相关数据并及时反馈信息。

全系统、全寿命的维修思想是人们对装备维修活动认识不断深化的结果。它把现代科学理论与人们对维修活动已有的认识融为一体,充分考虑舰船的可靠性、维修性、保障性和经济性,突出强调维修的针对性、灵活性和预见性,综合提高效率和效益,因而可以更科学地反映装备维修的客观规律,指导维修实践。

1.4　舰船装备维修保障系统

舰船装备维修保障系统是所有保障资源及其管理的有机结合,是为达到既定保障目标所需的保障资源相互关联和相互协调而构成的系统。保障资源通常配置在各级保障机构,并且按照舰船维修保障体制在各级保障机构之间流动。保障机构根据任务的需要制订相应的保障策略,并按照保障策略对舰船实施装备维修和供应保障,从而形成维修保障系统。因此,为了更好地对舰船装备进行维修保障,需要对保障组织和保障策略进行深入分析,综合考虑维修保障组织架构和各级配备的保障资源对维修保障策略的影响。

1.4.1　保障组织

　　舰船保障组织通常分为舰员级、中继级、基地级和工业部门四个保障等级的保障机构,其中舰员级保障机构设在舰船单元上,设有备件仓库和维修分队,维修分队通常是舰船装备使用人员。根据舰船装备维修级别的划分,维修分队能够对装备简单的故障进行诊断和排查,维修所需的备件等保障资源主要由本级供应保障。中继级和基地级保障机构下设备件仓库、维修分队/厂站、运输机构,能够对备件实施储存、维修和供应作业,可以对装备的复杂故障进行维修。

　　舰员级直接设置在舰船单元上,由于维修条件有限,舰员级的备件储存和维修能力偏弱,因此需要中继级保障机构对其进行备件维修和供应保障。

　　中继级通常具备较强的备件储存和维修能力,负责维修各舰员级维修分队送修的备件并向各舰员级备件仓库进行备件供应。中继级分为岸上中继级和海上中继级,海上中继级通常设置在综合保障支援舰上,由岸上中继级保障力量根据任务需要转换到综合保障支援舰上,中继级若缺少备件或故障件无法修理,则需要基地级保障机构对其进行备件维修和供应保障。

　　基地级的备件储存和维修能力最强,通常设有大型的备件仓库和舰船维修工厂,负责维修各中继级维修分队送修的备件并向各中继级备件仓库进行备件供应。由于各级维修机构在对故障备件进行修理时存在报废的情况,因此需要由基地级备件管理部门向工业部门订货。工业部门主要负责对备件进行订单生产和运输,通常不负责备件维修和储存。舰船装备的总体保障组织结构如图1-5所示。

　　上述舰船保障组织是根据平时的舰船装备维修保障体系进行分析的,在舰船执行不同任务时,舰船的保障策略也会发生变化,维修保障系统和内部各保障组织之间的保障关系也会发生重构。

1.4.2　维修保障样式

　　舰船使命任务的多样化使得舰船维修保障决策和实施工作面临严峻的挑战,单一固定的保障模式很难满足舰船任务需求,需要根据舰船的使命任务和客观的保障环境、条件制订相应的保障策略,以提高保障效率,从而组织实施快速、精确、高效的保障。通过对任务强度和海域进行分析,舰船保障样式通常分为自主保障、伴随保障、前沿保障、定期保障和横向保障,下面分别对这五种保障样式进行介绍。

　　1) 自主保障

　　自主保障是指在舰船内无综合保障支援舰编入和无其他外界保障的情况下主要依靠舰员级保障机构携带的保障资源进行自主保障。当平时舰船任务持续时间短、强度较低、任务海域离保障基地较近时,通常实施自主保障,如日常的军事科目

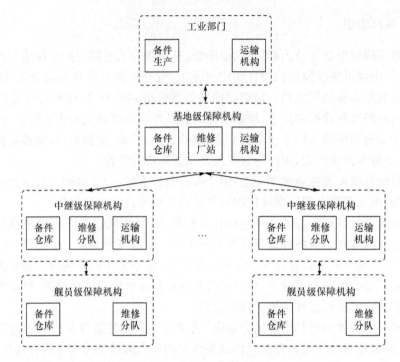

图 1-5　舰船保障组织结构

训练、边海防巡逻等任务。

2）伴随保障

伴随保障是指舰船内编入具有中继级维修保障功能的综合保障支援舰,从而实施中继级和舰员级两级维修保障。当平时舰船任务持续时间较长、任务海域较远时,通常实施伴随保障,如舰船执行出访、护航等任务。

3）前沿保障

前沿保障是指战时为了避免舰船维修保障系统遭敌打击和破坏,在海外战场的安全区域设置前沿保障点实施中继级维修保障,并依托平时的舰船装备维修保障体系实施三级备件维修和四级备件供应作业体制。前沿保障主要在战时任务持续时间长、强度大、保障任务重的情况下组织实施。

4）定期保障

定期保障是指保障基地每隔一定保障周期对舰船或者前沿保障点实施备件供应保障。定期保障主要是在保障距离较远或者保障任务不是很重的情况下根据舰船保障需求组织实施。

5）横向保障

横向保障是指除上级保障机构的垂直保障之外,同级的舰员级保障机构横向之间还存在相互维修保障关系。横向保障主要在自主保障或者舰员级备件仓库出现库存缺货时上级保障难以短时间对其进行保障的紧急时刻组织实施。这里需要说明的是，横向保障策略不是独立的保障策略，通常结合上述四项保障策略实施。

舰船保障组织和维修保障样式对维修活动的影响主要体现在保障资源及保障力量的配属能否与各级承担的维修保障职能相匹配。关于在一定保障系统下如何优化保障资源的配置、降低装备的维修保障时延、提升装备的可用度，属于另一个专题所要研究的内容，本丛书中有书专门对此问题展开讨论。本书主要对舰船装备的维修策略进行建模和优化，所考虑的维修策略默认为在各级保障机构能力范围之内。

参 考 文 献

[1] Chan F T S, Lau H C W, Ip R W L, et al. Implementation of total productive maintenance: A case study[J]. International Journal of Production Economics, 2005, 95(1): 71-94.

[2] Christer A H. Developments in delay time analysis for modelling plant maintenance[J]. Journal of the Operational Research Society, 1999: 1120-1137.

[3] 张友诚. 德国企业中的设备管理与维修（上）[J]. 中国设备工程, 2001, 12: 041.

[4] 王英. 设备状态维修系统结构与决策模型研究[D]. 哈尔滨: 哈尔滨工业大学, 2007.

[5] Moubray J. Reliability-centered Maintenance[M]. South Norwalk: Industrial Press, 1997.

[6] 金家善, 陈兵, 黄政. 机械设备视情维修决策系统的研究与开发[J]. 海军工程大学学报, 2000, (5): 59-62.

[7] Finley B, Schneider E A. ICAS: the center of diagnostics and prognostics for the United States Navy[C]//Component and Systems Diagnostics, Prognosis, and Health Management. International Society for Optics and Photonics, Orlando, 2001: 186-193.

[8] Hogan R J, Cesarone T, Savage C. Wireless expansion and enhancements of ICAS[C]//Proceedings of the Thirteenth International Ship Control Systems Symposium (SCSS), 2003.

第 2 章　维修决策理论基础

2.1　基本概念、术语和定义

可靠性是指产品在规定条件下和规定时间内完成规定功能的能力,表示在一定时间内产品无故障发生的概率。这里的产品是指作为单独研究和实验对象的任何元件、器件、设备与系统,可以表示产品的总体、样品等。这里所说的规定条件包括使用时的环境(如温度、湿度、振动、冲击、辐射)、使用时的应力条件和维护方法、存储时的存储条件以及使用时操作人员技术等级。在不同的规定条件下产品的可靠性是不同的。规定时间一般指产品规定的任务时间。不同类型产品对应的时间单位可能不同,可以是年、月、日、时、分、秒,也可以是工作次数、行驶里程等。规定功能是指产品规定的必须具备的功能及其技术指标。所要求产品功能的多少和技术指标的高低,直接影响产品可靠性指标的高低。只有规定了清晰的功能界限,才能给出明确的产品故障判据。

维修性是指故障部件或系统在规定的条件下和规定的时间内,按照规定的程序和方法进行维修时,恢复或修复到指定状态的概率,表示故障部件在一定时间内被修复的概率。规定的条件主要是指维修的机构和场所(如工厂或维修基地、专门的维修车间、修理及使用现场等)及相应的人员与设备、设施、工具、备件、技术资料等资源。规定的程序与方法是指按技术文件规定采用的维修工作类型、步骤和方法。规定时间是指产品规定的维修时间,通常情况下使用时钟时间来计算维修性,维修时间可以包含或不包含以下时间量:等待维修人员和部件的时间、运输时间和管理时间。一般情况下,维修性是指固有维修时间,它只包括故障单元的手动修复时间,而不包括管理或资源延误时间[1]。

维修性与可靠性的重要区别在于对人的因素依赖程度不同。系统的固有可靠性主要取决于系统各构成成分的物理特性;而系统的固有维修性不可能脱离人的因素影响。相同的系统,由于采用不同的维修概念和不同的保障方式,以及从事维修工作的人员在技术水平上的差异,会表现出不同的维修特性。

可用性是指部件或系统在规定时间点,在规定条件下完成规定功能的概率。可用性也可以解释为部件或系统在规定时间段内能工作的时间的百分比,或是给定时间点仍能工作的部件数量的百分比。可用性与可靠性不同,它表示部件当前处于非故障状态的概率,而不管此前部件是否发生故障,因此系统的可用性不小于可靠性。当系统或部件可以修复时,可用性是一个比较好的度量指标,因为它综合考虑了系统故障(可靠性)和维修(维修性)。

本书将在后续内容中用数学方法对上述概念进行定义。

2.2 可　靠　性

2.2.1　故障分布函数

1. 可靠性函数

产品在规定条件和规定时间内,完成规定功能的能力,称为可靠性。可靠性的概率度量称为可靠性,记为 $R(t)$。

如果用连续随机变量 T 表示产品从开始工作到发生故障的连续正常工作时间,用 t 来表示某一指定时间,那么产品在该时刻的可靠性 $R(t)$ 为随机变量 T 大于时间 t 的概率,即

$$R(t) = P\{T \geqslant t\} \tag{2-1}$$

显然,$R(t)$ 为故障分布的可靠性函数,表示产品寿命 T 大于 t 的概率,即 t 时间内无故障的概率,如果定义

$$F(t) = 1 - R(t) = P\{T < t\} \tag{2-2}$$

式中

$$\lim_{t \to +\infty} F(t) = 1$$
$$F(0) = 0$$

那么称 $F(t)$ 为故障分布的累积分布函数(cumulative distribution function, CDF),表示在时刻 t 之前产品发生故障的概率。

设有同一种类的 N 个产品,在 $t=0$ 时开始使用,工作到一定时间时,有 N_f 个产品出现了故障,余下 N_s 个产品还继续工作,则 N_f 和 N_s 都是时间的函数,因此可以写成 $N_f(t)$ 和 $N_s(t)$。由于某个事件的概率可以用大量实验中该事件发生的频率来估计,因此经验可靠性与经验故障分布函数可以用下列公式[2]表示:

$$R^*(t) = \frac{N_s(t)}{N} \tag{2-3}$$

$$F^*(t) = \frac{N_f(t)}{N} \tag{2-4}$$

概率密度函数(probability distribution function, PDF)定义为

$$f(t) = \lim_{\Delta t \to 0} \frac{P\{t < T \leqslant t + \Delta t\}}{\Delta t} = F'(t) \tag{2-5}$$

$f(t)$ 表示 t 时刻后一个单位时间内发生故障的概率,其具有如下两个性质:$f(t) \geqslant 0$ 和 $\int_0^{+\infty} f(t)\mathrm{d}t = 1$。

2. 平均故障前时间

平均故障前时间(mean time to failure,MTTF)(或称为平均失效时间)定义为

$$\mathrm{MTTF} = E(T) = \int_0^{+\infty} tf(t)\mathrm{d}t = \int_0^{+\infty} R(t)\mathrm{d}t \tag{2-6}$$

这就是由 $f(t)$ 定义的概率密度函数的期望或均值,即表示产品首次失效前时间间隔的期望值。根据产品是否可维修,平均故障前时间表示的含义有所不同[3]:如果产品不可修,平均故障前时间表示的就是产品的平均寿命,并且是一个非常重要的合同可靠性参数;如果产品可修,平均故障前时间就代表首次失效前时间的均值。当故障部件的修理时间相对于平均故障前时间非常短以至于可以忽略时,平均故障前时间可约等于平均故障间隔时间(mean time between failure,MTBF)。当故障部件的修理时间不能忽略时,平均故障间隔时间中还应包含平均维修时间(mean time to repair,MTTR)。

在一些情况下,人们会对从某一指定时刻 t_0 到发生故障为止产品能够正常工作的剩余时间的期望值(也就是平均剩余寿命)比较感兴趣。将其记为 $\mathrm{MTTF}(t_0)$,其表达式为

$$\mathrm{MTTF}(t_0) = \int_{t_0}^{+\infty} (t - t_0)f(t \mid t_0)\mathrm{d}t = \frac{\int_{t_0}^{+\infty} R(t)\mathrm{d}t}{R(t_0)} \tag{2-7}$$

特别地,当 $t_0 = 0$ 时,$R(0) = 1$,$\mathrm{MTTF}(0) = \mathrm{MTTF}$。可以看出,平均故障前时间是寿命分布的平均值,在实践中除平均故障前时间以外,还有一种较为常用的寿命评价指标——中位寿命 t_{m},其定义如下[4]:

$$R(t_{\mathrm{m}}) = 0.5 \tag{2-8}$$

由定义可以看出,中位寿命 t_{m} 将寿命分为两部分,产品单元在 t_{m} 之前失效的概率和之后失效的概率各为 50%。

3. 故障率函数

除了前面介绍的概率密度函数,另一个函数在可靠性计算中也经常使用,该函数提供了计算即时(t 时刻)故障率的方法,称为故障率函数,由式(2-1)可知

$$P\{t \leqslant T \leqslant t + \Delta t\} = R(t) - R(t + \Delta t)$$

系统持续工作到 t 时刻未发生故障而在 $(t, t + \Delta t)$ 时间段内发生故障的概率为

$$P\{t\leqslant T\leqslant t+\Delta t\mid T\geqslant t\}=\frac{R(t)-R(t+\Delta t)}{R(t)}$$

因此 $\dfrac{R(t)-R(t+\Delta t)}{R(t)\Delta t}$ 是单位时间内故障发生的条件概率密度(故障率),令

$$\lambda(t)=\lim_{\Delta t\to 0}\frac{-[R(t+\Delta t)-R(t)]}{R(t)\Delta t}=\frac{-\mathrm{d}R(t)}{\mathrm{d}t}\frac{1}{R(t)}=\frac{f(t)}{R(t)} \qquad (2\text{-}9)$$

称 $\lambda(t)$ 为故障率函数(或瞬时危害率),故障率函数反映了装备在不同时刻可能发生故障的概率变化情况,对式(2-9)积分可得

$$R(t)=\exp\left[-\int_0^t\lambda(x)\mathrm{d}x\right] \qquad (2\text{-}10)$$

由此可以看出,一个确定的故障率函数可以唯一确定一个可靠性函数,因此常用故障率随时间的变化表示产品的故障规律。

许多实际产品/元件的故障率特性如图 2-1 所示,由于它的形状像一个浴盆而常常称为"浴盆曲线"[5]。通常将浴盆曲线分为三个区间,区间 I 常称为初期损坏期或调试阶段。它可能由大批量产品中的次品或设备制造过程中的偶然缺陷或设备在初期运行的不稳定等因素造成,这时故障率是一个随时间下降的曲线。区间 II 称为正常使用或有效寿命期,故障率为常数,这时故障的发生纯属偶然。区间 III 则代表衰耗或元件疲劳屈服的阶段,这时故障率随时间急剧上升,区间 III 可用正态分布、Γ 分布或韦布尔分布等来描述。

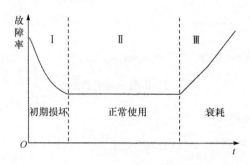

图 2-1　故障率的浴盆曲线

2.2.2　恒定故障率模型

恒定故障率模型也就是常说的指数分布模型,这里所说的指数分布,严格来说应该是负指数分布。当故障率为常数时,由式(2-10)可以得到其可靠性函数为

$$R(t)=\mathrm{e}^{-\lambda t} \qquad (2\text{-}11)$$

因此,故障的概率密度函数为

$$f(t) = \frac{-\mathrm{d}R(t)}{\mathrm{d}t} = \lambda \mathrm{e}^{-\lambda t} \tag{2-12}$$

故障的累积分布函数为

$$F(t) = \int_0^t \lambda \mathrm{e}^{-\lambda t} \mathrm{d}t = 1 - \mathrm{e}^{-\lambda t} \tag{2-13}$$

图 2-2 为这种分布的故障概率密度函数、故障累积分布函数和故障率函数等曲线形态。

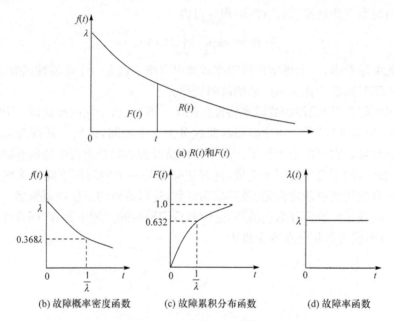

(a) $R(t)$ 和 $F(t)$

(b) 故障概率密度函数   (c) 故障累积分布函数   (d) 故障率函数

图 2-2　指数分布函数曲线

平均故障前时间为

$$E(t) = \int_0^{+\infty} t f(t) \mathrm{d}t = \int_0^{+\infty} \lambda t \cdot \mathrm{e}^{-\lambda t} \mathrm{d}t = \frac{1}{\lambda} \tag{2-14}$$

方差为

$$\sigma^2 = V(X) = \int_0^{+\infty} t^2 \lambda \mathrm{e}^{-\lambda t} \mathrm{d}t - E^2(t) = \frac{1}{\lambda^2} \tag{2-15}$$

因此,其标准差为 $\sigma = 1/\lambda = \mathrm{MTTF}$,这说明,对于指数分布,随着可靠性的增加(平均故障前时间延长)故障前时间的可变性增加。

指数分布是可靠性问题中用得最广泛的一种分布,目前工程实用中常常不加证明地使用故障率为常数或者与时间无关的假设。这一点通常用以下三种理由来解释:第一,如果不这样简化(尤其是对大系统而言),问题的复杂程度将使解析方法难以应用;第二,评估所用的数据常常很有限,不足以检验所用分布的正确性,因此使用更复杂的方法缺乏足够可信数据的支撑;第三,如果只研究系统的稳态概率值,那么已有资料验证,只要元件在统计上是独立的,分布类型就对结果影响甚小。但是,应该强调的是,如果是研究与时间相关的故障率,不同的分布会得到明显不同的结果。

2.2.3　时间相关故障模型

1. 韦布尔分布

韦布尔分布是瑞典物理学家 Weibull 在分析材料强度及链条强度时推导出的一种分布函数[6],是可靠性分析中经常使用的一种分布,运用韦布尔分布可以对故障率递增或者递减的情况进行建模,韦布尔分布的故障率函数定义如下:

$$\lambda(t)=at^b \tag{2-16}$$

这是一个幂函数。当 $a>0$ 和 $b>0$ 时,$\lambda(t)$ 是递增的;当 $a>0$ 和 $b<0$ 时,$\lambda(t)$ 是递减的。为了数学表达上的方便,$\lambda(t)$ 有时采用如下形式进行表述:

$$\lambda(t)=\frac{\beta}{\theta}\left(\frac{t}{\theta}\right)^{\beta-1}, \quad \theta>0,\beta>0,t\geq 0 \tag{2-17}$$

可以得到概率密度函数为

$$f(t)=\frac{\beta}{\theta}\left(\frac{t}{\theta}\right)^{\beta-1}\mathrm{e}^{-(t/\theta)^\beta}, \quad \theta>0,\beta>0,t\geq 0 \tag{2-18}$$

式中,β 称为形状参数,它取不同值时对概率密度函数的影响如图 2-3 所示。当 $\beta<1$ 时,概率密度函数与指数分布在形状上很相似;当取值较大时(如 $\beta\geq 3$),概率密度函数在一定程度上是对称的,类似正态分布;当 $1<\beta<3$ 时,概率密度函数是非对称的。

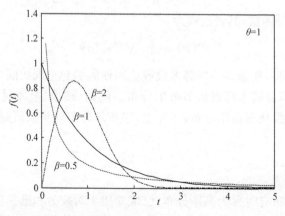

图 2-3　形状参数对韦布尔分布概率密度函数的影响

也就是说,韦布尔分布故障率函数的递减或递增趋势由 β 的取值决定;另外,由可靠性函数易知,当取 $t=\theta$ 时,有

$$R(\theta)=\exp\left[-\left(\frac{\theta}{\theta}\right)^{\beta}\right]=\frac{1}{e}=0.368 \tag{2-19}$$

由此可见,$P(T>\theta)=1/e$,这说明韦布尔分布中 63.2% 的故障都发生在时刻 $t=\theta$ 前,与参数 β 无关。θ 称为尺度参数,影响韦布尔分布函数的均值和广度,也称为离散度。θ 取不同值时对分布概率密度函数曲线的影响如图 2-4 所示。

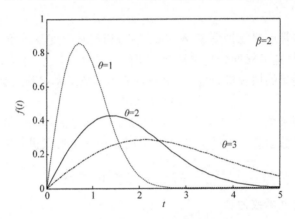

图 2-4 尺度参数对韦布尔分布概率密度函数的影响

MTTF 和韦布尔分布的方差可由式(2-20)确定:

$$\text{MTTF}=\theta\,\Gamma\left(1+\frac{1}{\beta}\right) \tag{2-20}$$

$$\sigma^2=\theta^2\left\{\Gamma\left(1+\frac{2}{\beta}\right)-\left[\Gamma\left(1+\frac{1}{\beta}\right)\right]^2\right\} \tag{2-21}$$

式中,$\Gamma(x)$ 为伽马函数,其表达式为

$$\Gamma(x)=\int_0^{+\infty} y^{x-1}e^{-y}dy \tag{2-22}$$

大量实践证明,凡是某一局部失效或故障便能引起全局机能失效的元器件、设备或系统等,其寿命基本都服从韦布尔分布。例如,轴承、金属材料以及一些电子元器件的寿命都服从韦布尔分布,实际上,韦布尔分布就是从研究金属材料的疲劳寿命中获得的。

2. 正态分布

正态概率分布有时称为高斯分布,已成功用于对疲劳和磨损现象进行建模,是使用最广泛的分布之一,它的故障概率密度函数关于均值完全对称,其形状和位置由均值 μ 和标准差 σ 唯一确定。

正态分布的概率密度函数可表达为

$$f(x) = \frac{1}{\sigma \sqrt{2\pi}} \exp\left[-\frac{(x-\mu)^2}{2\sigma^2}\right] \tag{2-23}$$

图 2-5 为典型正态分布的概率密度函数、故障累积分布函数以及故障率函数。由于参数 μ 确定了概率密度曲线的横坐标位置,常称为位置参数;参数 σ 确定了概率密度曲线的离散度,常称为尺度参数。

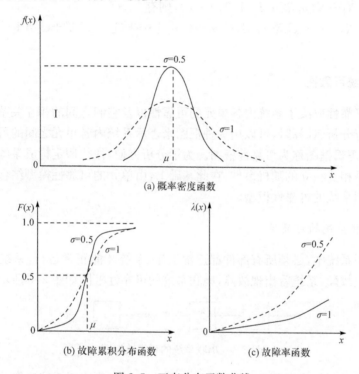

(a) 概率密度函数

(b) 故障累积分布函数　　　(c) 故障率函数

图 2-5　正态分布函数曲线

正态分布的可靠性函数可由式(2-24)给出:

$$R(t) = \int_t^{+\infty} \frac{1}{\sqrt{2\pi}\sigma} \exp\left[-\frac{1}{2}\frac{(x-\mu)^2}{\sigma^2}\right] dx \tag{2-24}$$

式(2-24)不能用简单的积分方法求解,通常用数值积分由计算机解算,如果令

$$z = \frac{x-\mu}{\sigma}$$

那么 z 就服从一个均值为零和方差为 1 的正态分布,进而得到其概率密度函数为

$$\phi(z) = \frac{1}{\sqrt{2\pi}} \exp\left(-\frac{z^2}{2}\right) \tag{2-25}$$

z 称为标准正态分布变量,其累积分布函数为

$$\Phi(z) = \int_{-\infty}^{z} \phi(x) \mathrm{d}x \tag{2-26}$$

关于正态分布,一个重要的性质就是正态随机变量的线性组合依然服从正态分布,表述如下:

设 $Y_1 \sim N(\mu_1, \delta_1^2)$,$Y_2 \sim N(\mu_2, \delta_2^2)$,且 Y_1 和 Y_2 相互独立,则有 $Y_1 + Y_2 \sim N(\mu_1 + \mu_2, \delta_1^2 + \delta_2^2)$。该结论可以很容易推广至一般情形,即假设 $X_1, X_2, \cdots, X_n$ 相互独立,且 $X_i \sim N(\mu_i, \delta_i^2)$ $(i=1, 2, \cdots, n)$,则有

$$C_1 X_1 + C_2 X_2 + \cdots + C_n X_n \sim N(C_1 \mu_1 + C_2 \mu_2 + \cdots + C_n \mu_n, C_1^2 \delta_1^2 + C_2^2 \delta_2^2 + \cdots + C_n^2 \delta_n^2)$$
$$\tag{2-27}$$

2.2.4 系统可靠性

系统可靠性取决于系统内各单元的可靠性以及它们之间的相互关系。对系统可靠性进行分析、计算时,可以用一种框图来表示系统内各单元之间的可靠性逻辑关系,这种逻辑框图称为可靠性框图。为了分析方便,往往假定构成系统的装备单元的失效是相互独立的随机事件,在此基础上,由单元的可靠性模型结合系统可靠性框图得到系统的可靠性模型。

1. 串联系统的可靠性

在串联系统中,必须所有部件都正常工作,系统才能正常运行,系统中任何一个部件发生故障,系统就出现故障,串联系统的可靠性框图如图 2-6 所示。

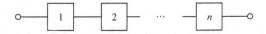

图 2-6　串联系统的可靠性框图

在任意时刻 t,假定部件 i 的可靠性函数为 $R_i(t)$,则串联系统可靠性为

$$R_s(t) = R_1(t) R_2(t) \cdots R_n(t) \leqslant \min\{R_1(t), R_2(t), \cdots, R_n(t)\} \tag{2-28}$$

即串联系统的可靠性等于系统中所有单元的可靠性之积,这种结构称为最弱环结构或链条结构。串联系统中的元件遭受同样冲击时,最弱元件将首先失效,并导致系统失效,因此在串联系统中,系统的可靠性不会比各部件的可靠性高。

如果构成系统的部件故障率分别为常数 λ_i,那么系统可靠性为

$$R_s(t) = \prod_{i=1}^{n} R_i(t) = \exp\left(-\sum_{i=1}^{n} \lambda_i t\right) = \exp(-\lambda_s t) \tag{2-29}$$

式中,$\lambda_s = \sum_{i=1}^{n} \lambda_i$ 表示系统的故障率。由此可见,如果部件的故障规律服从指数分布,那么由这些部件串联构成的系统,其故障规律也服从指数分布。系统的平均故障前时间 MTTF_s 为

$$\mathrm{MTTF_s} = \frac{1}{\displaystyle\sum_{i=1}^{n} \lambda_i} \tag{2-30}$$

2. 并联系统的可靠性

对于一个系统,只要有一个单元还未出现失效,系统就不会出现失效;或者说,只有当所有的单元都失效时,系统才会失效,这样的系统就称为并联系统,并联系统的可靠性框图如图 2-7 所示。

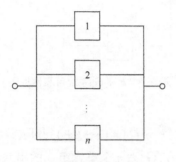

图 2-7　并联系统的可靠性框图

在任意时刻 t,假定部件 i 的可靠性函数为 $R_i(t)$,则并联系统可靠性为

$$R_\mathrm{s}(t) = 1 - \prod_{i=1}^{n} \left[1 - R_i(t)\right] \geqslant \max\{R_1(t), R_2(t), \cdots, R_n(t)\} \tag{2-31}$$

同样,对于由 CFR 型部件组成的并联系统,有

$$R_\mathrm{s}(t) = 1 - \prod_{i=1}^{n} \left[1 - \mathrm{e}^{-\lambda_i t}\right] \tag{2-32}$$

式中,λ_i 为第 i 个部件的故障率。同理,可以计算得到系统的平均故障前时间为

$$\mathrm{MTTF_s} = \int_0^{+\infty} R_\mathrm{s}(t)\mathrm{d}t = \int_0^{+\infty} \left\{1 - \prod_{i=1}^{n} \left[1 - \mathrm{e}^{-\lambda_i t}\right]\right\}\mathrm{d}t \tag{2-33}$$

特别地,当 $n=2$ 时,系统的平均故障前时间为

$$\mathrm{MTTF_s} = \frac{1}{\lambda_1} + \frac{1}{\lambda_2} - \frac{1}{\lambda_1 + \lambda_2} \tag{2-34}$$

3. 表决系统的可靠性

n 中取 k 表决系统分两类:n 中取 k 好系统 $k/n[G]$;n 中取 k 坏系统 $k/n[F]$,具体定义如下。

(1) $k/n[G]$:组成系统的 n 个单元中有 k 个或 k 个以上完好,系统才能正常工作。

（2）$k/n[F]$：组成系统的 n 个单元中有 k 个或 k 个以上失效，系统就不能正常工作。

$k/n[G]$ 系统的可靠性框图如图 2-8 所示。

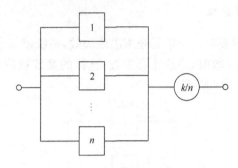

图 2-8　$k/n[G]$ 系统可靠性框图

由定义容易得到

$$k/n[G]=(n-k+1)/n[F]$$

特别地，当 $k=n$ 时，$n/n[G]$ 为 n 个单元组成的串联系统；当 $k=1$ 时，$1/n[G]$ 为 n 个单元组成的串联系统。

$k/n[G]$ 系统在工程领域经常遇到，例如，相控阵雷达的天线阵面就是由许多个辐射单元和接收单元（称为阵元）组成的，只要有一定数目的阵元完好，相控阵雷达就能正常工作[7]。

当 $k/n[G]$ 系统中所有单元均相同且互相独立时，不妨假定每个单元的工作概率为 p，失效概率为 q，显然 $p+q=1$，根据表决系统定义，系统可靠性为

$$R_s(t,k,n)=p^n+C_n^1p^{n-1}q+\cdots+C_n^{n-k}p^kq^{n-1} \tag{2-35}$$

若单元寿命分布均服从指数分布，即 $p=\mathrm{e}^{-\lambda t}$，则

$$R_s(t,k,n)=\sum_{i=k}^{n}C_n^ip^i(1-p)^{n-i}=\sum_{i=k}^{n}C_n^i\mathrm{e}^{-\lambda t}(1-\mathrm{e}^{-\lambda t})^{n-i} \tag{2-36}$$

表决系统的平均故障间隔时间 $\mathrm{MTTF}_s(k,n)$ 可由下式获得：

$$\mathrm{MTTF}_s(k,n)=\int_0^{+\infty}R_s(t,k,n)\mathrm{d}t \tag{2-37}$$

可以证明，$\mathrm{MTTF}_s(k-1,n)$ 与 $\mathrm{MTTF}_s(k,n)$ 之间存在如下关系：

$$\mathrm{MTTF}_s(k-1,n)=\int_0^{+\infty}C_n^{k-1}[R(t)]^{k-1}[1-R(t)]^{n-k+1}\mathrm{d}t+\mathrm{MTTF}_s(k,n)$$

$$\tag{2-38}$$

2.3　维　修　性

2.3.1　停机时间分析

停机时间是指在一个特定的任务周期内,产品不能执行一个或多个指定功能的时间。一个系统的停机时间通常可以看成多个元素的总和,产品故障后会进入维修过程,维修过程本身可以分解为许多不同的子任务和延误时间,这其中主要包括接近时间、诊断时间、维修时间、检验时间等。不同元素时间受大量系统细节因素影响,如是否易于操作、产品自身的维修性、维修人员的可用性、工具和备件等。因此,要评估与一个指定故障有关的停机时间,必须要知道这些所有的因素。

一般来讲,停机时间主要由产品的维修时间和供应延误以及维修延误三部分组成,如图 2-9 所示。

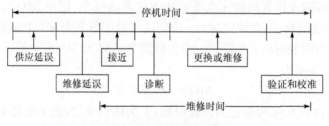

图 2-9　停机时间构成

供应延误是指为获得维修所需备件而耗费的全部时间,包括管理延误时间、生产或采购时间、故障件修复时间、运输时间等。

维修延误是指由于等待维修资源或维修设施所花费的时间。维修资源包括人员、设施设备、保障设备、工具、技术手册或其他技术资料。维修设施指船坞、起重设备、机动维修车间的服务区或固定的实验台。

产品的固有维修时间定义为以下子任务持续时间的总和:接近、诊断、更换或维修、验证和校准。接近时间是指抵达并得到故障产品所需时间,如拆卸面板或盖子所需时间;诊断时间是确定故障原因所需时间,也称为故障隔离时间;更换或维修时间仅包括已确认并接近故障件后完成功能恢复过程所需的时间;在修复工作完成后,需要对一些已修复的故障进行确认或核对,从而确保故障单元已恢复到可工作状态,如果有必要进行检查,那么这部分时间也应视为维修时间的一部分。供应延误和维修延误受到的是系统自身以外因素(如资源库存量)的影响,因此任何由等待备件、人员、测试设备等资源造成的延误都属于供应或维修延误,不能看成更换或修理工作的一部分。

供应延误在很大程度上受备件的广度和深度以及备件可获取程度的影响；这里的广度是指库存备件的品种，深度是指某种备件的数量。供应延误并不一定发生在维修周期的起始阶段，也可能发生在诊断子任务发现故障部件后需将其更换的时刻。如果能够及时获得更换件，则备件供应延误时间为零。

维修延误受并行维修通道数目的影响。维修通道是指实施和完成维修工作所需除备件以外的其他维修资源和设施。如果产品故障后能够立即进入维修通道进行维修，那么维修延误为零。

除非有特殊说明，本书所述维修时间一般均指固有维修时间。

2.3.2　维修度、修复率与维修时间分布

1. 维修度

维修度是指在规定条件下使用的产品，在规定时间内按照规定的程序和方法进行维修时，保持或恢复到能完成规定功能状态的概率，记作 $M(t)$。维修度是时间 t 的函数。也就是说，在规定时间 t 内完成维修的概率为 $M(t)$。因此，越容易维修的产品，对相同的时间 t 来说，其 $M(t)$ 就越大。$M(t)$ 为时间 t 的单调递增函数。维修度的数学表示为

$$M(t)=P\{T\leqslant t\}$$

式中，$M(t)$ 为维修度；t 为规定的维修时间；T 为随机变量，表示维修时间。

与故障密度函数类似，对维修度函数来说也有维修密度函数。维修密度函数是维修度函数对时间 t 的微分。用 $m(t)$ 表示维修密度函数，其表达式为

$$m(t)=\frac{dM(t)}{dt} \tag{2-39}$$

2. 修复率

修复率是指修理时间已达到某个时刻但尚未修复的产品，在该时刻后的单位时间内完成修复的概率，记作 $\mu(t)$，其表达式为

$$\mu(t)=\frac{1}{1-M(t)}\frac{dM(t)}{dt}=\frac{m(t)}{1-M(t)} \tag{2-40}$$

式中，$\mu(t)$ 为瞬时修复率，简称修复率，它与故障率函数 $\lambda(t)$ 是相对应的。

3. 维修时间分布

一般来说，不断重复的维修活动会产生不同的维修时间，维修时间是产品的固有设计属性，大多取决于设计阶段的早期，维修时间受下列因素影响：维修任务的复杂性、产品的可达性、修复的安全性、产品的测试性以及对维修保障资源的要求

等,它综合反映了产品维修性的好坏。

维修时间的不同可能源于不同的故障模式,也可能源于维修人员技能水平和经验的差异,为了描述这种不确定性,可以将维修时间看成随机变量,用连续随机变量 T 表示故障单元的修复时间,令其概率密度函数为 $h(t)$,那么它的累积分布函数为

$$P\{T \leqslant t\} = H(T) = \int_0^t h(s)\mathrm{d}s \qquad (2\text{-}41)$$

平均修复时间可由式(2-42)得出:

$$\mathrm{MTTR} = \int_0^{+\infty} th(t)\mathrm{d}t = \int_0^{+\infty} \big[1 - H(t)\big]\mathrm{d}t \qquad (2\text{-}42)$$

当维修时间服从指数分布时,有

$$H(t) = \int_0^t \frac{\mathrm{e}^{-s/\mathrm{MTTR}}}{\mathrm{MTTR}}\mathrm{d}s = 1 - \mathrm{e}^{-t/\mathrm{MTTR}} \qquad (2\text{-}43)$$

式中,分布函数的参数为 MTTR。维修时间为指数分布时,1/MTTR 为修复率(单位时间内的修复数目)。

对数正态分布也是维修时间的常用分布形式,在对数正态分布下,维修时间概率密度函数为

$$h(t) = \frac{1}{\sqrt{2\pi}ts}\exp\left\{-\frac{1}{2}\frac{\big[\ln(t/t_{\mathrm{med}})\big]^2}{s^2}\right\}, \quad t \geqslant 0 \qquad (2\text{-}44)$$

式中,t_{med} 为修复时间中值;s 为形状参数。平均修复时间是对数正态分布函数的均值,它与修复时间中值有关。

$$\mathrm{MTTR} = t_{\mathrm{med}}\,\mathrm{e}^{s^2/2} \qquad (2\text{-}45)$$

2.4　可　用　性

2.4.1　可用性概念与内涵

系统性能除了可以用将系统恢复到可工作状态的维修能力来表述,还可以通过可用性进行度量。可用性是系统或部件在规定的使用与维修方式下,在给定的时间内能够完成规定功能的能力。可用性可以衡量可靠性、维修性和后勤保障对系统运行有效性的综合影响,因此可以看成可靠性、维修性和保障性诸因素的函数,如图 2-10 所示。

与可靠性和维修性类似,可用性也是一种概率,因此可以通过概率论将可用性进行量化,由此可用性的含义可以理解为系统在某一时间点或某一时间段内正常运行的概率。

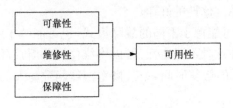

图 2-10　多因素的综合度量

1. 点可用度

点可用度是指在要求的外部资源得到保证的前提下,系统在任一随机时刻 t 处于可工作状态的概率,它是系统使用过程中日历时间的函数。由此可见,点可用度是对系统在某一时刻可用性的概率度量,实际中也称为瞬时可用度。

假设一个可修系统在 $t=0$ 时刻投入运行,当系统出现故障时,产生了一个维修行为来恢复系统的功能。若用二值变量 $X(t)$ 表示装备在 t 时刻的状态,$X(t)=1$ 表示装备在 t 时刻正常工作,$X(t)=0$ 表示装备在 t 时刻失效,即

$$X(t) = \begin{cases} 1, & \text{系统在 } t \text{ 时刻正常运行} \\ 0, & \text{其他} \end{cases}$$

则系统的瞬时可用度 $A(t)$ 可表示为

$$A(t) = P\{X(t)=1\}$$

从其定义可以看出,瞬时可用度 $A(t)$ 只讨论在 t 时刻系统是否处于正常工作状态,对于 t 时刻前装备是否发生过故障并不关心。

2. 平均可用度

在时间间隔(t_1,t_2)内,系统的平均可用度为

$$A_{\text{av}}(t_1,t_2) = \frac{1}{t_2-t_1}\int_{t_1}^{t_2} A(t)\,\mathrm{d}t \tag{2-46}$$

$A_{\text{av}}(t_1,t_2)$表示在 $t_1 \sim t_2$ 的平均可用度,由于在实际使用中经常用它来描述某个任务区间系统的可用度,因此区间可用度也称为任务可用度。区间可用度可以解释为系统能够正常工作区间内的平均时间比例。

在很多应用中,经常从系统一启动就关注时间间隔或者任务可用度,即在一个区间$(0,\tau)$内系统的平均可用度,定义为

$$A_{\text{av}}(\tau) = \frac{1}{\tau}\int_0^{\tau} A(t)\,\mathrm{d}t \tag{2-47}$$

当 $\tau \to +\infty$ 时,区间可用度将达到一个称为系统平均持续运行可用度的极限,或称为稳态可用度:

$$A_{av} = \lim_{\tau \to +\infty} A_{av}(\tau) = \lim_{\tau \to +\infty} \frac{1}{\tau} \int_0^{\tau} A(t)\,\mathrm{d}t \qquad (2\text{-}48)$$

平均可用度 A_{av} 可以解释为系统能够正常工作的一个长时间周期的平均可用度比例,依据系统能够工作时间和不能工作时间的定义,稳态可用度又可以有固有可用度、使用可用度等多种形式。

3. 固有可用度

固有可用度是指系统在寿命周期内可工作时间占总时间的比例,是其寿命周期内可用性的平均概率度量,若这种概率仅依赖于失效前时间和修复时间的分布,且装备所需的保障资源都可以得到满足,则固有可用度可由式(2-49)给出:

$$A_i = \frac{\text{MTBF}}{\text{MTBF} + \text{MTTR}} \qquad (2\text{-}49)$$

式中,MTBF 为平均故障间隔时间;MTTR 为平均维修时间。

以上结果对于任何失效前时间分布 $F(t)$ 和修复时间分布 $G(t)$ 都是有效的,可见固有可用度仅与故障分布和维修分布相关,因此可以将其看成设计参数,在此基础上可以进行可靠性与维修性的设计权衡分析。

4. 使用可用度

使用可用度 A_o 是系统处于能工作状态的概率,适用于按规定综合考虑维修和后勤延误时间的情况,使用可用度按式(2-50)计算:

$$A_o = \frac{\text{MTBM}}{\text{MTBM} + \text{DT}} \qquad (2\text{-}50)$$

式中,MTBM 为平均维修间隔时间(包括计划维修和非计划维修);DT 为不能工作时间。在整个使用寿命 T 期间,平均维修间隔时间按式(2-51)计算:

$$\text{MTBM} = \frac{T}{M(T) + \dfrac{T}{T_{sm}}} \qquad (2\text{-}51)$$

式中,$M(T)$ 为更新函数,即整个寿命 T 期间的故障期望数;T_{sm} 为计划维修间隔时间。系统 DT 按式(2-52)计算:

$$\text{DT} = \frac{M(T) \cdot \text{MTTR}_s + \dfrac{T}{T_{sm}} \cdot \text{MSMT}}{M(T) + \dfrac{T}{T_{sm}}} \qquad (2\text{-}52)$$

MTTR_s 为系统平均修复时间,MSMT 为平均计划维修时间。MTTR_s 按式(2-53)计算:

$$\text{MTTR}_s = \text{MTTR} + \text{MLDT} \qquad (2\text{-}53)$$

式中，MLDT 为保障资源的平均后勤延误时间。在没有任何计划维修的情况下，使用可用度可利用下述简单公式进行计算：

$$A_o = \frac{\text{MTBF}}{\text{MTBF} + \text{MTTR} + \text{MLDT}} \tag{2-54}$$

一个可修系统在某一时刻 t 的可用度 $A(t)$ 称为该系统在 t 时刻正常运行的概率。

2.4.2 指数可用度模型

故障率和维修率均为常数的系统是计算瞬态可用度、区间可用度和稳态可用度最简单的案例，其状态转移过程如图 2-11 所示。

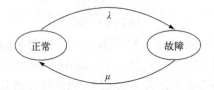

图 2-11　故障率和维修率均为常数的状态转移图

图 2-11 中，λ 和 μ 分别为装备的故障率和维修率。按照图中的状态转移关系，可以用马尔可夫过程来表示，其状态转移方程为

$$\begin{cases} \dfrac{dP_1(t)}{dt} = -\lambda P_1(t) + \mu P_2(t) \\ P_1(t) + P_2(t) = 1 \end{cases} \tag{2-55}$$

式中，$P_1(t)$ 和 $P_2(t)$ 分别为装备在 t 时刻处于正常和故障状态的概率，解此微分方程组可得

$$A(t) = P_1(t) = \frac{\mu}{\lambda + \mu} + \frac{\lambda}{\lambda + \mu} e^{-(\lambda + \mu)t} \tag{2-56}$$

2.4.3 系统可用度

结合系统的可靠性框图，可以给出由多个装备（或子系统）构成的系统的可用度。对于由 n 个装备构成的串联系统，其瞬时可用度按照式(2-57)计算：

$$A_s(t) = \prod_{i=1}^{n} A_i(t) \tag{2-57}$$

式中，$A_i(t)$ 为第 i 个分系统的瞬时可用度。同理，系统的固有可用度按照式(2-58)计算：

$$A_{i,s} = \prod_{i=1}^{n} \frac{\text{MTTF}_i}{\text{MTTF}_i + \text{MTTR}_i} \tag{2-58}$$

特别地,当分系统分别都具有恒定失效率 λ_i 和恒定修复率 μ 时,系统固有可用度计算公式为

$$A_{i,s} = \frac{\text{MTTF}_s}{\text{MTTF}_s + \text{MTTR}_s} \tag{2-59}$$

式中,$\text{MTTF}_s = 1/\lambda_s$;$\text{MTTR}_s = \sum_{i=1}^{n} \frac{\lambda_i/\mu_i}{\lambda_s}$;$\lambda_s = \sum_{i=1}^{n} \lambda_i$。

对于 n 个分系统构成的并联系统,其瞬时可用度按下式计算:

$$A_s(t) = 1 - \prod_{i=1}^{n} [1 - A_i(t)] \tag{2-60}$$

2.5　随机点过程

2.5.1　基本概念

在前面几节,系统的可靠性和维修性均作为时间的函数来研究,在对可修系统进行维修决策建模分析时,另一类经常用到的数学方法是随机过程。

随机点过程用于刻画一段连续时间内随机出现的独立事件序列。对于故障可修的装备系统,在其寿命周期内会产生故障—修复—故障—修复的循环过程,可以将装备在 $(0,t)$ 内发生的故障次数定义为一个随机点过程。

对于一个随机过程 $\{N(t), t \geqslant 0\}$,当 $N(t)$ 满足下列条件时为一个可计数过程:

(1) $N(t) \geqslant 0$;

(2) $N(t)$ 是整数;

(3) 如果 $s < t$,那么 $N(s) \leqslant N(t)$;

(4) 对于 $s < t$,$[N(t) - N(s)]$ 代表在时间间隔 $(s,t]$ 内出现的事件 A(如故障)的个数。

一个可计数过程 $\{N(t), t \geqslant 0\}$ 可以用故障出现的(日历)时间序列 $\{S_1, S_2, \cdots\}$ 或者故障间隔的时间序列 $\{T_1, T_2, \cdots\}$ 来表示,如图 2-12 所示。

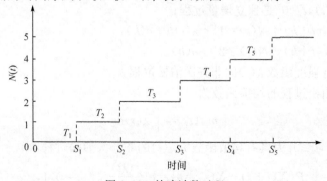

图 2-12　故障计数过程

在工程实践中,关于计数过程,另外两个经常提到的概念是独立增量过程和平稳增量过程,它们都是在计数过程的基础上增加了若干限定。

独立增量过程:在计数过程 $\{N(t),t\geq0\}$ 中,如果在不相交叠的时间间隔内出现事件 A 的次数是相互统计独立的,那么称该计数过程为独立增量过程。

平稳增量过程:在计数过程 $\{N(t),t\geq0\}$ 中,如果在 $[t,t+s]$ 内出现事件 A 的次数只与时间差 s 有关,而与起始时间 t 无关,那么该过程称为平稳增量过程。

有了独立增量过程和平稳增量过程的定义,可以进一步给出泊松(Poisson)过程的定义。

2.5.2　泊松过程

1. 齐次泊松过程

一个计数过程 $\{N(t),t\geq0\}$ 若满足下列条件:

(1) $N(0)=0$;

(2) $\{N(t),t\geq0\}$ 是独立增量过程、平稳增量过程;

(3) $P\{N(t+h)-N(t)=1\}=\lambda h+o(h)$;

(4) $P\{N(t+h)-N(t)\geq2\}=o(h)$。

则称其为具有参数 $\lambda>0$ 的齐次泊松过程(homogeneous Poisson process,HPP)。

对于齐次泊松过程,在任一长度为 t 的区间中,事件 A 发生的次数服从参数为 $\lambda>0$ 的泊松分布,即对任意 s, $t\geq0$,有

$$P\{N(t+s)-N(s)=n\}=\mathrm{e}^{-\lambda t}\frac{(\lambda t)^n}{n!},\quad n=0,1,\cdots \tag{2-61}$$

2. 非齐次泊松过程

计数过程 $\{N(t),t\geq0\}$ 若满足下列条件:

(1) $N(0)=0$;

(2) $\{N(t),t\geq0\}$ 是独立增量过程;

(3) $P\{N(t+h)-N(t)=1\}=\lambda(t)h+o(h)$;

(4) $P\{N(t+h)-N(t)\geq2\}=o(h)$。

则称其为具有强度函数 $\lambda(t)$ 的非齐次泊松过程。

非齐次泊松过程的均值函数为

$$m_N(t)=\int_0^t\lambda(s)\mathrm{d}s \tag{2-62}$$

若 $\{N(t),t\geq0\}$ 为具有均值函数 $m_N(t)$ 的非齐次泊松过程,则

$$P\{X(t+s)-X(s)=n\}=\mathrm{e}^{-\lambda t}\frac{(\lambda t)^n}{n!},\quad n=0,1,\cdots \tag{2-63}$$

2.5.3　更新过程

依据修复过程的性质,部件首次故障前工作时间的分布函数可能与后续故障间隔时间分布函数不尽相同。不妨考虑一种特殊情况:当部件发生故障后,立即用同种类型的新部件进行替换(替换时间忽略不计),用 $T_1, T_2, \cdots$ 来表示这些故障的发生时刻,$X_k = T_k - T_{k-1}$ 表示第 $k-1$ 次故障和第 k 次故障的间隔时间,由于每次用同种类型的新部件进行替换,因此随机变量 X_i 独立同分布,此时该过程构成一个更新过程。

可见更新过程是一个故障出现间隔时间独立同分布的计数过程,对于 $t \geqslant 0$,$i = 1, 2, \cdots$,其分布函数为

$$F(t) = P, \quad X_i \leqslant t \tag{2-64}$$

所观察到的事件(此处为故障后用新部件进行替换)称为更新,$F(t)$ 称为更新过程的潜在分布,$T_1, T_2, \cdots$ 为更新发生的时刻。很显然,当潜在分布是参数为 λ 的指数分布时,前面讨论的齐次泊松过程也构成一类特殊的更新过程,因此更新过程可以看成广义的齐次泊松过程。

关于更新过程,有以下基本概念:

(1) 第 n 个更新发生的时刻,记为 T_n;

(2) 时间间隔 $(0, t]$ 内的更新次数,记为 $N(t) = \max\{n : T_n \leqslant t\}$;

(3) 更新函数,记为 $m(t) = E[N(t)]$。

1. 更新时刻的分布

准确计算第 n 个更新发生的时刻 T_n 是很复杂的,令 $F^{(n)}(t)$ 表示 T_n 的分布函数,则有

$$F^{(n)}(t) = \int_0^t F^{(n-1)}(t-x) \, \mathrm{d}F(x) \tag{2-65}$$

式(2-65)可简记为 $F^{(n)} = F * F^{(n-1)}$($*$ 表示卷积),要利用此递推公式求解 T_n 的精确表达式是很困难的,而通常情况下只需要知道 T_n 的近似分布。若已知 $E(X_i) = \mu$,$\mathrm{var}(X_i) = \sigma^2$,则由强大数定理,式(2-66)以概率 1 收敛:

$$\frac{T_n}{n} \rightarrow \mu, \quad n \rightarrow \infty \tag{2-66}$$

根据中心极限定理,T_n 是渐近正态分布的,即

$$\frac{T_n - n\mu}{\sigma \sqrt{n}} \rightarrow N(0, 1) \tag{2-67}$$

且有

$$F^{(n)}(t) = P(T_n \leqslant t) \approx \Phi\left(\frac{t - n\mu}{\sigma \sqrt{n}}\right) \tag{2-68}$$

式中，$\Phi(\cdot)$ 代表标准正态分布 $N(0,1)$ 的分布函数。

2. 更新次数的分布

同样依据强大数定理，式(2-69)以概率 1 收敛：

$$\frac{N(t)}{t} \to \frac{1}{\mu}, \quad t \to \infty \tag{2-69}$$

因此，当 t 很大时，$N(t) \approx t/\mu$，即当时间很大时，更新次数近似为时间的一个线性函数。由更新次数和更新时刻的定义可知

$$P[N(t) \geqslant n] = P(T_n \leqslant t) = F^{(n)}(t) \tag{2-70}$$

$$P[N(t)=n] = P[N(t) \geqslant n] - P[N(t) \geqslant n+1] = F^{(n)}(t) - F^{(n+1)}(t) \tag{2-71}$$

当 n 较大时，根据式(2-68)和式(2-71)可得

$$P[N(t)=n] \approx \Phi\left(\frac{t-n\mu}{\sigma\sqrt{n}}\right) - \Phi\left[\frac{t-(n+1)\mu}{\sigma\sqrt{n+1}}\right] \tag{2-72}$$

Takács[8] 推导出当 t 很大时，下面的近似公式成立，即

$$P[N(t) \leqslant n] \approx \Phi\left[\frac{n-(t/\mu)}{\sigma\sqrt{t/\mu^3}}\right] \tag{2-73}$$

3. 更新函数

对于任意更新过程，定义 $m(t) = E[N(t)] = \sum_{j=1}^{\infty} jP\{N(t)=j\}$ 为更新函数，更新理论中一个重要定理就是基本更新定理：

$$\lim_{t \to +\infty} \frac{m(t)}{t} = \frac{1}{\mu} \tag{2-74}$$

式中，μ＝MTBF 为平均故障间隔时间。此定理提供了一种渐近的近似方法，因此当 t 相对于更新周期较大时，可以近似认为在 $(0,t]$ 时间间隔内的平均故障数为 t/MTBF。根据基本更新定理可以得到如下推论：

$$\lim_{t \to +\infty} [m(t+T) - m(t)] = \frac{T}{\mathrm{MTBF}}, \quad T > 0 \tag{2-75}$$

本节介绍了可以用来描述一个可修系统维修活动的两种主要模型：更新过程和泊松过程，泊松过程又分为齐次泊松过程和非齐次泊松过程。当使用更新过程时，维修行为可以看成完全的(用同类部件替换等同于完全维修)，这表明系统在维修行为完成后是如新状态；当使用非齐次泊松过程时，维修行为被认为是基于最小维修的，这表明系统的可靠性在维修活动结束后的一刻与故障发生前的一刻是相同的，在这种情况下，系统在维修行为完成后称为如旧状态。齐次泊松过程既可以看成更新过程，也可以看成非齐次泊松过程的特殊情况，因此在实际建模中得到了

最为广泛的应用。

　　更新过程和非齐次泊松过程可以看成维修活动中两种极端的情况（前者等同于完全维修，后者等同于最小维修），普通的维修更多的是介于最小维修和完全维修之间，许多模型的建立就是为了描述不完全维修这种情况。在本书的后续章节，将介绍更多的不完全维修模型，以及由各种不完全维修模型引出的维修策略。

参 考 文 献

[1] 甘茂治，康建设，高崎. 军用装备维修工程学[M]. 北京：国防工业出版社，2005.

[2] Ziegel E R. System reliability theory: Models, statistical methods, and applications[J]// Technometrics,2003,46(4):495,496.

[3] Kumar U D, Crocker J, Knezevic J, et al. Reliability, Maintenance and Logistic Support [M]. New York:Springer-verlag, 2000.

[4] Ebeling C E. 可靠性与维修性工程概论[M]. 康锐等译. 北京：清华大学出版社，2010.

[5] 王少萍. 工程可靠性[M]. 北京：北京航空航天大学出版社，2000.

[6] Carter A. Mechanical Reliability[M]. New York：John Wiley, 1986.

[7] 陈砚桥，金家善. 可修 K/N（G）系统可靠性指标的仿真算法研究[J]. 计算机仿真，2008，25(11)：115-118.

[8] Takács L. On a probability problem arising in the theory of counters[J]. Mathematical Proceedings of the Cambridge Philosophical Society，1956，52(3):488-498.

第3章　舰船装备技术状态评估方法

3.1　概　　述

舰船装备技术状态[1]是指舰船装备在指定时刻的总体技术特性,是装备各种技术特性的综合。随着舰船装备的现代化,各类装备技术状态成为决定部队战斗力的重要因素,及时、准确和动态掌握装备的技术状态,已成为舰船装备管理的一个重要目标。评估舰船装备的技术状态,可以考核现有装备是否能够满足作战任务要求及其满足程度,为优化和改善装备的配置和相应的保障工作尤其是维修活动的开展提供重要的决策依据;同时,利用舰船装备技术状态评估过程中采集到的相关数据,还可以为相关装备的研制、改进及其他类型的装备技术状态评估提供数据支撑和参考。

装备技术状态评估大多具有领域相关的特点,舰船装备技术状态评估主要从典型舰船装备的工作原理与特点出发,结合历史检测数据对装备当前状态进行评估。

装备技术状态评估是运用数学模型对装备当前的技术状态进行评估,对剩余寿命进行预测,并对可能发生的故障进行告警,需要输入的数据包括传感器数据、预测模型参数、故障统计等大量知识和数据。当系统收到经由有线或无线网络传来的舰船装备系统实时或近实时状态数据时,预处理程序根据协议要求,对数据进行阈值比较、过滤、综合、重组和分类,根据不同对象的损伤机理和数据分析要求,应设立不同策略的推理通道,以获得最优结果,如图 3-1 所示。拟采用的分析和推理方法包括基于数据耕种与数据挖掘的方法、基于软计算的方法、基于灰色系统理

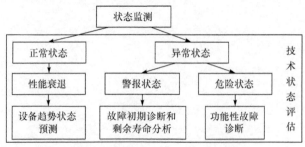

图 3-1　装备技术状态评估过程

论的方法、基于统计理论的方法,并与传统基于规则和案例的方法、基于故障树的方法、基于神经网络的方法及基于相关性统计分析等方法进行比较。

随着装备状态监测和健康管理技术的发展,装备技术状态评估在工程上得到越来越广泛的应用,从早期对单一装备的技术状态评估逐步扩展到对复杂的装备系统的整体技术状态进行评估[2],这其中主要的发展趋势表现在以下方面。

1. 针对复杂装备系统的技术状态评估越来越受到重视

装备状态监测和健康管理最早运用于航空航天、核安全等设备。现代舰船装备技术最早应用于军事装备,类似航空器、航天器、核设备、大型军事装备等机电液一体化的复杂大系统,无论在工程使用价值还是经济价值上都具有重大作用,这些系统的故障很可能导致不可估量的损失,为此要求实时掌握其技术状态,避免意外事故发生。要实现这个目标,技术状态评估技术将发挥重要作用。因此,世界各国越来越重视复杂大系统的技术状态评估技术。

2. 多源信息融合评估将进一步提高技术状态评估的可信度

复杂系统在设计、制造、使用、报废过程中均会产生大量与其技术状态相关的信息,在使用过程中也往往通过多种传感器对其运行状态进行监测。综合多源信息,将反映复杂系统技术状态不同方面的信息加以融合,有望进一步提高技术状态评估结果的可信度。

3. 与故障诊断、故障预测技术在工程上的综合应用将越来越紧密

主要体现在两点:一是利用技术状态评估技术进行技术状态评估的最终目的是更好地指导复杂系统的维修保障,这与故障诊断、故障预测技术的目的一致;二是技术状态评估技术可以作为故障预测的基础,实现基于技术状态评估的故障预测技术,这也是故障预测技术领域的一种新方法。同时,技术状态评估技术与故障诊断、故障预测技术的紧密结合也有利于故障预测与健康管理(prognostic and health management,PHM)技术[3]的进一步发展。

从目前国内外公开发表的文献资料来看,与舰船装备技术状态评估相关的模型方法大致可以分为经典评估方法、机器学习算法与多源信息融合方法[4]以及其他技术状态评估方法,这几类方法并无绝对界限,在技术状态评估时也并非单独使用。下面对这几类方法进行简单介绍。

3.1.1　经典评估方法

1. 层次分析法

层次分析法[5](analytic hierarchy process,AHP)是运筹学家 Saaty 于 20 世纪

70 年代初提出的。通过确定同一层次中各评估指标的初始权重,将定性因素定量化,整个过程体现了人们分解—判断—综合的思维特征。层次分析法是一种系统性的评价方法,不单纯追求高深的数学理论,又不片面地注重定量信息,而是把定性信息和定量信息有机结合。但是这种方法中利用的定性信息相对其他方法要多,会导致评估结果主观化;当指标过多时,数据统计量大,且权重难以确定。

2. 模糊理论

人类在认识过程中,把感觉到的事物共同特点抽象出来加以概括,这就形成了概念。例如,对于装备技术状态的认识,从各种表现符合预期能够发挥作战效能的装备状态中抽象出良好的概念。一个概念有它的内涵和外延,内涵是指该概念所反映的事物本质属性的总和,也就是概念的内容,外延是指一个概念所指的对象范围。

所谓模糊概念,是指这个概念的外延具有不确定性,或者说它的外延是不清晰的,是模糊的。例如,常用于描述装备技术状态的“堪用”这个概念,它的内涵是清楚的,但是它的外延,即装备具有什么样的外在表现才能够称为堪用,恐怕就很难说情楚,因为在堪用和不堪用之间没有一个确定的边界,这就是一个模糊概念。

模糊理论[6](fuzzy theory)是研究和处理模糊性现象的理论。所谓模糊性,主要是指客观事物在差异的中间过渡时所呈现的亦此亦彼性。模糊理论适用于定性、定量信息并存的系统评估,模糊综合评价、模糊识别等都属于模糊理论的范畴,均可用来进行复杂系统技术状态评估。

3. 灰色系统理论

灰色系统[7]是指部分信息清楚、部分信息不清楚的系统,即信息不完全的系统。信息不完全是指系统因素、因素关系、系统结构及系统作用原理等方面信息缺乏。灰色系统理论(gray system theory)是以部分信息已知、部分信息未知的小样本、贫信息的不确定性系统为研究对象,主要通过对部分已知信息的合成和开发,提取有价值的信息,实现对系统运行行为的正确认识和有效控制。灰色聚类法、灰熵模型[8]、灰靶模型[9]等均属于灰色系统理论的一部分。

3.1.2 多源信息融合方法

人工神经网络[10]、支持向量机、贝叶斯网络[11]和 D-S 证据理论[12]等。目前,这四种算法的研究约占整个信息融合算法的 85%,其中贝叶斯网络、人工神经网络方法又属于机器学习算法的范畴。

1. 人工神经网络

人工神经网络是在现代神经科学的基础上提出和发展起来的,是旨在反映人脑结构及功能的一种抽象数学模型。自 1943 年心理学家 McCulloch 和数学家 Pitts 提出形式神经元的抽象数学模型以来,人工神经网络理论技术经过了 50 多年的曲折发展。特别是 20 世纪 80 年代,人工神经网络的研究取得了重大进展,有关的理论和方法已经发展成一门界于物理学、数学、计算机科学和神经生物学之间的交叉学科。它在模式识别、图像处理、智能控制、组合优化、金融预测与管理、通信、机器人以及专家系统等领域得到广泛应用。其中,BP 神经网络、径向基神经网络、自组织神经网络等在技术状态评估方面有大量应用。

2. 支持向量机

支持向量机[13]是数据挖掘中的一项新技术,是借助最优化方法来解决机器学习问题的新工具,最初由 Vapnik 等提出,近几年来在其理论研究和算法实现等方面都取得了很大进展,开始成为克服“维数灾难”和过学习等困难的强有力手段,基于支持向量机的状态评估方法既有严格的理论基础,又能较好地解决小样本、非线性、高维数和局部极小值等实际问题。最小二乘支持向量机、核向量机[14]等支持向量机的改进算法在技术状态评估领域均有应用。

3. 贝叶斯网络

贝叶斯网络[15]是根据各变量间的概率关系建立起来的图论模型。它是描述数据变量相互之间依赖关系的有向无环图,是贝叶斯概率方法和有向无环图网络拓扑结构的有机结合。贝叶斯网络中的每一个节点表示一个随机变量,两个节点若存在一条弧,则表示这两个节点相对应的随机变量是概率相依的,两个节点之间若没有弧,则说明这两个随机变量是相对独立的。贝叶斯网络以其独特的不确定知识表达形式、丰富的概率表达能力、综合先验知识的增量学习特性,已成功应用于技术状态评估领域。

4. D-S 证据理论

证据理论是在 Dempster 于 20 世纪 60 年代提出的“上、下概率”及其合成规则的基础上,由 Shafer[16]在其 1976 年出版的专著《证据的数学理论》中建立的。此后,证据理论逐渐发展为一类重要的不确定推理方法。D-S 证据理论作为处理信息融合中不确定性问题的重要方法,经过几十年的发展已经形成了较完整的理论体系。该算法用可信度、拟信度区间表达证据对结论的支持程度,通过获取的关于对象信息,即证据,根据相应的推理知识库,推导计算出目标各属性结论的可信度区间,进而判定对象的属性结论。D-S证据理论为不确定信息的表达和合成提供了自然而强有力的方法,这使得它在数据融合等领域获得了广泛应用。利用 D-S 证据理论,可以有效地把各种定量、定性信息统一到同一信度框架之下,得出的技术状态评估结果更加准确。

3.2　基于装备效能的技术状态评估

3.2.1　装备技术状态评估指标体系

指标是指计划中规定达到的目标。建立一套科学完整、行之有效的评估指标体系,是进行舰船装备技术状态评估的基础和先决条件。舰船装备技术状态评估指标是指一组能够全面反映装备技术状态能力的、定性或定量描述的评估参数,评估指标体系是指反映舰船装备技术状态评估对象各个要素指标所构成的有机整体。

指标体系是否科学、合理,直接关系到技术状态评估结果的好坏。为此,指标体系必须科学、客观、合理,尽可能全面地反映影响装备技术状态的所有因素。但是,要建立一套既科学又合理的安全评价指标体系,是一个非常困难的问题。为此,必须按照一定的原则去分析和判断,才有可能较好地解决这一难题。

1. 目的性原则

指标体系要紧紧围绕舰船装备技术状态评估这一目标来设计,并由代表系统安全各组成部分的典型指标构成,多方位、多角度地反映系统的安全水平。

2. 科学性原则

指标体系结构的拟定、指标的取舍、公式的推导等都要有科学依据。只有坚持科学性的原则,获取的信息才具有可靠性和客观性,评价的结果才具有可信性。

3. 系统性原则

指标体系要包括舰船装备技术状态评估所涉及的众多方面,使其成为一个系统:

(1) 相关性,要运用系统论的相关性原理不断分析,然后组合设计舰船装备技术状态评估指标体系。

(2) 层次性,指标体系要形成阶层性的功能群,层次之间要相互适应并具有一致性,要具有与其相适应的导向作用,即每项上层指标都要有相应的下层指标与其相适应。

(3) 整体性,不仅要注意指标体系整体的内在联系,而且要注意整体的功能和目标。

(4) 综合性,指标体系的设计不仅要有反映装备故障的指标,更重要的是要有反映隐患的指标,事前与事后综合,才能更为客观和全面。

4. 可操作性原则

指标的设计要求概念明确、定义清楚,能方便地采集数据与收集情况,要考虑现行科技水平,并且有利于评估系统的改进。同时,指标的内容不应太繁太细,过于庞杂和冗长会给评估工作带来不必要的麻烦。

5. 时效性原则

指标体系不仅要反映一定时期舰船装备的实际情况,还要跟踪其变化情况,以便及时发现问题,防患于未然。

6. 可比性原则

指标体系中同一层次的指标,应该满足可比性的原则,即具有相同的计量范围、计量口径和计量方法,指标取值宜采用相对值,尽可能不采用绝对值。这样使得指标既能反映实际情况,又便于比较优劣,查明技术状态的薄弱环节。

7. 定性与定量相结合的原则

指标体系的设计应当满足定性与定量相结合的原则,即在定性分析的基础上,还要进行量化处理。只有通过量化,才能较为准确地揭示事物的本来面目。对于缺乏统计数据的定性指标,可采用评分法,利用专家意见近似实现其量化。

需要指出的是,上述各项原则并非简单的罗列,指标体系设立的目的性决定了指标体系的设计必须符合科学性原则,而科学性原则又要通过系统性来体现。在满足系统性原则之后,还必须满足可操作性和时效性的原则。此外,可操作性原则还决定了指标体系必须满足可比性的原则。上述各项原则都要通过定性与定量相结合的原则才能体现。最后,所有上述各项原则皆由舰船装备技术状态评估的目的性所决定,并以目的性原则为前提。评估指标的建立应当充分考虑舰船装备实际使用的设计功能、性能指标、使命任务等参数。下面以某型雷达装备为例建立如表 3-1 所示的评估指标。

表 3-1　某型雷达装备的评估指标

评估指标		量化结果
设计功能	发射功能 接收功能 …	好
装备性能	角度分辨力 距离分辨力 …	中
使命任务	对海警戒 对空警戒 …	差

　　评估指标又分为上层指标和下层指标，一个上层指标包含的信息丰富，对上层指标的评估往往需要由多个下层指标共同完成。实际中有定性、定量两种方式对指标进行量化，这取决于选定的指标是否具有被量化的可能性，例如，表 3-1 中就只对各种指标进行了定性描述。

　　评估因素由建立的评估指标体系决定，通常包括装备的主要功能、技术指标等。具体将装备的哪些功能及指标参数作为评估因素，需要在实际应用中根据装备的实际使命任务、参考专家意见进行选取。以某型雷达装备为例，对装备进行分解，确定与技术状态有关的变量，并且依据变量间的相互关系、影响以及隶属关系进行组合，形成一个装备技术状态评估模型，具体结构如图 3-2 所示。

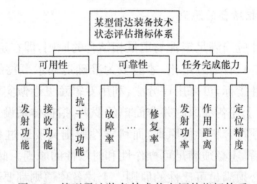

图 3-2　某型雷达装备技术状态评估指标体系

　　从顶层来看，ADC 模型从可用性 A（availability）、可靠性 D（dependability）和任务完成能力 C（capability）这三方面对装备的技术状态进行评估。但是，由于舰船装备型号比较多（对于典型驱护舰，其上搭载的装备类型就超过 2000 种），不同种类的装备在底层的评估指标上不尽相同，如果要对每一种型号的装备进行准确的技术状态评估,需要为每一型装备建立完整的指标体系,这个工作量将非常大;而且过于精细的指标在实际中也难以进行准确的量化。基于上述考虑,本章按照下列原则对指标体系进行合并简化,满足下列任一条件的多种装备可以使用相同的指标体系进行评估:

(1) 同一专业且专业内分类相同的装备。

(2) 系统组成和功能相同,使用环境类似的装备。

(3) 系统硬件(电子电路、芯片、组件及模块)、软件功能相同或相近。

具有上述特点的装备(如短波电台、超短波电台)可以用相同的指标体系进行打分和比较。这种方式一方面提高了装备技术状态评估的准确性和针对性,另一方面大大减少了工作量。

3.2.2 装备技术状态评估的 ADC 模型

装备技术状态评估方法建立在评估指标体系的基础上,用于解决各个独立指标的数值量化及权重问题。通过建立评估数学模型,得出详细的技术状态信息。因此,研究技术状态评估的重点是相关评估指标的权重选择和评估数学模型的建立。

ADC 模型是美国工业界武器系统效能咨询委员会定义的当前最常用的武器系统效能评估方法。该模型将系统的效能评定和具体的作战任务综合起来,反映既定任务的完成情况,它是系统有效性、可靠性和能力的函数。本章在 ADC 模型的基础上,结合模糊综合评价法,提出一种具有良好适应能力的装备技术状态评估方法。

众所周知,在针对装备的各项评价指标中,模糊性是无法避免的,功能的有无、性能的好坏很多情况下并不是简单的"是与否"或"有与无"的关系,而是有不同程度的关系存在。对应到模糊集合中,体现为给定范围内元素对其隶属关系不一定只有"是"或"否"两种情况,而是用 0~1 的实数来表示,还存在中间过渡状态。

下面以舰船某型雷达装备为例,说明采用这种方法进行舰船装备技术状态评估的具体步骤。

1. 装备可用性评估

装备的可用性评估采用模糊评价法。通过对装备功能完整性的统计分析,得到装备可用性指标,具体步骤如下:

(1) 选取能表征该装备技术状态的主要功能作为评价因素。表 3-2 给出了表征某型雷达装备可用性的 7 个评价因素。

表 3-2   某型雷达装备可用性评价因素

序号	评价因素
1	发射功能
2	接收功能
3	信号与数据处理功能
4	显示功能
5	天线与伺服功能
6	跟踪功能
7	抗干扰功能

(2) 分别判断每种功能的状态。功能状态是指装备使用中统计数据记录的实际功能与装备的设计功能比较后的状态描述,反映了装备功能的正常程度。可将功能状态分为功能正常、功能下降、功能故障(丧失)3 种,同时为每种功能状态赋值,如功能正常为 0.9,功能下降为 0.7,功能故障为 0.5,可得装备功能等级矩阵 M 为

$$M=[0.9, 0.7, 0.5]$$

在实际操作时,可由装备使用人员按装备的实际状态填写表 3-3。最终根据表 3-3 得装备的功能状态矩阵 U 为

$$U=[u_1, u_2, u_3, u_4, u_5, u_6, u_7] \tag{3-1}$$

表 3-3   功能状态打分表

评价因素	功能 1	功能 2	功能 3	功能 4	功能 5	功能 6	功能 7
正常(0.9)	√		√		√	√	
下降(0.7)		√		√			√
故障(0.5)							

(3) 采用专家打分法,确定每一功能的权重,权重矩阵 B 表示为

$$B=[b_1, b_2, b_3, b_4, b_5, b_6, b_7] \tag{3-2}$$

(4) 采用加权法,求得装备可用性矩阵 A 为

$$A=UB^\mathrm{T}M=[a_1, a_2, a_3] \tag{3-3}$$

式中,a_1、a_2、a_3 分别为装备处于功能正常、功能下降、功能故障状态的概率。

2. 装备可靠性评估

装备的可靠性是指装备正常工作的概率。通过对装备各种故障发生的频率、故障修复的时间等数据进行统计分析,可得装备可靠性矩阵 D 为

$$D=\begin{bmatrix} d_{11} & d_{12} & d_{13} \\ d_{21} & d_{22} & d_{23} \\ d_{31} & d_{32} & d_{33} \end{bmatrix} \tag{3-4}$$

式中，$d_{ij}(i,j=1,2,3)$ 为装备从一种状态（功能正常、功能下降或故障状态）转变为另一种状态的概率，且 $\sum_{j=1}^{3} d_{ij}=1$。

在具体应用中，由平时记录的装备平均故障间隔时间（MTBF）和平均修复时间（MTTR）或其对应的故障率（λ）和修复率（μ）来求得装备可靠性矩阵 D。

3. 装备任务完成能力评估

装备的任务完成能力是指装备能完成的使命任务占设计使命任务的比例。装备任务完成能力评估也可采用模糊综合评价法。利用装备的性能指标及设计时的任务使命，结合装备所要完成的任务，在建立的数学模型基础上评估装备的任务实现能力，具体的步骤如下：

（1）通常选择与实现该任务有关的主要指标参数作为评价因素。表 3-4 给出了雷达装备任务完成能力的 7 个评价因素。

表 3-4　雷达装备的任务完成能力评价因素

序号	参与评价的指标
1	发射功率
2	作用距离
3	定位精度
4	接收灵敏度
5	目标处理能力
6	目标录取能力
7	抗干扰能力

（2）根据实际性能指标与正常性能指标间的差值确定装备任务完成能力的隶属度，将评价因素量化。差值越小，性能越高；差值越大，性能越差。

（3）根据差值判断每个性能指标的状态：性能正常、性能下降、性能故障（丧失），分别为每一个指标赋值，如性能正常为 0.9，性能下降为 0.7，性能故障为 0.5，得到装备性能等级矩阵为

$$M=[0.9,0.7,0.5]$$

实际应用时，由装备使用人员按装备的实际状态填写表 3-5。利用加权法求得装备任务完成能力矩阵 C。

表 3-5　功能状态打分表

评价因素	功能 1	功能 2	功能 3	功能 4	功能 5	功能 6	功能 7
正常值	√	√	√	√	√	√	√
实际值	√	√	√	√	√	√	√
差值	0.2	0.1	0	0	0	0.2	0.1
指标等级	0.7	0.9	0.9	0.9	0.9	0.7	0.9

由表 3-5 填写的指标等级可得性能指标状态矩阵为

$$V = [v_1, v_2, v_3, v_4, v_5, v_6, v_7] \tag{3-5}$$

(4) 采用专家打分法,确定每一个性能指标的权重,得权重矩阵 B 为

$$B = [b_1, b_2, b_3, b_4, b_5, b_6, b_7] \tag{3-6}$$

(5) 利用加权法求得装备任务完成能力矩阵 C 为

$$C^{\mathrm{T}} = VB^{\mathrm{T}}M = [c_1, c_2, c_3] \tag{3-7}$$

式中,$c_i(i=1,2,3)$ 为装备处于某一种状态(功能正常、功能下降或功能故障状态)时完成指定任务的概率。

在以上步骤基础上,由装备的可用性 A、可靠性 D 和任务完成能力 C 可以评估出某型装备完成一定任务时的技术状态,评估模型为

$$E = ADC \tag{3-8}$$

根据计算得出的状态值 E,可以评估出装备的三种技术状态(良好、堪用、故障)。这三种状态取值范围应根据实际情况来确定。例如,三种状态取值可以划分如下:良好($E \geqslant 0.8$)、堪用($0.8 > E \geqslant 0.6$)、故障($E < 0.6$)。

3.3　基于信息融合的技术状态评估

3.3.1　证据理论的基本概念

证据理论最初由 Dempster 于 1967 年提出,用多值映射得出概率的上下界,后来由 Shafer 于 1976 年推广形成证据推理,因此,其又称为 D-S 证据理论。

定义 3-1　辨识框架

辨识框架 Θ 表示人们针对某一判决问题得出的所有可能的结果(假设)集合,人们所关心的任一命题都对应于 Θ 的一个子集。若一个命题对应于辨识框架的一个子集,则称该框架能够识别该命题。

辨识框架是证据理论的基石,利用辨识框架,可将命题和子集对应起来,从而将比较抽象的逻辑概念转化为比较直观的集合论概念。

定义 3-2　基本概率赋值函数 m

对于辨识框架 Θ,定义幂集 2^Θ 上的基本概率赋值函数 $m:2^\Theta \rightarrow [0,1]$,使其满足

$$\begin{cases} m(\varnothing) = 0 \\ \sum_{A \subseteq \Theta} m(A) = 1 \end{cases} \tag{3-9}$$

式中,A 为问题域中任意命题;$m(A)$ 为证据支持命题 A 发生的程度,$m(A)$ 为证据对 A 本身的信任度。显然,证据对空集不产生任何信任度,证据对所有命题的信任度之和等于 1。

定义 3-3　焦元

对于 $\forall A \subseteq \Theta$,若 $m(A) > 0$,则称 A 为证据的焦元,所有焦元的集合称为核。

定义 3-4　信任函数 bel

若 m 是一个基本概率赋值函数,则信任函数 bel 的定义为

$$\mathrm{bel}(A) = \sum_{B \subseteq A} m(B) \quad (\forall A \subseteq \Theta) \tag{3-10}$$

$\mathrm{bel}(A)$ 描述了对 A 的信任度。信任函数也称为下限函数,表示命题成立的最小不确定性函数。

3.3.2　Dempster 合成公式

证据理论的合成公式是证据推理的基础,通过它能够合成多个证据源提供的证据。假设 $\mathrm{bel}_1, \mathrm{bel}_2, \cdots, \mathrm{bel}_n$ 是辨识框架 Θ 上 n 个不同证据对应的信任函数,若这些证据彼此独立,且不完全冲突,则可以利用证据理论的合成公式计算出一个新的信任函数,即

$$\mathrm{bel}_\oplus = \mathrm{bel}_1 \oplus \mathrm{bel}_2 \oplus \cdots \oplus \mathrm{bel}_n \tag{3-11}$$

$\mathrm{bel}_\oplus$ 称为 $\mathrm{bel}_1, \mathrm{bel}_2, \cdots, \mathrm{bel}_n$ 的直和,是 n 个不同证据合成产生的信任函数。一般对 n 个不同证据对应的基本概率赋值函数进行合成,得到新的基本概率赋值函数 $m_\oplus = m_1 \oplus m_2 \oplus \cdots \oplus m_n$。以 2 个信任函数为例,设 bel_1、bel_2 为同一识别框架下的信任函数,m_1 和 m_2 分别为对应的基本概率赋值函数,焦元分别为 $A_1, A_2, \cdots, A_k$ 和 $B_1, B_2, \cdots, B_r$,则有

$$m(C) = \begin{cases} \dfrac{\sum\limits_{A_i \cap B_j = C} m_1(A_i) m_2(B_j)}{1 - K}, & \forall C \subseteq \Theta, C \neq \varnothing \\ 0, & C = \varnothing \end{cases} \tag{3-12}$$

式中,$K = \sum\limits_{A_i \cap B_j = \varnothing} m_1(A_i) m_2(B_j)$,为证据之间的冲突概率,反映了证据之间冲突的程度。若不同证据指向的焦元没有重叠部分,则 $C = \varnothing$,$m(C) = 0$;换句话说,当不同证据指向的焦元有重叠时,说明多个证据支持同一假设,此时基本概率赋值函

数可以进行合成。

3.3.3　证据推断的一般过程

对电子信息装备的技术状态进行实时评估,本质上是运用状态监测系统采集的数据进行分析和判断的过程,一般采用基于规则方法运用 D-S 证据理论进行判别。基于规则的方法是一种定性方法,满足如下 4 条规则:

(1) 判定的类型(技术状态)应具有最大的基本概率分配函数值。

(2) 判定的类型和其他类型的基本概率分配函数值之差必须大于某一阈值。

(3) 表示未知的 $m(\Theta)$ 必须小于某一阈值。

(4) 判定类型的基本概率分配函数值必须大于 $m(\Theta)$。

3.3.4　基于证据理论的技术状态实时评估模型

证据理论通过对客观证据进行主观分析得到目标真伪,基本思想如下:

(1) 建立辨识框架,利用集合论方法研究命题。

(2) 建立初始信任分配。

(3) 根据因果关系计算所有命题的信任度,一个命题的信任度等于证据对其所有前提的初始信任度之和。

(4) 证据合成,利用证据理论合成公式融合多个证据提供的信息,得到各命题融合后的信任度。

(5) 根据融合后的信任度进行决策,一般选择信任度最大的命题。

3.3.5　技术状态评估基本框架

舰船电子信息设备在实际工作中的技术状态一般定义为良好、堪用、故障 3 类,处于故障状态的装备一般具有明显的外在表现,通常表现为装备不能工作、告警或者主要功能缺失,因此可以不通过状态评估系统而直接发现其故障状态。比较难处理的是良好和堪用这两种状态,需要根据状态监视传感器返回的状态信息进行实时评估。

在基于证据理论的技术状态评估中,需要把多个状态监视传感器采集的数据进行融合,即把各个传感器采集的信息作为证据,建立相应的基本概率分配函数(或信任函数),在同一辨识框架下,利用证据理论的合成公式将不同的证据合成一个新的证据,进而根据决策评估规则进行最终的技术状态评估。基于证据理论的电子信息装备技术状态评估的一般流程如图 3-3 所示。

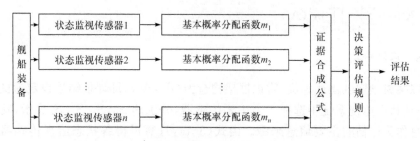

图 3-3　基于证据理论的电子信息装备技术状态评估流程

3.3.6　辨识框架及基本概率分配函数

根据 3.3.5 节内容,装备的故障状态一般能够显示识别,因此为研究方便,本节将舰船电子信息装备的实时技术状态评估结果分为两类:A_1 表示良好,A_2 表示堪用,于是本问题的辨识框架构造为 $\{A_1, A_2\}$。

基本概率分配函数是证据不确定性的载体,得到证据后,如何确定它对各个命题的支持,是证据理论应用于信息融合的关键环节。本节采用文献[11]中一种常见的基本概率分配函数构造公式,该组公式将传感器获得的对评估结果的相关系数值作为证据,构造基本概率分配函数,表示每一个评估结果(假设)的可信程度,例如,温度传感器采集到的温度越高,评估结果对应堪用的可能性也就越大。传感器 i 对评估结果 j 的基本概率赋值公式为

$$m_i(q_j) = \frac{C_i(q_j)}{\sum\limits_{j=1}^{N_c} C_i(q_j) + N_s(1-R_i)(1-w_i\alpha_i\beta_i)} \qquad (3\text{-}13)$$

式中,N_c 为可能的评估结果数(对于本例,$N_c=2$);N_s 为传感器总数;w_i 为传感器 i 的环境加权系数;$C_i(q_j)$ 为传感器 i 对 j 型评估结果的相关系数;α_i 为最大相关系数;β_i 为传感器 i 与各相关系数的分布系数。

3.3.7　多传感器单测量周期的空域信息融合

本例不考虑每个传感器在不同时刻监测得到的数据,即不考虑传感器的时域信息,此时的技术状态评估问题转化为多传感器数据融合问题,也就是空域信息的融合。

假定在辨识框架 Θ 下,$m_j(A_i)(j=1,2,\cdots,N)$ 表示第 j 个传感器对命题 A_i 的基本概率分配函数,用 M^{LN} 表示 N 个传感器融合后对命题 A 的累积基本概率分配函数,即 N 个传感器获得的累积信息,则

$$M^{LN}(A) = \frac{\sum\limits_{\cap A_i = A} \prod\limits_{1 \leqslant j \leqslant N} m_j(A_i)}{1 - K} \qquad (3\text{-}14)$$

式中，$K = \sum\limits_{\cap A_i = \varnothing} \prod\limits_{1 \leqslant j \leqslant N} m_j(A_i)$。

3.3.8　算例分析

以某典型舰载雷达为例，辨识框架构造为 $\{A_1, A_2\}$，即评估结果设定为良好和堪用；从状态监视系统中选择 4 个主要传感器，分别用 S_1, S_2, S_3, S_4 表示，其采集的信息作为评估的主要信息来源。由式(3-14)计算可得各状态监视传感器的基本概率分配，如表 3-6 所示，$m_{S_i}(\Theta)$ 表示证据的不确定性概率分配。

表 3-6　各传感器(证据源)的基本概率分配

基本概率赋值	A_1	A_2	Θ
m_{S_1}	0.32	0.55	0.13
m_{S_2}	0.70	0.15	0.15
m_{S_3}	0.25	0.50	0.25
m_{S_4}	0.40	0.40	0.20

按照式(3-14)，可依次对各个证据进行组合，组合后的基本概率赋值如图 3-4 所示，详细数据如表 3-7 所示。

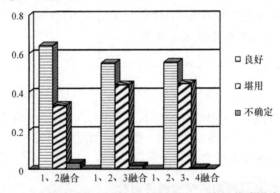

图 3-4　多传感器信息证据组合结果(1~4 表示传感器编号)

表 3-7　证据组合后的基本概率赋值

基本概率赋值	A_1	A_2	Θ
$m_{S_1 S_2}$	0.64	0.33	0.03
$m_{S_1 S_2 S_3}$	0.549	0.436	0.015
$m_{S_1 S_2 S_3 S_4}$	0.553	0.442	0.005

此时，根据前面介绍的证据推断的一般过程，不妨设定一类门限(判定类型与其他类型的基本概率分配函数值之差)为 0.1，二类门限(证据组合后的不确定度)

为 0.01,可知 0.553-0.442>0.1,0.005<0.01,于是判定该雷达的技术状态为
A_1(良好)。

　　由计算过程和图表可以看出,经过 1 次融合,也就是对两个传感器采集的数据
进行证据组合后,技术状态的不确定性已经显著降低,降至 0.03 左右,经过 3 次融
合,完成对四组证据的全部组合后,不确定性降低至 0.005,已经基本可以忽略。
于是读者很自然地要问,2 个(或者 3 个)传感器能不能完成技术状态的评估呢?
为了回答这一问题,这里对传感器进行了随机的证据组合,计算结果如表 3-8 和
表 3-9 所示。

表 3-8　2 个传感器证据组合

基本概率赋值	A_1	A_2	Θ
$m_{S_1 S_2}$	**0.64**	0.33	0.03
$m_{S_1 S_3}$	0.27	**0.68**	0.05
$m_{S_1 S_4}$	0.37	**0.59**	0.04
$m_{S_2 S_3}$	**0.63**	0.31	0.06
$m_{S_2 S_4}$	**0.73**	0.23	0.05
$m_{S_3 S_4}$	0.36	0.57	**0.07**

表 3-9　3 个传感器证据组合

基本概率赋值	A_1	A_2	Θ
$m_{S_1 S_2 S_3}$	**0.549**	0.436	0.015
$m_{S_2 S_3 S_4}$	**0.662**	0.346	0.020
$m_{S_3 S_4 S_1}$	0.298	**0.688**	0.014
$m_{S_4 S_1 S_2}$	**0.647**	0.343	0.010

　　由上述结果可以看出,选择 2 个传感器进行证据组合虽然能够很大程度上降
低评估结果的不确定性,但是评估结果(表中用黑体显示)和传感器的选择有很大
关系,在放宽二类门限的条件下,评估结果为 A_1 和 A_2 的比例为 3:3,假定 A_1 为
正确评估结果,选择 2 个传感器的评估正确率为 50%;选择 3 个传感器进行证据
组合时,评估正确率为 75%(3:1)。由此可见,多传感器进行证据组合一方面降
低了技术状态评估结果的不确定性,另一方面在一定程度上消除了传感器自身的
结果偏好。

3.4　基于模糊聚类的舰船装备系统技术状态评估

3.4.1　概述

　　海军舰船装备是一个复杂的装备系统,涵盖了机电、导航、通信、武备等多个专

业,同时出于作战的考虑,很多装备也进行了一定的冗余配置,同一舰上往往搭载有多种同型或功能相近的装备。对于单个装备,尚可通过状态监测手段并结合其状态退化规律,评价其所处的技术状态,而决策者有时更关心的是由若干装备构成的装备系统完成任务的能力。这就需要建立装备与装备系统技术状态之间的关联模型,定量评估装备性能下降对系统技术状态的影响。

同时,由于不同的装备所处的位置不同、配置情况不同,其技术状态对舰船技术状态的影响也不尽相同,为了有效地描述装备技术状态对舰船技术状态的影响,本书从装备系统的角度出发,按照专业和大系统的划分,对装备系统的技术状态进行评估。这其中又需要解决两大问题。

1) 装备系统的构成

舰船装备数量繁多,根据其所要完成的功能和专业的不同往往分为几个大的装备系统,因此搞清楚装备系统的构成和各装备在系统中的位置与重要程度是开展装备系统技术状态评估的基础。

从结构上讲,舰船本身就可以看成一个复杂的装备系统。舰船结构层次一般分为舰船、子系统、装备系统和具体装备这 4 个层次。以某型护卫舰为例,装备由动力装置、导航系统、通信系统、电子对抗系统、武备系统等组成,而该舰船系统又可分为若干子系统、装置和设备。

以雷达为例,舰船上一般装备有多种雷达,如导航雷达、搜索雷达、警戒雷达、火控雷达、导攻雷达等。

2) 装备系统的技术状态评估

尽管舰船结构层次比较固定,但是针对某个舰船任务剖面,舰船需要启动的设备类型可能不同,启动的数量也可能不同。例如,某蒸汽动力装置,在全负荷运行时,需要 4 台锅炉,而在 25% 负荷运行时,仅需要 1 台锅炉。另外,由于装备之间的串并联系,不同装备在装备系统中的重要性并不相同,关键设备的故障可能导致整个装备系统的功能失效。因此,装备系统的技术状态评估不仅要考虑构成系统单个装备的技术状态,还要考虑装备系统的构成,甚至要考虑舰船工作时的任务剖面。

在对装备系统的技术状态进行评估时,系统整体的技术状态并不是装备技术状态的简单叠加,评估方法的好坏直接影响评估的准确性,这也带来了评估的不确定性。从装备组成的角度来讲,可以首先从结构完整性的角度确定各个装备在装备系统中的位置和相互关系,在此基础上从系统可靠性的角度对系统的技术状态进行评估。但是,由于在对装备自身的技术状态进行评估时,不管采用何种方法,评估结果都会具有一定的不确定性。通过描述系统构成来评估系统技术状态的这种方法会将这种不确定性放大,随着系统复杂度的提高,评估结果的不确定程度将急剧放大,因此需要另辟蹊径对系统的技术状态进行评估。

灰色关联分析是一种常用的处理贫信息和不确定信息的综合评估方法,能够在先验分布缺失的情况下处理小样本数据,是一种独具优势、较为实用与可靠的分析方法。该方法已经在信息管理、效果评估、风险评价、软件工程等许多方面广泛应用,效果显著。本章拟运用灰色关联度分析来确定构成装备系统技术状态。

灰色关联分析需要选定参考数列,而在参考数列的选取方面存在人为主观因素的干扰,这种主观因素会降低评估结论的真实性和有效性。而模糊聚类分析采用模糊数学方法可去除样本之间的模糊关系及样本噪声,从而更适用于现实世界的有效分类。因此,本章在灰色关联分析之前先进行模糊聚类分析,用聚类分析的结果作为装备系统状态分类的标准,并选择聚类中心作为参考数列,通过计算待评估装备技术状态参数序列与模糊聚类中心的灰色关联度来判断装备系统的技术状态归属,从而能够有效解决装备维修保障前后技术状态的分类与辨识问题。

3.4.2 模糊理论的产生

精确数学建立在经典集合论的基础之上,一个研究的对象对于某个给定的经典集合的关系要么是属于,要么是不属于,两者必居其一。19 世纪,由于英国数学家布尔(Bool)等的研究,这种基于二值逻辑的绝对思维方法抽象后成为布尔代数,它的出现促使数理逻辑成为一门很有使用价值的学科,同时成为计算机科学的基础。但是,二值逻辑无法解决一些逻辑悖论,如著名的罗素悖论(又称为理发师悖论)、秃头悖论、说谎者悖论等悖论问题。

传统数学赖以存在的基石是普通集合论,是二值逻辑,而它是抛弃了事物的模糊性而抽象出来的,将人脑思维过程绝对化了,数学中普通集合描述的是"非此即彼"的清晰对象,而人脑还要识别那些"亦此亦彼"的模糊现象。日常生活中各种"模糊性"现象比比皆是,逻辑悖论的发现以及海森伯(Heisenberg)测不准原理的提出导致多值逻辑在 20 世纪二三十年代诞生。罗素指出,所有的二值都习惯假定使用精确符号,因此它仅适用于虚幻的存在,而不适用于现实生活。波兰逻辑学家武卡谢维奇(Lukasiewicz)首次正式提出了三值逻辑体系,把逻辑真值的值域由 $\{0,1\}$ 二值扩展到 $\{0,1/2,1\}$ 三值,其中 $1/2$ 表示不确定,后来他又把真值范围从 $\{0,1/2,1\}$ 进一步扩展到 $[0,1]$ 的有理数,并最终扩展为 $[0,1]$。

1965 年,美国控制论专家、数学家查德(Zadeh)发表了论文《模糊集合》,标志着模糊数学这门学科的诞生。模糊数学主要研究以下三个方面内容。

1) 模糊数学的理论及其和精确数学、随机数学的关系

查德以精确数学集合论为基础,并考虑到对数学的集合概念进行修改和推广,他提出用模糊集合作为表现模糊事物的数学模型,并在模糊集合上逐步建立运算和变换规律,开展有关的理论研究,就有可能构造出研究现实世界中大量模糊的数学基础,能够对看来相当复杂的模糊系统进行定量描述和处理的数学方法。

在模糊集合中,给定范围内元素对它的隶属关系不一定只有"是"或"否"两种情况,而是用 0~1 的实数来表示隶属程度,还存在中间过渡状态。查德认为,指明各个元素的隶属集合,就等于指定了一个集合。当隶属于 0 和 1 之间时,该集合就是模糊集合。

2) 模糊语言学和模糊逻辑

人类自然语言具有模糊性,人们经常接受模糊语言与模糊信息,并能做出正确的识别和判断。

为了实现用自然语言跟计算机进行直接对话,就必须把人类的语言和思维过程提炼成数学模型,才能给计算机输入指令,建立合适的模糊数学模型,这是运用数学方法的关键。查德采用模糊集合理论来建立模糊语言的数学模型,使人类语言数量化、形式化。

如果把符合语法的标准句子的从属函数值定为 1,那么其他文法稍有错误,但尚能表达相仿思想的句子,就可以用 0~1 的连续数来表征它从属于"正确句子"的隶属程度。这样,就把模糊语言进行了定量描述,并制订一套运算、变换规则。目前,模糊语言还很不成熟,语言学家正在深入研究。

人们的思维活动常常要求概念的确定性和精确性,采用形式逻辑的排中律,即非真即假,然后进行判断和推理,得出结论。现有的计算机都是建立在二值逻辑基础上的,它在处理客观事物的确定性方面发挥了巨大作用,但是不具备处理事物和概念不确定性或模糊性的能力。

为了使计算机能够模拟人脑高级智能的特点,就必须把计算机转到多值逻辑基础上,研究模糊逻辑。目前,模糊逻辑还很不成熟,尚需继续研究。

3) 模糊数学的应用

模糊数学以不确定性事物为其研究对象。模糊集合的出现是为了适应描述复杂事物的需要,使研究确定性对象的数学与不确定性对象的数学联合起来。在模糊数学中,目前已有模糊拓扑学、模糊群论、模糊图论、模糊概率、模糊语言学、模糊逻辑学等分支。

3.4.3　模糊聚类

聚类就是把具有相似性质的事物区分开加以分类。聚类分析就是用数学方法研究和处理给定对象的分类。经典分类学往往是从单因素或有限的几个因素出发,凭经验和专业对事物分类。这种分类具有非此即彼的特性,同一事物归属且仅归属所划定类别中的一类,这种分类的类别界限是清晰的。随着人们认识的深入,发现这种分类越来越不适用于具有模糊性的分类问题,如把人按身高分为高个子的人、矮个子的人、不高不矮的人。同样,在对装备系统的技术状态进行评估时,同样一组装备状态参数,在不同的人眼里可能得到不同的评估结论,针对由特定一组装备构成的装备系统,经典的分类学给出的系统技术状态有时与常识存在很大的偏差。

模糊数学的产生为上述软分类提供了数学基础,并由此产生了模糊聚类分析。把应用普通数学方法进行分类的聚类方法称为普通聚类分析,而把应用模糊数学方法进行分析的聚类分析称为模糊聚类分析。模糊聚类是通过建立相似矩阵进行分类的一种方法,它先对相似矩阵进行等价处理得到等价矩阵,然后截取矩阵得到相应的分类。由于现实世界的模糊性及样本噪声的不利影响,使用模糊聚类分析对装备技术状态进行无师学习是一种较为有效的方法。模糊聚类分析的一般步骤如下。

1. 数据标准化

设论域 $U=\{x_1,x_2,\cdots,x_n\}$ 为被分类对象,每个对象又有 m 个指标表示其性状,即

$$x_i=\{x_{i1},x_{i2},\cdots,x_{im}\},\quad i=1,2,\cdots,n \tag{3-15}$$

于是,得到原始数据矩阵为

$$X=\begin{bmatrix} x_{11} & x_{12} & \cdots & x_{1m} \\ x_{21} & x_{22} & \cdots & x_{2m} \\ \vdots & \vdots & & \vdots \\ x_{n1} & x_{n2} & \cdots & x_{nm} \end{bmatrix} \tag{3-16}$$

式中,x_{nm} 表示第 n 个分类对象第 m 个指标的原始数据。

对于本章所要讨论的问题,即装备系统的技术状态评估,论域可以看成一系列关于装备系统的装备集合的技术状态。例如,$x_i=\{x_{i1},x_{i2},\cdots,x_{im}\}$ 可以看成装备系统的某一个状态向量,中间的每个参数代表构成系统单个装备的技术状态。

在实际问题中,由于不同的数据一般有不同的量纲,为了使不同的量纲也能进行比较,通常需要对数据进行适当的变换。但是,即使这样,得到的数据也不一定在区间[0,1]。因此,这里说的数据标准化,就是要根据模糊矩阵的要求,将数据压缩到区间[0,1]。

2. 标定(建立模糊相似矩阵)

设论域 $U=\{x_1,x_2,\cdots,x_n\}$,$x_i=\{x_{i1},x_{i2},\cdots,x_{im}\}$,依照传统聚类方法确定相似系数,建立模糊相似矩阵,x_i 与 x_j 的相似程度表示为

$$r_{ij}=R(x_i,x_j) \tag{3-17}$$

确定 $r_{ij}=R(x_i,x_j)$ 主要借用传统聚类的相似系数法、距离法以及其他方法。

3. 聚类(求动态聚类图)

根据标定得到模糊矩阵 R 后,还要将其改造成模糊等价矩阵 R^*。用二次方法求得传递闭包,即 $t(R)=R^*$。再让 λ 由大变小,就可形成动态聚类图。

4. 最佳阈值 λ 的确定

在模糊聚类分析中对于各个不同的 $\lambda\in[0,1]$,可得到不同的分类,许多实际问题需要选择某个阈值 λ,确定样本的一个具体分类,这就提出了如何确定阈值 λ 的问题。

分类完成后,装备系统的不同技术状态对应于一个分类,为了在后续工作中对任意一组装备状态参数进行分类,需要对装备系统的技术状态进行折算,也就是所谓的参考序列。参考序列就是对多个同类装备系统的技术状态在功能上进行折算,以期真实反映该装备系统的技术状态信息。通过模糊聚类得到的参考序列就是利用模糊聚类分析的方法,将获得的各种装备技术状态数据进行无师学习,得到多个聚类信息,以此作为以后进行装备技术状态评估的标准。

3.4.4　灰色关联分析

灰色关联是指事物间的不确定关联,或系统因子之间、因子对主行为之间的不确定关联。灰色关联分析是通过灰色关联度来分析和确定系统因素间的影响程度或因素对系统主行为贡献测度的一种方法。

灰色关联分析对样本量没有特殊要求,也不需要典型的分布规律,而且计算量比较小,其结果与定性分析结果比较吻合,所以灰色关联分析是一种具有自己独特优势、比较实用和可靠的分析方法。采用灰色关联分析进行技术状态分类评估的步骤如下。

1. 建立比较数列

用 m 种评估目标的 n 个特征指标建立比较数列:

$$X_i=\{X_i(1),\ X_i(2),\cdots,X_i(n)\},\quad i=1,2,\cdots,m \qquad (3-18)$$

式中,$k=1,2,\cdots,n$ 分别对应于目标的 n 个特征指标,而 $X_i(i=1,2,\cdots,m)$ 分别对应 m 种评估目标。对本章研究对象(装备系统的技术状态)来说,特征指标为构成装备的技术状态。评估目标为装备当前技术状态,这取决于前面模糊聚类得到的装备技术状态分类结果,如良好、堪用、故障等。

2. 特征指标数据的标准化

在进行灰色关联度计算之前,一般要对目标的特征指标数据进行标准化处理,以保障模型质量和系统分析的正确性。标准化公式如下：

$$Y_i = \{Y_i(1), Y_i(2), \cdots, Y_i(n)\}, \quad i = 1, 2, \cdots, m$$

式中

$$Y_i(k) = \frac{X_i(k) - \overline{X_k}}{s_k} \tag{3-19}$$

$$\overline{X_k} = \frac{1}{n} \sum_{i=1}^{n} X_i(k) \tag{3-20}$$

$$s_k = \sqrt{\frac{1}{n-1} \sum_{i=1}^{n} \left[X_i(k) - \overline{X_k} \right]^2} \tag{3-21}$$

3. 灰色关联系数的确定

设将要进行识别的目标特征信息组成的数列为参考数列，$Y_0 = \{Y_0(k) | k = 1, 2, \cdots, n\}$，则 $Y_i(k)$ 与 $Y_0(k)$ 的关联系数为

$$\zeta_{0i}(k) = \frac{\min\limits_{i} \min\limits_{k} |Y_0(k) - Y_i(k)| + \rho \max\limits_{i} \max\limits_{k} |Y_0(k) - Y_i(k)|}{|Y_0(k) - Y_i(k)| + \rho \max\limits_{i} \max\limits_{k} |Y_0(k) - Y_i(k)|} \tag{3-22}$$

式中，ρ 称为分辨系数，一般其取值区间为 $[0, 1]$。ρ 的具体取值视具体情况而定，一般取值为 0.5。进而可以求出 Y_0 与 Y_i 的关联系数向量：

$$\zeta_i = [\zeta_i(1), \zeta_i(2), \cdots, \zeta_i(n)], \quad i = 1, 2, \cdots, m$$

4. 灰色关联度的确定

比较数列 Y_i 对参考数列 Y_0 的灰色关联度记为 $\gamma(Y_0, Y_i)$，简记为 γ_i，采用平均值法计算：

$$\gamma_i = \frac{1}{n} \sum_{k=1}^{n} \zeta_i(k) \tag{3-23}$$

5. 确定分类结果

对 $\{\gamma_i, i = 1, 2, \cdots, m\}$ 比较大小，取其最大值。例如，若最大值对应下标为 k，则 Y_0 的评估结果为第 k 类。

3.4.5　装备系统技术状态评估

在对装备系统进行技术状态评估时，典型比较序列一般由相关领域的专家给出。由于装备系统的复杂性和相关状态参数的不确定性，在实际工作中，专家也很难给出一个较为合理的参考序列，因此本章采用模糊聚类的方法通过非监督的方式给出典型比较数列 X_1, X_2, X_3；对于待评估的装备系统，记其输入向量为参考

数列 X_0；按照上述步骤依次计算 X_0 和三种典型比较数列的灰色关联度，于是待评估装备系统的技术状态由最大关联度对应的特征状态决定。

同时，注意到在构建装备系统技术状态参数向量时，选择了构成系统的各个装备的技术状态，单个装备技术状态的评估方法在前面已经给出，下面通过一个案例说明对装备系统进行技术状态评估的一般方法。

取某一典型的装备系统，假定该装备系统包含 4 个子装备，通过利用前述的基于装备效能的技术状态评估或者基于信息融合的技术状态评估方法，在时刻 t 对装备的技术状态分别进行评估，能够得到该时刻关于该装备系统的状态信息，记为 c_t。显然，c_t 是一个 4 维向量，其中每个维度记载了其对应子装备的技术状态。多个不同时刻装备系统的状态信息构成一个序列，此处不妨假定已经得到了装备系统在 5 个不同时刻下的历史状态信息，记为

$$C=[c_1,c_2,c_3,c_4,c_5]$$

式中，$c_1=[5,5,3,2]$，$c_2=[2,3,4,5]$，$c_3=[5,5,2,3]$，$c_4=[1,5,3,1]$，$c_5=[2,4,5,1]$。

为了简单起见，上述记录信息中的参数值均经过了无量纲化处理，表征了构成该装备系统 4 个装备技术状态的相互关系。

设当前装备系统的特征参数为 $X_0=(4,5,1,4)$（也进行了无量纲化处理，下同），对其进行技术状态评估的过程如下：

（1）由已知装备的特征参数建立装备技术状态相似矩阵并求传递闭包，有

$$R=\begin{bmatrix} 1 & 0.1 & 0.8 & 0.5 & 0.3 \\ 0.1 & 1 & 0.1 & 0.2 & 0.4 \\ 0.8 & 0.1 & 1 & 0.3 & 0.1 \\ 0.5 & 0.2 & 0.3 & 1 & 0.6 \\ 0.3 & 0.4 & 0.1 & 0.6 & 1 \end{bmatrix}$$

$$R_t=\begin{bmatrix} 1 & 0.4 & 0.8 & 0.5 & 0.5 \\ 0.4 & 1 & 0.4 & 0.4 & 0.4 \\ 0.8 & 0.4 & 1 & 0.5 & 0.5 \\ 0.5 & 0.4 & 0.5 & 1 & 0.6 \\ 0.5 & 0.4 & 0.5 & 0.6 & 1 \end{bmatrix}$$

（2）进行模糊聚类，取 $\lambda=0.6$ 截取矩阵，得到

$$R=\begin{bmatrix} 1 & 0 & 1 & 0 & 0 \\ 0 & 1 & 0 & 0 & 0 \\ 1 & 0 & 1 & 0 & 0 \\ 0 & 0 & 0 & 1 & 1 \\ 0 & 0 & 0 & 1 & 1 \end{bmatrix}$$

由截取矩阵可得分类矩阵为

$$C_1=[c_1,c_3],\quad C_2=[c_2],\quad C_3=[c_4,c_5]$$

上述模糊分类的结果表明,对于已有的 5 条历史信息,可以大致将系统的技术状态分为 3 类,根据这 3 种技术状态可以构建系统技术状态评估的典型参考序列:

$$X_1=(5,5,2.5,2.5),\quad X_2=(2,3,4,5),\quad X_3=(1.5,4.5,4,1)$$

上述 3 个典型参考序列代表装备系统处于某一技术状态下的典型状态向量,不妨设定为良好、堪用和故障。若当前装备系统的特征参数为 $X_0=(4,5,1,4)$,分别计算当前系统状态和三种典型状态之间的关联系数和关联度。

关联系数向量为

$$\zeta_1=(0.6,1,0.5,0.5)$$
$$\zeta_2=(0.429,0.429,0.333,0.6)$$
$$\zeta_3=(0.375,0.75,0.333,0.333)$$

关联度为

$$\gamma_1=0.65,\quad \gamma_2=0.4475,\quad \gamma_3=0.44775$$

评估结果显示 $\gamma_1>\gamma_3>\gamma_2$,说明当前装备系统的技术状态与第一种典型状态更接近,故当前装备系统的技术状态评估为良好。

3.5　本 章 小 结

本章讨论了单个装备的技术状态评估,以及在此基础上如何对装备系统的技术状态进行分析。除采用传统的 ADC 方法进行装备的技术状态评估外,还将证据理论应用于舰船装备的技术状态评估。视状态监视传感器采集的信息为证据来源,通过证据组合后,能够对舰船装备技术状态进行监测和评估,能将客观的不确定知识形式化,较好地处理底层不确定证据,摆脱了主观权重对状态预测结果的影响,有较好的预测结果。但在实际应用中,装备技术状态的评估是连续实时进行的。此时,各个传感器(证据源)的基本概率赋值函数为一个时变函数,证据组合后的基本概率赋值也会随着时间发生变化;同时,现代新型大型电子信息装备的状态监测传感器数量与日俱增,广泛的证据来源导致一方面在进行证据组合时计算量呈指数型增加,另一方面证据发生冲突的概率也大大增加。因此,运用证据理论对舰船电子信息装备的技术状态进行评估,在实践中还有很多问题需要改进和研究。

海军舰船装备是一个复杂的装备系统,涵盖了机电、导航、通信、武备等多个专业。由于不同的装备所处的位置不同、配置情况不同,其技术状态对舰船技术状态的影响也不尽相同,本章从装备系统的角度出发,按照专业和大系统的划分,采用模糊聚类和灰色关联分析的方法对装备系统的技术状态进行了评估。将不同时刻构成装备系统单个装备的技术状态构成状态序列,通过对状态的历史记录进行模糊聚类,发现系统典型状态向量,进而采用灰色关联度分析的方法对当前状态进行判别,满足小样本下对系统状态进行评估和分析的需求。

参 考 文 献

[1] 宋太亮. 舰船装备保障性工程研究[J]. 中国舰船研究,2006,1(1):9-12.

[2] 苏鹏声,王欢. 电力系统设备状态监测与故障诊断技术分析[J]. 电力系统自动化,2003,27(1):61-65.

[3] 曾声奎,Pecht M G,吴际. 故障预测与健康管理(PHM)技术的现状与发展[J]. 航空学报,2005,26(5):610-616.

[4] 郁文贤,雍少为,郭桂蓉. 多传感器信息融合技术述评[J]. 国防科技大学学报,1994,16(3):1-11.

[5] 王莲芬,许树柏. 层次分析法引论[M]. 北京:中国人民大学出版社,1990.

[6] 刘普寅,吴孟达. 模糊理论及其应用[M]. 长沙:国防科技大学出版社,1998.

[7] 邓聚龙. 灰色系统基本方法[M]. 武汉:华中工学院出版社(现华中科技大学出版社),1987.

[8] 王正新,党耀国,曹明霞. 基于灰熵优化的加权灰色关联度[J]. 系统工程与电子技术,2010,32(4):774-776,783.

[9] 党耀国,刘思峰,刘斌. 基于区间数的多指标灰靶决策模型的研究[J]. 中国工程科学,2005,7(8):31-35.

[10] 张立明. 人工神经网络的模型及其应用[M]. 上海:复旦大学出版社,1993.

[11] 李强,徐建政. 基于主观贝叶斯方法的电力系统故障诊断[J]. 电力系统自动化,2007,31(15):46-50.

[12] 朱大奇,于盛林. 基于 DS 证据理论的数据融合算法及其在电路故障诊断中的应用[J]. 电子学报,2002,30(2):221-223.

[13] 张学工. 关于统计学习理论与支持向量机[J]. 自动化学报,2000,26(1):32-42.

[14] 蔡磊,程国建,潘华贤,等. 分类大规模数据的核向量机方法研究[J]. 西安石油大学学报(自然科学版),2009,24(5):89-92.

[15] 慕春棣,叶俊. 用于数据挖掘的贝叶斯网络[J]. 软件学报,2000,11(5):660-666.

[16] Shafer G. A Mathematical Theory of Evidence[M]. Princeton:Princeton University Press,1976.

第 4 章 舰船装备维修决策的多属性方法

4.1 舰船装备维修方式及影响因素分析

舰船装备是海军战斗力的重要组成部分,及时可靠的装备维修是保持、恢复乃至提高舰船战斗力的重要手段。近年来,伴随着海军装备技术的发展,装备维修保障的地位和作用越来越突出。科学制订舰船装备维修方案,是舰船装备备件保障同步建设的重要内容之一。维修方案主要包括维修过程中所采用的具体维修方式以及维修工作过程中所涉及的技术手段和维修资源,只有确定了系统的维修方式,才能对系统的维修工作进行安排,从而确定舰船装备维修所需的保障资源配置。

舰船装备维修方式决策的复杂性表现在决策过程中涉及的许多因素的复杂性以及决策模型的复杂性。涉及的许多因素中,有些是不可量化的、模糊的甚至是不精确的。在维修方式的决策过程中,既依赖具体领域的理论知识,也依赖维修专家的实践经验,是一项理论性和工程实践经验紧密结合的工作。

舰船装备维修阶段,受较多因素的影响,会导致维修效能不强,无法从根本上解决实际问题、满足作战需要。一般来讲,影响因素包括人员因素和物质因素等。

1) 人员因素的影响与策略

人员因素为人类实践活动中的主体因素。舰船装备维修工作亦是如此,其实践工作的高效性、科学性关键在于维修工作人员的整体素质水平。只有树立高度的责任心,具备装备操作和原理方面的基本知识,才能有效应对舰船装备故障,真正查明原因,令其恢复如初。

首先,维修人员应具备广阔的知识面,掌握数字电路、自动化控制等必要的专业技能。

其次,维修人员应接受系统化的技能培训,扩充自身知识与技能储备。

再次,维修人员应勇于探索实践,积极参与舰船装备的日常保养与维修实践工作,通过实践检验真理,提升发现问题、分析问题以及动手解决问题的能力。

最后,装备维修人员应熟悉舰船装备维修工作中各类经常应用的仪表、仪器与设备设施,掌握一定的英语知识,进而更好地解读技术文件、信息资料,准确快速地进行装备维修养护和管理。

2) 物质因素的影响与策略

在舰船装备维修阶段,物质因素不容忽视。为此,应配备充足的通用备件、专用备件以及专用设施,创设完善的维修工作保障环境。对于常用备件,应确保采购渠道的全面畅通,并实施完善的质量管理。针对各类必要维修应用工具和设施,应确保量测器具具备精准性,进而能够正确地进行测量,得出精确结论。

为有效应对物质资料不全面影响维修工作正常进行的问题,应配备良好的计算机设备以及布设维修应用软件工具,全面存储舰船维修装备需要的完整详细技术图样以及信息资料,做好记录跟踪,运用交互式电子技术手册等现代化维修辅助软件,做好维修资料的分类和归档。同时,应对维修过程进行记录和跟踪,对历史维修信息进行全面分析,进而为有效维修故障、探究舰船装备故障成因提供科学的参考依据,维修人员应能够进行故障的快速诊断和排查,明确故障部位与具体特性。

3) 优化舰船装备维修,延长装备寿命

(1) 明确保养计划,提升装备战备水平。为优化舰船装备维修,延长装备使用寿命,应规范维修管理的各项活动,建立各个装备在不同工作环境和使命任务下的操作规范。另外,日常维修保养工作中,应制订工作计划,明确保养内容。例如,系统润滑、油路以及气路的维护,温度指标的管控,平衡体系、冷却系统处置,继电器保养,明确接线端是否存在松动问题、接触头清洁程度、插头连接状况以及配电柜的总体通风水平,还应明确功能部件的维护保养具体周期。

(2) 基于故障类型,科学维修养护。依据故障问题发生时是否有所指示,可将其划分成有诊断以及无诊断的指示故障。目前,较多舰船装备均布设有良好的自诊断程序模块,可进行实时高效的监控管理。倘若发觉故障则会快速报警或呈现说明显示。无诊断的指示故障由诊断程序不全面、不完整而引发,如没有闭合开关以及接插出现松动现象等。该类故障需要维修管理人员对整体机床全面熟悉,方能进行详细分析,应用良好的维修技术合理排除故障。

根据舰船装备重要性、故障类型的不同,应采取合适的维修方式或者对各种维修方式进行组合:对于非关键的部件和间歇故障,采取事后维修或替换;对于不可修部件,采取故障后更换策略;对于无明显耗损期的故障,采取定时维修,根据历史故障发生情况,用可靠性理论计算这类故障发生期望最小周期,并结合出厂性能参数和专家意见给出合理的定时维修周期及部件故障时参数最小偏差;对于耗损期的故障,分析故障发生对应的征兆参数,建立退化模型,实现状态维修;对于能实行状态维修且重要程度高、故障危害性大的部件,应视情采取状态维修与定时维修相结合、两种方式"先到先执行"的策略,并结合状态维修模型对定时维修间隔期进行优化。

4.2 舰船装备维修决策指标体系

对于一个多属性决策问题,涉及的影响因素往往是复杂的、多方面的,属性指标设置得是否合理、是否全面,将直接影响决策结果的准确性。在制订舰船维修方式的属性指标评价体系时,遵循科学性、完整性、可分解、可运算、定性与定量统一的原则。对不同装备开展的维修策略,考虑的属性集一般不尽相同,但通常可以从装备的重要性、安全性、可靠性、经济性、可行性和检测性等方面予以考虑[1]。

1) 重要性

重要性主要是指装备维修对舰船任务的影响程度,具体包括如下内容:

(1) 执行训练任务中维修的重要程度。

(2) 执行作战任务中维修的重要程度。

2) 安全性

安全性主要是指在装备发生故障之后是否会对人员安全、环境以及其他设备产生不利影响,具体包括如下内容:

(1) 装备维修对人员安全的影响程度。

(2) 装备维修对环境的影响程度。

(3) 装备维修对其他设备安全的影响程度。

3) 可靠性

可靠性主要是指装备在规定维修时间内,在规定条件下完成规定维修工作的能力,具体包括如下内容:

(1) 装备维修的复杂程度。

(2) 装备故障率的高低程度。

(3) 装备质量的稳定程度。

4) 经济性

经济性主要是指不同维修方式在一定时间内对硬件、软件、人员培训、维修物资等方面所需的费用是不同的,并且由停机导致的损失也不同,具体包括如下内容:

(1) 装备费用。指所需维修装备自身的价值。

(2) 硬件费用。是指在对装备进行维修时,除装备零部件外所有硬件所需的费用。例如,采用某种维修方式时,所需的维修工具、传感器、计算机和监测系统等一系列硬件设施所花费的费用。

(3) 软件费用。指在对装备实施某种维修方式所需软件花费的费用。

(4) 人员培训。指需要对相关维修人员进行培训,以掌握与某种维修方式相关的技术和工具,从而达到维修目标,这也将花费一定的费用。

（5）维修物资费用。不同的维修方式所需要的维修物资和备件是不同的。

（6）停机费用。指由系统停机维修所造成的生产损失而产生的费用。

5）可行性

可行性主要包括员工的接受度和技术的可行性，具体包括如下内容：

（1）维修人员接受度。指管理和维修人员更加倾向于自己比较熟悉的维修方式。

（2）技术可行性。例如，视情维修对很多设备来说仍处于发展阶段，同时监控维修所需配套的硬件设施比较复杂，费用较高，在有些设备上的应用有待进一步研究。

6）检测性

检测性主要是指采用一定的检测方法对装备的故障进行检测，具体包括如下内容：

（1）检测难易程度，指通过相应手段进行装备故障检测的难易程度。

（2）检测设备的完备程度，指对装备维修时所采用的设备自身的完备程度。

4.3　基于二元语义的多属性群决策

对维修方案进行决策涉及多个因素（属性），由于决策专家或维修人员的评定无法用一个严格意义上的确定标准来衡量，而是一个模糊概念，因此目前已有很多学者采用模糊多属性决策[2]方法对维修方案决策进行分析。但是该研究方法存在以下问题：

（1）维修方案决策是一个非常复杂的多因素决策问题，其中既有定量分析，如装备的可靠性、经济性，又有定性分析，如装备的重要性、安全性、可行性等，因此要求决策模型具有能够处理混合型数据的能力。

（2）模糊多属性决策问题是由单个决策者从有限个方案中选择一个认为满意的方案，但在实际维修保障过程中，往往需要集中一群人的智慧，取长补短，以集思广益的方式来保证决策者认知的稳健性，独断型决策与我国海军舰船装备维修现状并不相符。

（3）决策者经验水平、专业背景和知识结构等方面可能存在一定的差异，即使对维修方案同一属性的认知也可能存在一定的差异，导致语言评价集和语言评价粒度不一致等问题。

综上所述，根据装备维修方式的自身属性和维修资源对装备维修过程进行控制与调节成为实现科学维修的基本手段。本章针对舰船装备维修方案决策问题，分析和界定舰船装备维修保障对象与维修保障组织结构，在传统的模糊多属性决策分析方法的基础上,采用模糊多属性群决策[3]对维修方式进行综合评价。引入二元语义理论[4]及其集结算子,解决维修方式属性指标多元化和决策群体语言评价集粒度不一致的问题,建立基于二元语义的舰船装备维修方式多属性群决策模型,在此基础上系统地探讨舰船装备维修决策与保障资源之间的联系,为制订和开展科学合理的舰船维修保障方案提供相应的思路与方法。

定量处理方法一般是给出一些确定的数值,而定性处理方法一般采用自然语言变量或其他形式来实现。但是随着研究的深入,人们发现在对自然语言评价信息的集结过程中,很容易造成信息的损失与扭曲。由 Herrera[5~8]首次提出的二元语义以及相应的集结算子,很好地解决了上述缺陷,它的特点是采用二元组表示语言评价信息并进行运算[9,10],在语言信息的集结过程中能够确保信息的完整与真实,从而使计算结果更为精确。

4.3.1　二元语义及其集结算子

在实际有多个专家参与的群决策问题中,每个专家依据自己的偏好以及对问题的了解程度,可能会选择不同粒度的语言评价集来给出偏好判断。例如,两个决策者分别使用具有 5 个评语和 9 个评语的语言评价集,分别记作{绝对不重要,不重要,一般,重要,绝对重要}和{绝对差,很差,差,较差,一般,较好,好,很好,绝对好}。也就是说,决策者所选择的语言评价集在包含的语言短语的数目、短语语义对应的隶属度函数等方面会有所差异。现有的维修方式多属性决策方法并没有包含群决策的问题,更没有考虑不同语言评价集间不一致的问题,当所建立的模型函数不能满足理想的一致化过程的准则时,都可能导致决策结果的失真。因此,需要将多粒度语言术语表达的评价值转化到基本语言术语集,然后把转换到基本语言术语集上所有专家的意见进行一致化处理。

在对不同粒度、不同语义的语言评价信息进行一致化之前,先要构建一个基本语言评价集作为信息一致化的参考,该语言评价集称为基本语言术语集[11](basic linguistic term sets, BLTS)。

设 I 为任意粒度和语义的语言评价集,选取自然语言评价集 $V=\{v_0,v_1,\cdots,v_{l-1}\}$ 为 BLTS,则可以通过下列映射将 I 转化为相同粒度的二元语义集[12]:

$$\tau:[0,1]\to F(V) \tag{4-1}$$

$$\tau(I)=\{(v_k,\alpha_k)\,|\,k\in(0,1,2,\cdots,l-1)\} \tag{4-2}$$

$$\alpha_k=\max_y\min\{\mu_l(y),\mu_{s_k}(y)\} \tag{4-3}$$

式中,$F(V)$ 为语言评价集 V 的模糊集;$\mu_l(y)$ 和 $\mu_{s_k}(y)$ 分别为语言变量 l 和 s_k 的隶属度函数。

令 $\tau(I) = \{(s_0,\alpha_0),(s_1,\alpha_1),\cdots,(s_{l-1},\alpha_{l-1})\}$ 是模糊数 I 的二元语义转化值,则可以通过映射 χ 将二元语义集 $\tau(I)$ 转化为二元语义代表数值:

$$\chi: F(V) \rightarrow [0, l-1] \qquad (4-4)$$

$$\chi[\tau(I)] = \chi[F(V)] = \chi[(v_j,\alpha_j), j=0,1,\cdots,l-1] = \frac{\sum_{j=0}^{l-1}(j \cdot \alpha_j)}{\sum_{j=0}^{l-1}\alpha_j} = \beta$$

$$(4-5)$$

通过式(4-1)～式(4-5)将不同粒度不同语义的语言判断矩阵转化为基本语言评价集上的二元语义判断矩阵后,决策者对任意两个方案的优劣关系做出判断的思维经数学变换后并没有改变。因此,该方法完全满足一致化过程应该满足的准则,具有理论上的可行性。

在群决策过程中,受决策专家的观点、个性等因素影响,即使针对同一决策问题,也可能给出不同形式的偏好信息,群决策是把不同决策专家关于方案集中的偏好按照某种规则集结为决策群体的偏好。Yager[13]提出了一种基于决策属性值位置的融合集结方法,即有序加权平均(ordered weighted averaging,OWA)算子。此后,关于 OWA 算子的研究不断深入,并在决策、神经网络、专家系统、数学模型规划等诸多领域取得了广泛应用。

1. 有序加权算术平均集结算子(OWA 算子)

$$\text{OWA}: \mathbf{R}^n \rightarrow \mathbf{R}$$

$$\text{OWA}_w[a_1,a_2,\cdots,a_n] = \sum_{i=1}^{n} w_i b_i \qquad (4-6)$$

式中,$[w_1,w_2,\cdots,w_n]^T$ 为与 OWA 相关联的加权向量;$w_i \in [0,1]$ 且 $\sum_{i=1}^{n} w_i = 1$;b_i 为 $[a_1,a_2,\cdots,a_n]$ 按从大到小的顺序排列后第 i 大的数;$\mathbf{R}$ 为实数集。此时,函数 OWA 称为有序加权算术平均集结算子(OWA 算子)。

2. 最大熵有序加权算术平均集结算子(MEOWA 算子)

$$\text{MEOWA}: \mathbf{R}^n \rightarrow \mathbf{R}$$

设与函数 MEOWA 相关联最大熵加权向量为 $W^* = [w_1^*,w_2^*,\cdots,w_n^*]$,式中,$w_i^* \in [0,1]$ 且 $\sum_{i=1}^{n} w_i^* = 1$,此时有[13]

$$\text{MEOWA}_{w^*}[a_1,a_2,\cdots,a_n] = \sum_{i=1}^{n} w_i^* b_i \qquad (4-7)$$

MEOWA 算子可以对评价集 $\{a_1, a_2, \cdots, a_n\}$ 按从大到小的顺序重新排序,并通过加权进行集结。因此,MEOWA 算子通常适用于由决策问题复杂性和决策专家思维模糊性造成的语言不确定信息型的集结。

MEOWA 的关联最大熵加权向量 $W^* = [w_1^*, w_2^*, \cdots, w_n^*]$ 可以通过语言量词的成员函数 $Q(r)$ 求解,其值以 $[0, 1]$ 的模糊子集来表示。典型的语言术语有"最多""至少半数""尽可能多"等,其对应的成员函数表示如下[14]:

$$Q(r) = \begin{cases} 0, & r > \eta \\ \dfrac{r - \eta}{\eta - \xi}, & \eta \leqslant r \leqslant \xi \\ 1, & r < \xi \end{cases} \tag{4-8}$$

式(4-8)中,$\eta, \xi, r \in [0, 1]$。对应于模糊语义量化准则,算子 $Q(r)$ 中参数的取值一般为:对应于"最多"准则,$\eta = 0.3, \xi = 0.8$;对应于"至少半数"准则,$\eta = 0, \xi = 0.5$;对应于"尽可能多"准则,$\eta = 0.5, \xi = 1$。

因此,可通过下述方法求取 MEOWA 算子集结时的权重向量 $W^* = [w_1^*, w_2^*, \cdots, w_m^*]$[15]。

(1) 计算用于群集结的 OWA 相关联的权重向量 $W = [w_1, w_2, \cdots, w_m]$,可由式(4-9)确定:

$$w_i = Q\left(\frac{i}{m}\right) - Q\left(\frac{i-1}{m}\right), \quad i = 1, 2, \cdots, m \tag{4-9}$$

(2) OWA 算子的不同选择代表决策专家在决策中的性格特征,定义有序加权算子 α 来衡量决策者的乐观程度。α 介于 0~1,其值越大代表决策者越乐观,其值越小表明决策者越悲观,$\alpha = 0.5$ 表明决策者无偏好。计算方法如下:

$$\alpha = \frac{\sum\limits_{i=1}^{m} (m-i) W(i)}{m - 1} \tag{4-10}$$

(3) 通过以下代数方程计算得到一个合适的正参数解 h^*:

$$\sum_{i=1}^{m} \left(\frac{m-i}{m-1} - \alpha\right) h^{m-i} = 0 \tag{4-11}$$

(4) 令 $\beta = (n-1)\ln h^*$,通过式(4-12)可得到权重向量 $W^* = [w_1^*, w_2^*, \cdots, w_n^*]$,其中

$$w_i^* = \frac{e^{\beta^* \frac{m-i}{m-1}}}{\sum\limits_{j=1}^{m} e^{\beta^* \frac{m-j}{m-1}}}, \quad i = 1, 2, \cdots, m \tag{4-12}$$

4.3.2　基于二元语义的多属性群决策方法

在实际的维修决策问题中,属性指标常常包括定性指标和定量指标。引入

混合型多属性群决策模型能够同时处理定量和定性指标,比较符合实际决策情况。其方法就是把主观属性和客观属性分别进行评定,对于主观属性使用定性的方法进行评估,对于客观属性使用定量的方法进行评估。决策问题描述如下:设要评价的混合型多属性群决策方案有 m 个,记为 $A=\{A_1,A_2,\cdots,A_m\}$, k 个评价属性指标 $C=\{C_1,C_2,\cdots,C_k\}$,其中属性指标又分为主观属性指标 $\{C_1,C_2,\cdots,C_s\}$ 和客观属性指标 $\{C_{s+1},C_{s+2},\cdots,C_k\}$,其指标值类型分别为语言变量和实数型,具有不同的物理意义和量纲。

由 n 个决策专家组成的决策群体 $E=\{E_1,E_2,\cdots,E_n\}$,需要专家 E_j 对方案 A_i 就其属性 C_t 分别给出判断矩阵,最终通过某种决策分析方法,得出方案的排序结果。

1) 主观属性指标的判断矩阵群集结方法

定性指标需要决策专家根据自己的经验及对各属性重要性的认识,以主观判断为主要手段对其进行评价。它反映的是决策专家过去经验和知识的积累以及对现有决策背景的主观把握。因此,对定性属性指标的判断评价一般都会采用模糊数表示。

对于混合型多属性群决策模型中的定性指标,首先,根据群组专家的主观判断,给出属性的评价矩阵,同属性权重集结获得属性权重排序向量;然后,将得到的排序向量转化为与其对应的模糊决策综合评价值。其中, S 为预先定义的用于评价定性指标的语言评价集,引入参数 W_{jt} 表示决策者 E_j 对属性集 C_t 给出的具有语言形式的权重向量; R_{ijt} 表示决策者 E_j 就方案 A_i 对其属性 C_t 做出的评价值。因此,可以利用式(4-13)将决策者给出的评价信息集结为专家 E_j 的模糊综合评价值 X_{ijt}:

$$X_{ijt}=W_{jt}\otimes R_{ijt} \tag{4-13}$$

式中, $\otimes$ 表示模糊乘法。

对于综合评价值 X_{ijt},其是建立在语言评价集 S_j 上的梯形模糊数,对于不同的专家和决策者,其语言评价粒度并不相同,因此需要对多粒度语言评价信息进行一致化处理,通过 4.3.1 节的方法将其转化为 BLTS 上的二元语义综合评价值:

$$F(X_{ijt})=[u(X_{ijt},v_0),u(X_{ijt},v_1),\cdots,u(X_{ijt},v_y)] \tag{4-14}$$

式中, $i=1,2,\cdots,m$; $j=1,2,\cdots,n$; $t=1,2,\cdots,s$; $\{v_0,v_1,\cdots,v_y\}\in V$。

2) 客观属性指标的判断矩阵群集结方法

定量指标主要以决策数据属性值为基本依据,在一定的理论基础上通过建立一定的数学模型求解得到。对于混合型多属性群决策模型中的定量指标,首先,根据已知的客观属性值,同属性权重集结获得属性权重排序向量;然后,将得到的排序向量转化为与其对应的模糊决策综合评价值。引入参数 $W_{jt}=(a_{jt},b_{jt},c_{jt},d_{jt})$ 表示决策者 E_j 对指标集 C_t 给出的具有语言形式的权重向量; $H_{it}=(e_{it},g_{it},h_{it},l_{it})$

表示方案 A_i 在其属性 C_t 下的评价值($0 \leqslant e_{it} \leqslant g_{it} \leqslant h_{it} \leqslant l_{it}$; $i=1,2,\cdots,m$; $j=1,2,\cdots,n$; $t=s+1,s+2,\cdots,k$)。

（1）首先需要对客观属性的评价值进行标准化处理。目前通常的处理方法都是利用模糊数的运算规则直接套用确定性属性指标规范化方法。但是,这样的做法往往造成信息的失真或丢失。参考文献[16]提出的规范化方法,即理想点规范方法。

目前研究中常用的属性类型有效益型和成本型。其中,效益型属性指标是指属性值越大越好的属性,成本型属性是指属性值越小越好的属性。

① 对于效益型属性,有

$$R_{it} = \left(\frac{e_{it} - y_t^{*-}}{y_t^{*+} - y_t^{*-}}, \frac{g_{it} - y_t^{*-}}{y_t^{*+} - y_t^{*-}}, \frac{h_{it} - y_t^{*-}}{y_t^{*+} - y_t^{*-}}, \frac{l_{it} - y_t^{*-}}{y_t^{*+} - y_t^{*-}} \right) \tag{4-15}$$

式中, y_t^{*+} 和 y_t^{*-} 分别表示属性 t 正负理想值,其值可以为确定值也可以为模糊值。

当理想点值为确定值时,有

$$\begin{cases} y_t^{*+} \geqslant \sup \bigcup_{i=1}^{m} y_{it} \\ y_t^{*-} \leqslant \inf \bigcup_{i=1}^{m} y_{it} \end{cases} \tag{4-16}$$

当理想点值为模糊值时,有

$$\begin{cases} y_t^{*+} \geqslant M_t^+ = \max(y_{1t}, y_{2t}, \cdots, y_{mt}) \\ y_t^{*-} \leqslant M_t^- = \min(y_{1t}, y_{2t}, \cdots, y_{mt}) \end{cases} \tag{4-17}$$

式中, M_t^+ 和 M_t^- 为属性是 t 的模糊极大值和模糊极小值。

当理想点值为模糊值时,理想点法转换公式为

$$R_{it} = \left(\frac{e_{it} - \inf y_t^{*-}}{\sup y_t^{*+} - \inf y_t^{*-}}, \frac{g_{it} - \inf y_t^{*-}}{\sup y_t^{*+} - \inf y_t^{*-}}, \frac{h_{it} - \inf y_t^{*-}}{\sup y_t^{*+} - \inf y_t^{*-}}, \frac{l_{it} - \inf y_t^{*-}}{\sup y_t^{*+} - \inf y_t^{*-}} \right)$$

$$\tag{4-18}$$

② 对于成本型属性,当理想点为确定值时,理想点转换法公式为

$$R_{it} = \left(\frac{y_t^{*+} - l_{it}}{y_t^{*+} - y_t^{*-}}, \frac{y_t^{*+} - h_{it}}{y_t^{*+} - y_t^{*-}}, \frac{y_t^{*+} - g_{it}}{y_t^{*+} - y_t^{*-}}, \frac{y_t^{*+} - e_{it}}{y_t^{*+} - y_t^{*-}} \right) \tag{4-19}$$

当理想点值为模糊值时,理想点法转换公式为

$$R_{it} = \left(\frac{\sup y_t^{*+} - l_{it}}{\sup y_t^{*+} - \inf y_t^{*-}}, \frac{\sup y_t^{*+} - h_{it}}{\sup y_t^{*+} - \inf y_t^{*-}}, \frac{\sup y_t^{*+} - g_{it}}{\sup y_t^{*+} - \inf y_t^{*-}}, \frac{\sup y_t^{*+} - e_{it}}{\sup y_t^{*+} - \inf y_t^{*-}} \right)$$

$$\tag{4-20}$$

令规范化后的客观属性指标值为 $R_{it} = (o_{it}, p_{it}, q_{it}, r_{it})$,则可以得到定性指标的模糊综合评价值 X_{ijt} 为

$$X_{ijt} = W_{jt} \otimes R_{it} = (U_{ijt}, V_{ijt}, Y_{ijt}, Z_{ijt}) = (a_{jt}o_{it}, b_{jt}p_{it}, c_{jt}q_{it}, d_{jt}r_{it}) \quad (4\text{-}21)$$

式中，$i=1,2,\cdots,m; j=1,2,\cdots,n; t=s+1,s+2,\cdots,k$。

（2）同样，对于综合评价值 X_{ijt}，其是建立在语言评价集 S_j 上的梯形模糊数，其语言评价粒度并不相同，因此需要对其评价信息进行一致化处理，通过前述方法将其转化为 BLTS 上的二元语义判断矩阵：

$$F(X_{ijt}) = [u(X_{ijt}, v_0), u(X_{ijt}, v_1), \cdots, u(X_{ijt}, v_y)] \quad (4\text{-}22)$$

式中，$i=1,2,\cdots,m; j=1,2,\cdots,n; t=s+1,s+2,\cdots,k; \{v_0, v_1, \cdots, v_y\} \in V$。

3）利用 MEOWA 算子对专家群体意见进行集结

该方法即对 n 位决策专家给出的决策方案的综合评价值 $F(X_{ijt})$ 进行集结，得到决策方案各属性的群体综合评价值。

通过 MEOWA 算子对决策专家 E_j 的综合判断矩阵 $F(X_{ijt})$ 进行集结，得到专家意见统一的判断矩阵 $F(X_{A(it)})$。首先，对 n 位决策专家基于各自语言评价集 S 的评价值 X_{ijt} 进行集结，即

$$X_{A(it)}(v_y) = \phi_{Q(1)}[u(X_{i1t}, v_y), u(X_{i2t}, v_y), \cdots, u(X_{int}, v_y)] \quad (4\text{-}23)$$

式中，$\phi_{Q(1)}$ 表示最大熵加权向量为 $W_{(1)}^*$ 的 MEOWA 算子，其语言量词遵循 $Q_{(1)}$ 原则，且 $i=1,2,\cdots,m; t=1,2,\cdots,k, s_y \in S$。

通过 4.3.1 节的方法将 $X_{A(it)}$ 转化为基本语言术语集 V 上的二元语义判断矩阵 $F(X_{A(it)})$，此处采用级数为 11 的自然语言集合作为基本语言评价集，因此可得

$$F(X_{A(it)}) = [u(X_{A(it)}, v_0), u(X_{A(it)}, v_1), \cdots, u(X_{A(it)}, v_{10})] \quad (4\text{-}24)$$

式中，$i=1,2,\cdots,m; t=1,2,\cdots,k; \{v_0, v_1, \cdots, v_y\} \in V$。

4）利用 MEOWA 算子，对备选方案进行集结

利用 MEOWA 算子，对备选方案在各个属性信息下的判断矩阵 $F(X_{A(it)})$ 进行集结，得到方案 A_i 的综合判断矩阵 $F(X_{A(i)})$：

$$X_{A(i)}(v_y) = \phi_{Q(2)}[u(X_{A(i1)}, v_y), u(X_{A(i2)}, v_y), \cdots, u(X_{A(ik)}, v_y)] \quad (4\text{-}25)$$

式中，$\phi_{Q(2)}$ 为最大熵加权向量是 $W_{(2)}^*$ 的 MEOWA 算子，其语言量词遵循 $Q_{(2)}$ 原则，且 $i=1,2,\cdots,m$。

最后，得到方案 A_i 的模糊综合判断矩阵 $F(X_{A(i)})$：

$$F(X_{A(i)}) = [X_{A(i)}(v_0), X_{A(i)}(v_1), \cdots, X_{A(i)}(v_y)] \quad (4\text{-}26)$$

式中，$i=1,2,\cdots,m$。

5）对方案进行排序

在模糊多属性群决策中，当属性值或属性权重为模糊数时，方案的最终评价可能是模糊集。由于模糊数一般并不能像实数那样直接产生排序，因此需要通过反模糊化计算方案排序的结果值。重心法比较全面地考虑模糊信息，把模糊量的重心元素作为反模糊化之后得到的精确值。这类方法通过寻找模糊数 A 的几何中心 x_0，并根据 x_0 的坐标 x 值进行排序，其典型代表是 Yager 提出的排序方法，具

体如下：

$$x_0 = \frac{\int_a^b g(x)\mu_A(x)\mathrm{d}x}{\int_a^b \mu_A(x)\mathrm{d}x} \tag{4-27}$$

式中，$g(x)$ 为作为测量 x 值重要性的加权函数，分母则起正则化因子的作用，其值等于隶属度函数 $\mu_A(x)$ 以下的面积。当 $g(x)=x$ 时，式(4-27)中的 x_0 就是几何中心，其值可以作为模糊数 $\mu_A(x)$ 的加权平均值。具有较大 x_0 值的模糊数被认为更好。

综上所述，下面给出具体的多属性群决策步骤。

(1) 组成一定的决策专家，确定备选维修方式及其属性，其中属性指标可以是主观属性指标，也可以是客观属性指标。

(2) 对于所选维修方式的主观属性指标，由各位专家确定熟悉的语言评价集，其粒度和语义不做统一要求，采用定性的方法进行评判；对于所选维修方式的客观属性指标，采用定量的方法对其进行评判，并分别给出相应的判断矩阵 P_{ijt}。

(3) 将专家权重信息转化为梯形模糊数评价值，并对专家判断矩阵进行集结，得到模糊综合评价矩阵 X_{ijt}。

(4) 将得到的梯形模糊综合评价矩阵转化为基于同一语言评价集相同粒度的二元语义判断矩阵 $F(X_{ijt})$。

(5) 利用 MEOWA 算子，按评价矩阵进行集结，其中主要包括对群决策专家意见进行集结和对维修方式的各个属性进行集结两部分内容。

(6) 采用重心法对方案进行排序，设定基本语言术语集 $V=\{v_0,v_1,\cdots,v_y\}$ 的重心值为 $G(v_0),G(v_1),\cdots,G(v_y)$，因此，方案的综合排序结果可以通过式(4-28)得出

$$Z(A_i) = \frac{\int_a^b x\mu_A(x)\mathrm{d}x}{\int_a^b \mu_A(x)\mathrm{d}x} = \sum_{y=0}^{10} G(v_y) \cdot \frac{X_{A(i)}(v_y)}{\sum_{y=0}^{10} G(v_y)} \tag{4-28}$$

(7) 按照重心值 $Z(A_i)$ 依次对方案进行排序，并选取 $Z(A_i)$ 的最大值作为问题的最佳方案 A^*。

4.3.3　算例分析

维修是保障舰船柴油机长期正常工作必不可少的一种手段。例如，舰船装备使用人员对当前以计划维修和故障后维修为主的维修方式所起到的作用不十分满意，希望在维修方面投入增加不大的情况下较大程度地改进维修体制，选择相应最恰当的维修方式，改善维修效果。维修方式决策时需要考虑重要性、安全性、可靠

性、经济性、可行性和检测性六个方面的属性。在重要性、检测性、安全性和可行性下对任何维修方案的评价一般只能采用定性语言来描述,经济性和可靠性可以采用确定的数值和概率来描述。因此,舰船柴油机系统维修方式的决策问题是混合数据下的多属性决策问题。通过征询相关专家的意见,给出相应的混合型多属性群决策分析法的层次结构,如图 4-1 所示。图中不仅给出每一层次要完成的属性指标评价任务,同时明确了相关影响因素和备选方案。

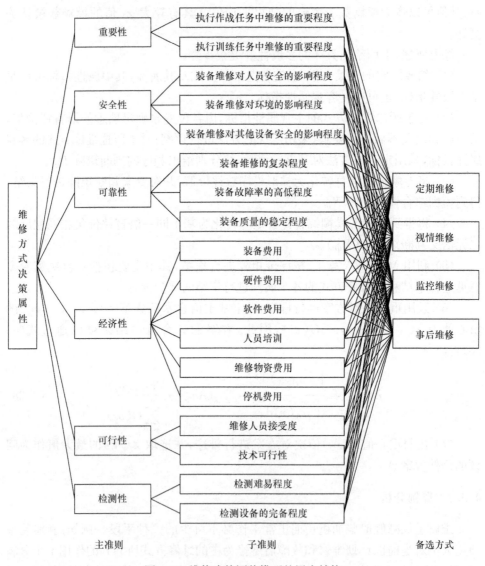

图 4-1　维修决策评价模型的层次结构

初步拟定以下四种维修方式:定期维修 A_1,视情维修 A_2,监控维修 A_3,事后维修 A_4。决策人员分为三级:舰员级维修人员 E_1,生产技术部门人员 E_2,相关决策领导 E_3。在兼顾各方面原则的基础上,选用如下属性集:重要性 C_1,安全性 C_2,可行性 C_3,检测性 C_4,可靠性 C_5,经济性 C_6,其中 C_1、C_2、C_3 和 C_4 是主观指标,C_5 是效益型指标,C_6 为成本型指标,如图 4-2 所示。

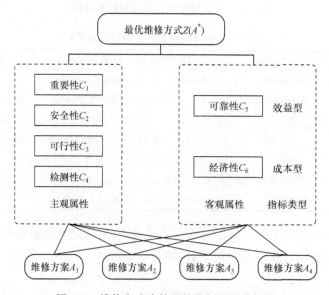

图 4-2　维修方式决策属性指标的层次结构

(1) 设定自然语言评价集 S_j 为专家 E_j 就方案 A_i 对应于指标 C_t 的语言评价集,其粒度和语义并不一致,此处决策专家 E_1 和 E_2 采用 7 级语言评价集,但其语义并不相同,而决策专家 E_3 采用 9 级语言评价集。

决策专家 E_1 采用如图 4-3 所给出的转换规则 1,决策专家 E_2 采用如图 4-4 所给出的转换规则 2,因此可将决策专家 E_1 和 E_2 所采用的不同模糊语言评价短语转换为梯形模糊数,如表 4-1 所示。

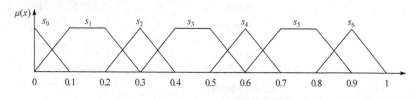

图 4-3　7 级模糊语言指标的转换规则 1

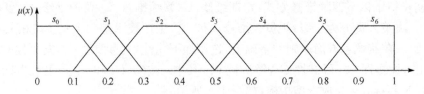

图 4-4 7 级模糊语言指标的转换规则 2

表 4-1 7 级模糊语言评价指标的规范化

模糊语言等级	E_1 模糊评价短语	E_1 梯形模糊数规范化	E_2 模糊评价短语	E_2 梯形模糊数规范化
s_0	绝对差(DL)	$(0,0,0,0.1)$	绝对不重要(DL)	$(0,0,0.1,0.2)$
s_1	非常差(VL)	$(0,0.1,0.2,0.3)$	很不重要(VL)	$(0.1,0.2,0.2,0.3)$
s_2	差(L)	$(0.2,0.3,0.3,0.4)$	不重要(L)	$(0.2,0.3,0.4,0.5)$
s_3	一般(M)	$(0.3,0.4,0.5,0.6)$	一般(M)	$(0.4,0.5,0.5,0.6)$
s_4	好(G)	$(0.5,0.6,0.6,0.7)$	重要(G)	$(0.5,0.6,0.7,0.8)$
s_5	很好(VG)	$(0.6,0.7,0.8,0.9)$	很重要(VG)	$(0.7,0.8,0.8,0.9)$
s_6	绝对好(DG)	$(0.8,0.9,0.9,1)$	绝对重要(DG)	$(0.8,0.9,1,1)$

由图 4-5 给出的 9 级模糊语言指标转换规则,可将此处决策专家 E_3 所采用的模糊语言评价短语转换为梯形模糊数,如表 4-2 所示。

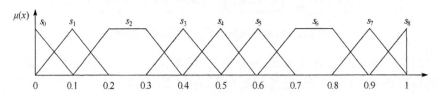

图 4-5 9 级模糊语言指标的转换规则

表 4-2 9 级模糊语言评价指标的规范化

模糊语言等级	模糊语言表示	梯形模糊数规范化结果
s_0	绝对差(DL)	$(0,0,0,0.1)$
s_1	非常差(VL)	$(0,0.1,0.1,0.2)$
s_2	差(L)	$(0.1,0.2,0.3,0.4)$
s_3	较差(RL)	$(0.3,0.4,0.4,0.5)$
s_4	一般(M)	$(0.4,0.5,0.5,0.6)$
s_5	较好(RG)	$(0.5,0.6,0.6,0.7)$
s_6	好(G)	$(0.6,0.7,0.8,0.9)$
s_7	非常好(VG)	$(0.8,0.9,0.9,1)$
s_8	绝对好(DG)	$(0.9,1,1,1)$

本例选定自然语言集 V 作为基本语言术语集,由级数为 11 的语言集构成,表 4-3 给出本例所采用的具体模糊语言粒度,并给出其规范化结果。

表 4-3 11 级模糊语言评价指标的规范化

模糊语言等级	模糊语言表示	梯形模糊数规范化结果
v_0	绝对差	$(0,0,0,0.1)$
v_1	极差	$(0,0.1,0.1,0.2)$
v_2	很差	$(0.1,0.2,0.2,0.3)$
v_3	差	$(0.2,0.3,0.3,0.4)$
v_4	较差	$(0.3,0.4,0.4,0.5)$
v_5	一般	$(0.4,0.5,0.5,0.6)$
v_6	较好	$(0.5,0.6,0.6,0.7)$
v_7	好	$(0.6,0.7,0.7,0.8)$
v_8	很好	$(0.7,0.8,0.8,0.9)$
v_9	极好	$(0.8,0.9,0.9,1)$
v_{10}	绝对好	$(0.9,1,1,1)$

(2) 对于舰船维修决策的主观属性指标,采用定性的方法进行评判;对于客观属性指标,采用定量的方法对其进行评判,并分别给出相应的评价值 P_{ijt}。下面给出的模糊判断值均基于各位决策专家的建议判断,相关不确定或模糊语言评价短语可以根据表 4-1~表 4-3 转换成相应的梯形模糊数。

① 决策专家对维修方案 A_i 的主观属性 C_1、C_2、C_3、C_4 进行评价,如表 4-4~表 4-6 所示。

表 4-4 决策专家 E_1 对维修方案主观属性的模糊评价

维修方案	主观属性			
	C_1	C_2	C_3	C_4
A_1	G(0.5,0.6,0.6,0.7)	M(0.3,0.4,0.5,0.6)	M(0.3,0.4,0.5,0.6)	G(0.5,0.6,0.6,0.7)
A_2	DG(0.8,0.9,0.9,1)	VG(0.6,0.7,0.8,0.9)	DG(0.8,0.9,0.9,1)	G(0.5,0.6,0.6,0.7)
A_3	G(0.5,0.6,0.6,0.7)	DG(0.8,0.9,0.9,1)	G(0.5,0.6,0.6,0.7)	DG(0.8,0.9,0.9,1)
A_4	VL(0,0.1,0.2,0.3)	DL(0,0,0,0.1)	L(0.2,0.3,0.3,0.4)	DL(0,0,0,0.1)

表 4-5　决策专家 E_2 对维修方案主观属性的模糊评价

维修方案	主观属性			
	C_1	C_2	C_3	C_4
A_1	M(0.4,0.5,0.5,0.6)	G(0.5,0.6,0.7,0.8)	L(0.2,0.3,0.4,0.5)	G(0.5,0.6,0.7,0.8)
A_2	VG(0.7,0.8,0.8,0.9)	VG(0.7,0.8,0.8,0.9)	DG(0.8,0.9,1,1)	VG(0.7,0.8,0.8,0.9)
A_3	VG(0.7,0.8,0.8,0.9)	DG(0.8,0.9,1,1)	G(0.5,0.6,0.7,0.8)	VG(0.7,0.8,0.8,0.9)
A_4	L(0.2,0.3,0.4,0.5)	VL(0.1,0.2,0.2,0.3)	L(0.2,0.3,0.4,0.5)	DL(0,0,0.1,0.2)

表 4-6　决策专家 E_3 对维修方案主观属性的模糊评价

维修方案	主观属性			
	C_1	C_2	C_3	C_4
A_1	G(0.6,0.7,0.8,0.9)	RL(0.3,0.4,0.4,0.5)	M(0.4,0.5,0.5,0.6)	VG(0.8,0.9,0.9,1)
A_2	DG(0.9,1,1,1)	VG(0.8,0.9,0.9,1)	DG(0.9,1,1,1)	RG(0.5,0.6,0.6,0.7)
A_3	DG(0.9,1,1,1)	RG(0.5,0.6,0.6,0.7)	G(0.6,0.7,0.8,0.9)	DG(0.9,1,1,1)
A_4	RL(0.3,0.4,0.4,0.5)	L(0.1,0.2,0.3,0.4)	VL(0,0.1,0.1,0.2)	VL(0,0.1,0.1,0.2)

② 维修方案的客观属性 C_5 和 C_6 的数值量。

对于维修方案集的客观属性可采用模糊近似方法,如方案 A_1 属性 C_5 为 0.73,其介于(0.7,0.75),可判定 0.6 和 0.8 分别为其下限和上限值,因此可将其转换为相应的梯形模糊数(0.6, 0.7, 0.75, 0.8)。因此,可以得到各维修方案属性的梯形模糊评价值,如表 4-7 所示。

表 4-7　维修方案客观属性模糊值

维修方案	客观属性	
	C_5	C_6/万元
A_1	(0.6,0.7,0.8,0.9)	(12,13,14,15)
A_2	(0.7,0.8,0.9,1)	(17,18,19,20)
A_3	(0.8,0.9,1,1)	(22,23,24,25)
A_4	(0.5,0.6,0.7,0.8)	(9,10,11,12)

③ 决策专家 E_1、E_2、E_3 分配给维修方案属性的模糊权重。

决策专家对维修方案的模糊权重,可根据表 4-1～表 4-3 所示的语言评价集,将其转换为相应的梯形模糊数,如表 4-8 所示。

表 4-8　决策专家 E_1、E_2、E_3 分配给维修方案属性的模糊权重

属性	决策专家		
	E_1	E_2	E_3
C_1	G(0.5,0.6,0.6,0.7)	VG(0.7,0.8,0.8,0.9)	较好(0.5,0.6,0.6,0.7)
C_2	DG(0.8,0.9,0.9,1)	DG(0.8,0.9,1,1)	绝对好(0.9,1,1,1)
C_3	M(0.3,0.4,0.5,0.6)	G(0.5,0.6,0.7,0.8)	好(0.6,0.7,0.8,0.9)
C_4	L(0.2,0.3,0.3,0.4)	M(0.4,0.5,0.5,0.6)	一般(0.4,0.5,0.5,0.6)
C_5	G(0.5,0.6,0.6,0.7)	VG(0.7,0.8,0.8,0.9)	好(0.6,0.7,0.8,0.9)
C_6	M(0.3,0.4,0.5,0.6)	L(0.2,0.3,0.4,0.5)	一般(0.4,0.5,0.5,0.6)

（3）对各属性评价值同其权重进行集结，得到模糊综合评价值 X_{ijt}。

① 对于维修方案的主观属性 C_1、C_2、C_3、C_4，可以通过式(4-9)，令 $w_1 = 0.5$，得到各位决策专家对于备选维修方案的主观属性基于各自语言粒度评价集的模糊综合评价值 X_{ijt} 如表 4-9 所示。

表 4-9　决策专家 E_1、E_2、E_3 对维修方案主观属性的模糊综合评价值

决策专家	维修方案	维修方案的主观属性			
		C_1	C_2	C_3	C_4
E_1	A_1	(0.5,0.6,0.6,0.7)	(0.5,0.6,0.6,0.7)	(0.3,0.4,0.5,0.6)	(0.3,0.4,0.5,0.6)
	A_2	(0.8,0.9,0.9,1)	(0.8,0.9,0.9,1)	(0.5,0.6,0.6,0.7)	(0.3,0.4,0.5,0.6)
	A_3	(0.5,0.6,0.6,0.7)	(0.8,0.9,0.9,1)	(0.5,0.6,0.6,0.7)	(0.5,0.6,0.6,0.7)
	A_4	(0.2,0.3,0.3,0.4)	(0.3,0.4,0.5,0.6)	(0.3,0.4,0.5,0.6)	(0.2,0.3,0.3,0.4)
E_2	A_1	(0.5,0.6,0.7,0.8)	(0.7,0.8,0.8,0.9)	(0.4,0.5,0.5,0.6)	(0.5,0.6,0.7,0.8)
	A_2	(0.7,0.8,0.8,0.9)	(0.8,0.9,1,1)	(0.7,0.8,0.8,0.9)	(0.5,0.6,0.7,0.8)
	A_3	(0.7,0.8,0.8,0.9)	(0.8,0.9,1,1)	(0.5,0.6,0.7,0.8)	(0.5,0.6,0.7,0.8)
	A_4	(0.5,0.6,0.7,0.8)	(0.5,0.6,0.7,0.8)	(0.4,0.5,0.5,0.6)	(0.2,0.3,0.4,0.5)
E_3	A_1	(0.5,0.6,0.6,0.7)	(0.6,0.7,0.8,0.9)	(0.5,0.6,0.6,0.7)	(0.6,0.7,0.8,0.9)
	A_2	(0.8,0.9,0.9,1)	(0.9,1,1,1)	(0.8,0.9,0.9,1)	(0.6,0.7,0.8,0.9)
	A_3	(0.8,0.9,0.9,1)	(0.8,0.9,0.9,1)	(0.6,0.7,0.8,0.9)	(0.6,0.7,0.8,0.9)
	A_4	(0.4,0.5,0.5,0.6)	(0.5,0.6,0.6,0.7)	(0.4,0.5,0.5,0.6)	(0.3,0.4,0.4,0.5)

② 对于维修方案的客观属性 C_5 和 C_6，首先对其指标进行规范化处理，化为梯形模糊数，如表 4-10 所示。

表 4-10　维修方案客观属性的模糊规范化评价值

维修方案	客观属性	
	C_5	C_6
A_1	(0.6,0.7,0.8,0.9)	(0.6,0.64,0.69,0.75)
A_2	(0.7,0.8,0.9,1)	(0.45,0.47,0.50,0.53)
A_3	(0.8,0.9,1,1)	(0.36,0.38,0.39,0.41)
A_4	(0.5,0.6,0.7,0.8)	(0.75,0.82,0.9,1)

因此,可以得到各位决策专家对于备选维修方案的客观属性基于各自语言粒度评价集的模糊综合评价值 X_{ijt},如表 4-11 所示。

表 4-11　决策专家 E_1、E_2、E_3 对维修方案客观属性的模糊综合评价值

决策专家	维修方案	客观属性	
		C_5	C_6
E_1	A_1	(0.30,0.42,0.48,0.63)	(0.18,0.26,0.35,0.45)
	A_2	(0.35,0.48,0.54,0.70)	(0.14,0.19,0.25,0.32)
	A_3	(0.40,0.54,0.60,0.70)	(0.11,0.15,0.20,0.25)
	A_4	(0.25,0.36,0.42,0.56)	(0.23,0.33,0.45,0.60)
E_2	A_1	(0.42,0.56,0.64,0.80)	(0.12,0.20,0.28,0.38)
	A_2	(0.49,0.64,0.72,0.9)	(0.09,0.14,0.2,0.27)
	A_3	(0.56,0.72,0.8,0.9)	(0.07,0.11,0.16,0.21)
	A_4	(0.35,0.48,0.56,0.72)	(0.15,0.25,0.36,0.5)
E_3	A_1	(0.36,0.49,0.64,0,81)	(0.24,0.32,0.35,0.45)
	A_2	(0.42,0.56,0.72,0.90)	(0.18,0.24,0.25,0.32)
	A_3	(0.48,0.63,0.80,0.90)	(0.14,0.19,0.20,0.25)
	A_4	(0.30,0.42,0.56,0.72)	(0.30,0.41,0.45,0.6)

(4) 对于维修方案 A_i,将决策专家基于各自语言得到的梯形模糊综合评价值 X_{ijt} 转换为基于同一语言评价集 V 的相同粒度二元语义判断值 $F(X_{ijt})$。

① 对于方案 A_1:

$F(X_{111})=(0,0,0,0,0,0.5,1,0.5,0,0,0)$

$F(X_{112})=(0,0,0,0,0,0.5,1,0.5,0,0,0)$

$F(X_{113})=(0,0,0,0.5,1,1,0.5,0,0,0,0)$

$F(X_{114})=(0,0,0,0.5,1,1,0.5,0,0,0,0)$

$F(X_{115})=(0,0,0,0.448,0.902,0.919,0.519,0.251,0,0,0)$

$F(X_{116})=(0,0.111,0.667,1,0.75,0.25,0,0,0,0,0)$

$F(X_{121}) = (0,0,0,0,0,0.5,1,1,0.5,0,0)$

$F(X_{122}) = (0,0,0,0,0,0,0,0.5,1,0.5,0)$

$F(X_{123}) = (0,0,0,0,0.5,1,0.5,0,0,0,0)$

$F(X_{124}) = (0,0,0,0,0,0.5,1,1,0.5,0,0)$

$F(X_{125}) = (0,0,0,0,0.333,0.749,1,0.769,0.385,0,0)$

$F(X_{126}) = (0,0.444,1,0.9,0.4,0,0,0,0,0,0)$

$F(X_{131}) = (0,0,0,0,0,0.5,1,1,0.5,0,0)$

$F(X_{132}) = (0,0,0,0,0,0,0,0.5,1,0.5,0)$

$F(X_{133}) = (0,0,0,0,0.5,1,0.5,0,0,0,0)$

$F(X_{134}) = (0,0,0,0,0,0.5,1,1,0.5,0,0)$

$F(X_{135}) = (0,0,0,0.168,0.584,1,1,0.769,0.385,0,0)$

$F(X_{136}) = (0,0,0.333,0.889,0.75,0.25,0,0,0,0,0)$

② 对于方案 A_2：

$F(X_{211}) = (0,0,0,0,0,0,0,0,0.5,1,0.5)$

$F(X_{212}) = (0,0,0,0,0,0,0,0,0.5,1,0.5)$

$F(X_{213}) = (0,0,0,0,0,0.5,1,0.5,0,0,0)$

$F(X_{214}) = (0,0,0,0.5,1,1,0.5,0,0,0,0)$

$F(X_{215}) = (0,0,0,0.217,0.652,1,0.769,0.385,0,0,0)$

$F(X_{216}) = (0,0.376,1,0.706,0.118,0,0,0,0,0,0)$

$F(X_{221}) = (0,0,0,0,0,0,0,0.5,1,0.5,0)$

$F(X_{222}) = (0,0,0,0,0,0,0,0,0.5,1,1)$

$F(X_{223}) = (0,0,0,0,0,0,0,0.5,1,0.5,0)$

$F(X_{224}) = (0,0,0,0,0,0.5,1,1,0.5,0,0)$

$F(X_{225}) = (0,0,0,0,0,0.417,1,1,0.714,0.357,0)$

$F(X_{226}) = (0,0.714,1,0.412,0,0,0,0,0,0,0)$

$F(X_{231}) = (0,0,0,0,0,0,0,0,0.5,1,0.5)$

$F(X_{232}) = (0,0,0,0,0,0,0,0,0,0.5,1)$

$F(X_{233}) = (0,0,0,0,0,0,0,0,0.5,1,0.5)$

$F(X_{234}) = (0,0,0,0,0,0.5,1,1,0.5,0,0)$

$F(X_{235}) = (0,0,0,0,0.333,0.75,1,1,0.712,0.355,0)$

$F(X_{236}) = (0,0.125,0.75,0.706,0.118,0,0,0,0,0,0)$

③ 对于方案 A_3：

$F(X_{311}) = (0,0,0,0,0,0.5,1,0.5,0,0,0)$

$F(X_{312}) = (0,0,0,0,0,0,0,0,0.5,1,0.5)$

$F(X_{313}) = (0,0,0,0,0,0.5,1,0.5,0,0,0)$

$F(X_{314})=(0,0,0,0,0,0.5,1,0.5,0,0,0)$

$F(X_{315})=(0,0,0,0,0.417,0.833,1,0.5,0,0,0)$

$F(X_{316})=(0,0.643,1,0.333,0,0,0,0,0,0,0)$

$F(X_{321})=(0,0,0,0,0,0,0,0.5,1,0.5,0)$

$F(X_{322})=(0,0,0,0,0,0,0,0,0.5,1,1)$

$F(X_{323})=(0,0,0,0.5,1,1,0.5,0,0,0,0)$

$F(X_{324})=(0,0,0,0,0,0.5,1,1,0.5,0,0)$

$F(X_{325})=(0,0,0,0,0,0.154,0.538,0.923,1,0.5,0)$

$F(X_{326})=(0.214,1,0.733,0.067,0,0,0,0,0,0,0)$

$F(X_{331})=(0,0,0,0,0,0,0,0,0.5,1,0.5)$

$F(X_{332})=(0,0,0,0,0,0,0,0,0.5,1,0.5)$

$F(X_{333})=(0,0,0,0,0,0.5,1,1,0.5,0,0)$

$F(X_{334})=(0,0,0,0,0,0.5,1,1,0.5,0,0)$

$F(X_{335})=(0,0,0,0,0.081,0.481,0.881,1,1,0.5,0)$

$F(X_{336})=(0,0.376,1,0.333,0,0,0,0,0,0,0)$

④ 对于方案 A_4：

$F(X_{411})=(0,0,0.5,1,0.5,0,0,0,0,0,0)$

$F(X_{412})=(0,0,0,0,0,0,0,0,0.5,1,0.5)$

$F(X_{413})=(0,0,0,0.5,1,1,0.5,0,0,0,0)$

$F(X_{414})=(0,0,0.5,1,0.5,0,0,0,0,0,0)$

$F(X_{415})=(0,0,0.238,0.714,1,0.667,0.25,0,0,0,0)$

$F(X_{416})=(0,0,0.35,0.85,1,0.799,0.399,0,0,0,0)$

$F(X_{421})=(0,0,0,0,0,0.5,1,1,0.5,0,0)$

$F(X_{422})=(0,0,0,0,0,0.5,1,1,0.5,0,0)$

$F(X_{423})=(0,0,0,0,0.5,1,0.5,0,0,0,0)$

$F(X_{424})=(0,0,0.5,1,0.5,0,0,0,0,0,0)$

$F(X_{425})=(0,0,0,0.217,0.652,1,0.846,0.462,0.08,0,0)$

$F(X_{426})=(0,0.25,0.75,1,0.833,0.417,0,0,0,0,0)$

$F(X_{431})=(0,0,0,0,0.5,1,0.5,0,0,0,0)$

$F(X_{432})=(0,0,0,0,0,0.5,1,1,0.5,0,0)$

$F(X_{433})=(0,0,0,0,0.5,1,0.5,0,0,0,0)$

$F(X_{434})=(0,0,0,0.5,1,0.5,0,0,0,0,0)$

$F(X_{435})=(0,0,0,0.454,0.908,1,0.846,0.462,0.077,0,0)$

$F(X_{436})=(0,0,0,0.476,0.952,0.799,0.399,0,0,0,0)$

（5）利用 MEOWA 算子，分别对群决策专家意见和方案的各个属性进行集结。通过 MEOWA 算子对决策专家 E_j 的综合判断矩阵 $F(X_{ijt})$ 进行集结,得到专家意见统一的判断矩阵 $F(X_{A(it)})$。首先,利用式(4-12)求得基于 MEOWA 算子的群决策专家集结最大熵加权向量 W_1^*;采用语言量词的成员函数 Q_1 求得加权向量 W_1,其中模糊语义量化此处采用"最多"准则,即 $\eta=0.3, \xi=0.8$,可以得到 $W_1 = [0.07, 0.67, 0.27]$;进而利用式(4-10)可以求得有序加权算子 $\alpha_1=0.4$。

最大熵加权向量计算可得 $W_1^* = [0.24, 0.32, 0.44]$,其次,根据步骤(4)和所求得的二元语义判断值 $F(X_{ijt})$ 对专家意见进行集结,即

$$F(X_{A(it)}) = (u(X_{A(it)}, v_0), \cdots, u(X_{A(it)}, v_{10}))$$
$$= (X_{A(it)}(v_0), X_{A(it)}(v_1), \cdots, X_{A(it)}(v_{10}))$$
$$= (\phi_{\text{"最多"}}(u(X_{i1t}, v_0), \cdots, u(X_{i3t}, v_0)), \cdots, \phi_{\text{"最多"}}(u(X_{i1t}, v_{10}), \cdots, u(X_{i3t}, v_{10})))$$

因此,对于各备选维修方案可以得到以下内容。

① 对于方案 A_1:

$F(X_{A(11)}) = (0, 0, 0, 0, 0, 0.5, 1, 0.7809, 0.2808, 0, 0)$
$F(X_{A(12)}) = (0, 0, 0, 0, 0, 0.1192, 0.2384, 0.5, 0.5617, 0.2808, 0)$
$F(X_{A(13)}) = (0, 0, 0, 0.1192, 0.6192, 1, 0.5, 0, 0, 0, 0)$
$F(X_{A(14)}) = (0, 0, 0, 0.1192, 0.2384, 0.6192, 0.7809, 0.5617, 0.2808, 0, 0)$
$F(X_{A(15)}) = (0, 0, 0, 0.1611, 0.5787, 0.8639, 0.7892, 0.542, 0.2163, 0, 0)$
$F(X_{A(16)}) = (0, 0.1417, 0.6, 0.9191, 0.5966, 0.1404, 0, 0, 0, 0, 0)$

② 对于方案 A_2:

$F(X_{A(21)}) = (0, 0, 0, 0, 0, 0, 0, 0.1192, 0.6192, 0.7809, 0.2808)$
$F(X_{A(22)}) = (0, 0, 0, 0, 0, 0, 0, 0.2808, 0.7809, 0.7809)$
$F(X_{A(23)}) = (0, 0, 0, 0, 0.1192, 0.2384, 0.2808, 0.4, 0.4, 0.1192)$
$F(X_{A(24)}) = (0, 0, 0, 0.1192, 0.2384, 0.6192, 0.7809, 0.5617, 0.2808, 0, 0)$
$F(X_{A(25)}) = (0, 0, 0, 0.0517, 0.2631, 0.6637, 0.8988, 0.7305, 0.4066, 0.1999, 0)$
$F(X_{A(26)}) = (0, 0.3466, 0.8905, 0.5772, 0.0663, 0, 0, 0, 0, 0, 0)$

③ 对于方案 A_3:

$F(X_{A(31)}) = (0, 0, 0, 0, 0, 0.1192, 0.2384, 0.2808, 0.4001, 0.4001, 0.1192)$
$F(X_{A(32)}) = (0, 0, 0, 0, 0, 0, 0, 0.5, 1, 0.6192)$
$F(X_{A(33)}) = (0, 0, 0, 0.1192, 0.2384, 0.6192, 0.7809, 0.4001, 0.1192, 0, 0)$
$F(X_{A(34)}) = (0, 0, 0, 0, 0.5, 1, 0.7809, 0.2808, 0, 0)$
$F(X_{A(35)}) = (0, 0, 0, 0, 0.1256, 0.4216, 0.7591, 0.7560, 0.5617, 0.2808, 0)$
$F(X_{A(36)}) = (0.051, 0.6111, 0.883, 0.2164, 0, 0, 0, 0, 0, 0, 0)$

④ 对于方案 A_4:

$F(X_{A(41)}) = (0, 0, 0.1192, 0.2384, 0.2808, 0.4001, 0.4001, 0.2384, 0.1192, 0, 0)$
$F(X_{A(42)}) = (0, 0, 0, 0, 0, 0.2808, 0.5617, 0.5617, 0.5, 0.2384, 0.1192)$

$F(X_{A(43)})=(0,0,0,0.1192,0.6192,1,0.5,0,0,0,0)$

$F(X_{A(44)})=(0,0,0.2808,0.7809,0.6192,0.1192,0,0,0,0,0)$

$F(X_{A(45)})=(0,0,0.0567,0.4121,0.8178,0.8541,0.5848,0.2595,0.044,0,0)$

$F(X_{A(46)})=(0,0.0596,0.292,0.7219,0.9114,0.6316,0.2241,0,0,0,0)$

通过 MEOWA 算子对备选方案在各个属性信息下的判断矩阵 $F(X_{A(it)})$ 进行集结,得到方案 A_i 的综合判断矩阵 $F(X_{A(i)})$。首先,求得基于 MEOWA 算子的群决策专家集结最大熵加权向量 W_2^*,同样采用语言量词成员函数 Q_2 求得加权向量 W_2,其中模糊语义量化采用"最多"准则,可以得到 $W_2=[0,0.067,0.333,0.333,0.267,0]$。

根据式(4-10)可以求得有序加权算子 $\alpha_2=0.44$;因此通过式(4-9)～式(4-12)可以得到最大熵加权向量 $W_2^*=[0.2132,0.1920,0.1729,0.1556,0.1401,0.1262]$。根据所求得的 $F(X_{A(it)})$ 和式(4-13)、式(4-14)对方案各属性进行集结,即

$$F(X_{A(i)})=(u(X_{A(i)},v_0),\cdots,u(X_{A(i)},v_{10}))$$

$$=(X_{A(i)}(v_0),\cdots,X_{A(i)}(v_{10}))$$

$$=(\phi^{\text{"最多"}}(u(X_{i1},v_0),\cdots,u(X_{i6},v_0)),\cdots,\phi^{\text{"最多"}}(u(X_{i1},v_{10}),\cdots,u(X_{i6},v_{10})))$$

因此,对于各备选维修方案可以得到以下内容。

① 对于方案 A_1:

$F(X_{A(1)})=(0,0.0302,0.1279,0.266,0.3836,0.5985,0.6108,0.4457,0.2558,0.0599,0)$

② 对于方案 A_2:

$F(X_{A(2)})=(0,0.0739,0.1899,0.1549,0.1133,0.281,0.3828,0.3307,0.3622,0.4166,0.2615)$

③ 对于方案 A_3:

$F(X_{A(3)})=(0.0109,0.1303,0.1883,0.069,0.0749,0.3195,0.5315,0.4245,0.3453,0.3386,0.1549)$

④ 对于方案 A_4:

$F(X_{A(4)})=(0,0.0127,0.225,0.4301,0.5941,0.6030,0.4126,0.2108,0.1371,0.0508,0.0254)$

(6) 采用"重心法"对维修方案进行排序。采用"重心法"计算各维修方案重心值,设定语言评价集 $V=\{v_0,v_1,\cdots,v_y\}$ 的重心值分别为 $G(v_0)=0.0333,G(v_1)=0.1,G(v_2)=0.2,G(v_3)=0.3,G(v_4)=0.4,G(v_5)=0.5,G(v_6)=0.6,G(v_7)=0.7,G(v_8)=0.8,G(v_9)=0.9,G(v_{10})=0.9667$。

通过式(4-28)计算求得各维修方案的重心值 $Z(A_i)$ 如下:

$$Z(A_1)=0.2724, \quad Z(A_2)=0.3012, \quad Z(A_3)=0.2924, \quad Z(A_4)=0.2345$$

可以得到备选维修方案的优劣排序结果为 $Z(A_2)>Z(A_3)>Z(A_1)>Z(A_4)$。

由评价结果可知,对于本例,视情维修方式 A_2 的评价效果最好,在决策过程中应该给予重点考虑。

4.4 本 章 小 结

综上所述,根据装备维修方式的自身属性和维修资源对装备维修过程进行控制和调节已成为实现科学维修的基本手段。本章针对舰船装备维修方案决策问题,分析和界定了舰船装备维修保障对象和维修保障组织结构,在传统的模糊多属性决策分析方法的基础上,采用模糊多属性群决策对维修方式进行综合评价。引入二元语义理论及其集结算子,解决了维修方式属性指标多元化和决策群体语言评价集粒度不一致的问题,建立了基于二元语义的舰船装备维修方式多属性群决策模型,在此基础上系统地探讨了舰船装备维修决策与保障资源之间的联系,为制订和开展科学合理的舰船维修保障方案提供了相应的思路和方法。

参 考 文 献

[1] 王庆锋. 基于风险和状态的智能维修决策优化系统及应用研究[D]. 北京:北京化工大学, 2011.

[2] 徐泽水. 基于期望值的模糊多属性决策法及其应用[J]. 系统工程理论与实践, 2004, 24(1):109-113.

[3] 袁志坚, 孙才新, 李剑, 等. 基于模糊多属性群决策的变压器状态维修策略研究[J]. 电力系统自动化, 2004, 28(11):66-70.

[4] 姜艳萍, 樊治平. 二元语义信息集结算子的性质分析[J]. 控制与决策, 2003, 18(6): 754-757.

[5] Herrera F, Herrera-Viedma E, Verdegay J L. A sequential selection process in group decision making with linguistic assessment[J]. Information Sciences, 1995, 85(4):233-239.

[6] Herrera F. A model of consensus in group decision making under linguistic assessments[J]. Fuzzy Sets and Systems, 1996, 88(1):73-87.

[7] Herrera F, Herrera-Viedma E, Verdegay J L. Linguistic decision analysis: Steps for solving decision problems under linguistic information[J]. Information Science, 2000, 115(1):67-82.

[8] Herrera F, Herrera-Viedma E, Verdegay J L. Direct approach processes in group decision making using linguistic OWA operators[J]. Fuzzy Sets and Systems, 1996, 79(2):75-79.

[9] Martínez L, Herrera F. An overview on the 2-tuple linguistic model for computing with words in decision making: Extensions, applications and challenges[J]. Information Sciences, 2012, 207(1):1-18.

[10] 王欣荣, 樊治平. 基于二元语义信息处理的一种语言群决策方法[J]. 管理科学学报, 2003, 6(5):1-5.

[11] Herrera F, Herrera-Viedma E, Martínez L. A fusion approach for managing multi-granu-

larity linguistic term sets in decision making[J]. Fuzzy Sets and Systems, 2000, 114(1): 43-58.

[12] 刘培德. 基于模糊多属性决策的企业信息化水平评价方法与应用研究[D]. 北京：北京交通大学,2009.

[13] Yager R R. Families of OWA operators[J]. Fuzzy Sets and Systems, 1993, 59(2): 125-148.

[14] Liu J, Lee C. Evaluation of inventory policies with unidirectional substitutions[J]. European Journal of Operations Research,2007,182:145-163.

[15] Chuu S J. Group decision-making model using fuzzy multiple attributes analysis for the evaluation of advanced manufacturing technology[J]. Fuzzy Sets and Systems, 2009, 160: 586-602.

[16] 数学手册编写组. 数学手册[M]. 北京：高等教育出版社,2006.

第5章 基于时间的预防性维修策略

5.1 预防性维修概述

预防性维修(preventive maintenance,PM)是当一个系统正常工作时,为预防未来故障而按计划全面进行的维护。PM 探索的是如何减少一个系统的故障率,通过一种或一系列的维修作业,发现或排除潜在故障,防止潜在故障发展成功能故障,具体措施包括检查、调整、润滑、更换部件、校准以及维修已经开始出现磨损的部件。预防性维修工作可以分为以下 4 类。

(1) 基于寿命的预防性维修(age based PM):在一个系统的指定寿命处实施 PM 工作。其中,寿命可以用工作时间或其他与时间类似的概念来度量,如汽车的里程、飞机的起降次数等。

(2) 基于时间的预防性维修(time based PM):在指定的日历时间处实施 PM 工作,一般而言,基于时间的预防性维修策略要比基于寿命的维修策略易于管理。

(3) 基于条件的预防性维修(condition based maintenance,CBM):是在对系统的一个或多个条件进行观测的基础上进行的,当出现一个条件改变或超过一定限值时开始进行维修,条件改变包括振动、温度以及润滑油微粒数的变化等。

(4) 机会维修(opportunity maintenance,OM):这种维修可用于包含多个子系统的装备系统,其中一个系统上的维修工作或一个系统的停机/干涉提供了一个在其他系统上进行维修的时机[1]。

劣化装备由于磨损、疲劳、变形等因素的影响,其故障率一般随时间递增,为了减少部件在使用过程中失效的可能性,降低系统停机时间和由故障造成的损失,预防性维修被广泛采用。开展预防性维修需要解决两个主要问题:一是预防性维修效果的定量描述,二是预防性维修时机的确定。为了描述预防性维修的效果,反映维修活动对系统的影响,Barlow 等[2]最早提出了最小维修的概念,即从故障率入手,假定维修活动能将设备恢复至故障前的状态,此后,不完全维修理论得到了广泛研究,许多有用的模型和方法被提出[3~5]。这些模型中有一类重要的模型将有效寿命作为衡量维修效果的依据,如 Kijima[6]的虚寿命(virtual age)模型,以及Martorell 等[7]的比例回撤(proportion age setback,PAS)模型。另外,根据预防性维修活动开展的时间间隔,预防性维修又分为周期预防性维修和不定期(即非周期)预防性维修两类。

本章讨论劣化装备预防性维修周期的计算问题,首先讨论了对于不可修装备的定期寿命更换策略;然后以 PAS 模型为基础讨论可修装备在不完全维修条件下的等周期预防性维修策略和不定期预防性维修策略,并给出最佳预防性维修周期和预防性维修次数的计算方法;最后对两种策略下的维修效果进行对比。

5.2　不可修系统的寿命更换策略

基于寿命的更换策略是预防性维修中最简单、最容易操作的一种策略。这种策略不考虑系统失效原因,适用于不可修装备或者对可靠性、可用度要求较高的可修装备(更换后送往后方维修)。

寿命更换策略定义为:预先设定一预防性更换周期 T,若系统在 T 时刻前失效,则立刻对系统进行更换;若系统运行至 T 时刻而没有失效,则在 T 时刻时对系统进行预防性更换。该策略下系统可能的故障与更新过程如图 5-1 所示。

×: 由失效引起的更换

图 5-1　寿命更换策略示意图

两个连续更换之间的时间称为一个更换周期(replacement period),若已知系统的寿命分布函数 $F(x)$ 和密度函数 $f(x)$,则基于寿命的更换策略的平均替换间隔时间为

$$\text{MTBR}(T) = \int_0^T tf(t)\mathrm{d}t + TP(t \geqslant T) = \int_0^T [1 - F(t)]\mathrm{d}t \qquad (5\text{-}1)$$

显然,MTBR(T)总是小于 T,并且有

$$\lim_{T \to \infty} \text{MTBR}(T) = \int_0^{+\infty} [1 - F(t)]\mathrm{d}t = \text{MTTF} \qquad (5\text{-}2)$$

因此,在一个长度为 t 的长时间间隔内,平均更换次数 $E[N(t)]$可以近似为

$$E[N(t)] \approx \frac{t}{\text{MTBR}(T)} = \frac{t}{\int_0^T [1 - F(t)]\mathrm{d}t} \qquad (5\text{-}3)$$

假定当系统无故障运行至寿命 T 时,一个预防性更换的成本为 c,而更换一个故障系统(在寿命 T 前)的成本为 $c+k$;其中成本 c 包括硬件费用和工时成本,而 k 为由非计划更换带来的额外成本,如故障造成的损失等,因此一个更换周期内的平均总成本为

$$c + kP(t < T) = c + kF(T) \qquad (5\text{-}4)$$

于是,更换周期内的单位时间成本为

$$C_A(T) = \frac{c + kF(T)}{\int_0^T [1 - F(t)]dt} \tag{5-5}$$

式中,令 $T \to \infty$,可得

$$C_A(\infty) = \lim_{T \to \infty} C_A(T) = \frac{c + k}{\text{MTTF}} \tag{5-6}$$

这表明,当基于寿命的更换周期很长时,没有寿命更换发生,全部更换都是故障导致的修复性更换,更换成本为 $c + k$,平均替换间隔为 MTTF,因此

$$\frac{C_A(T)}{C_A(\infty)} = \frac{c + kF(T)}{\int_0^T [1 - F(t)]dt} \frac{\text{MTTF}}{c + k} = \frac{1 + rF(T)}{\int_0^T [1 - F(t)]dt} \frac{\text{MTTF}}{1 + r} \tag{5-7}$$

可以作为基于寿命 T 更换策略成本效率的一个度量方法,式中 $r = k/c$,一个较低的比值表明一个高的成本效率。

若一个系统服从韦布尔寿命分布,其尺度参数为 θ,形状参数为 β,要找到最佳的寿命更换策略 T^*,就必须找到使式(5-7)最小的 T 值,通过式(5-2)可以得到

$$\frac{C_A(T)}{C_A(\infty)} = \frac{1 + r[1 - e^{-(T/\theta)^\beta}]}{\int_0^T e^{-(t/\theta)^\beta}dt} \frac{\Gamma(1/\beta + 1)\theta}{1 + r} \tag{5-8}$$

若令 $x_0 = T/\theta$,则式(5-8)可以写为

$$\frac{C_A(x_0)}{C_A(\infty)} = \frac{1 + r(1 - e^{-x_0^\beta})}{\int_0^{x_0} e^{-x^\beta}dx} \frac{\Gamma(1/\beta + 1)}{1 + r} \tag{5-9}$$

下面通过一个算例说明如何寻求最佳的预防性更换周期。图 5-2 显示了形状参数 $\beta = 3$,比值 r 分别为 3、5、10 的三条 $C_A(x_0)/C_A(\infty)$ 曲线。从图中可以找到使比值 $C_A(x_0)/C_A(\infty)$ 最小的 x_0^*,进而可以求出最佳预防性更换时间为

$$T^* = x_0^* \theta \tag{5-10}$$

对于韦布尔分布,尺度参数 θ 又称为特征寿命。由式(5-10)可以看出,对于韦布尔分布,基于寿命的最佳预防性更换周期为其特征寿命乘以一比例系数,该系数主要取决于其形状参数 β 和 k/c 比值(其中 c 包括硬件费用和工时成本,k 为由非计划更换带来的额外成本)。

表 5-1 给出了图 5-2 中不同 k/c 比值下的最佳寿命更换策略对应的时间和相应的 $C_A(T)/C_A(\infty)$。

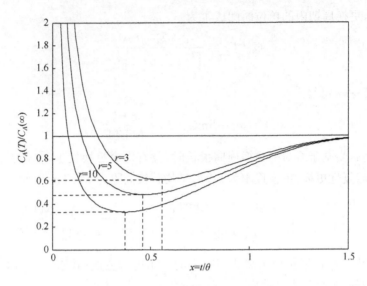

图 5-2　最佳寿命更换策略示意图

表 5-1　不同 k/c 比值下的最佳更换时间和相应的 $C_A(T)/C_A(\infty)$ 比值

β	k/c	$C_A(T)/C_A(\infty)$	x^*	T^*
3	3	0.617	0.55	0.55θ
3	5	0.485	0.47	0.47θ
3	10	0.332	0.37	0.37θ

　　由表 5-1 可以看出,对于给定形状参数的韦布尔分布,最佳预防性更换周期会随着 k/c 比值的增大而缩短,这是因为较大的 k/c 比值意味着故障更换(非计划内)的代价要比计划内更换的代价高得多。因此,为了尽量避免这种情况的发生,要适当缩短装备的更换周期,在装备的可靠性还较高时进行更换。

5.3　可修系统的定周期预防性维修策略

　　基于寿命的替换是所有 PM 行动中最简单、最易操作的一种策略,但在实际中,尤其在海军舰船装备中采用这种策略的装备不多。这是因为一方面舰船装备大多是可修装备;另一方面,对舰船上的大型装备来说,其价格昂贵、拆装复杂,不适宜进行基于时间的寿命更换。对此类系统一般开展定周期或不定周期的预防性维修来达到降低装备故障率,提高其使用效率的目的。

　　一般而言,非周期性预防性维修更为灵活,理论上能得到更理想的结果[8],但不定周期的预防性维修在实际中往往结合视情维修进行,根据视情维修的状态监测结果确定预防性维修开展的时机,而视情维修对系统的状态信息要求较高,并且很多情况下系统的状态不可观或不完全可观,视情维修难以开展[2],所以等周期预防性维修在实际中,尤其在军事装备的日常维护保养中,依然是一种主要的预防性维修方式。本节首先建立劣化装备的定周期预防性维修模型,然后对预防性维修周期进行优化。

5.3.1 问题及模型描述

1. 问题描述

对于劣化装备的定期预防性维修,做如下假定:

(1) 劣化装备的故障率随时间上升,服从两参数韦布尔分布,故障率函数为 $\lambda(t)=\alpha\beta t^{\beta-1}$,式中 $\alpha>0$,$\beta>1$。

(2) 系统采用定周期的预防性维修策略 (N, T) 进行预防性维修,即每隔时间 T 进行一次预防性维修,在其将要进行第 N 次预防性维修时进行更换,显然总的预防性维修次数为 $N-1$,系统更新周期为 NT。

(3) 预防性维修为不完全维修,即不能将系统修复如新,维修效果介于完全维修与最小维修之间。

(4) 系统在预防性维修间隔期间若发生故障,则立即对其维修,假定维修效果为修复如旧(即最小维修),维修时间忽略不计。

(5) 系统更换费用为 C_r,平均最小维修费用为 C_m,平均预防性维修费用为 C_p,并且 $C_p<C_r$。

系统的运行周期如图 5-3 所示,其中"×"表示预防性维修间隔期间发生故障的时刻,系统更新周期为 NT,更新周期内进行了 $N-1$ 次预防性维修。

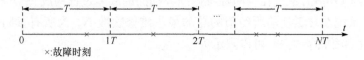

图 5-3 等周期预防性维修时序图

2. PAS 维修模型

如上所述,在定周期预防性维修策略中,每次预防性维修的效果是不完全的,介于最小维修和完全维修之间,在此采用 PAS 模型对维修效果进行描述。

PAS 模型通过引入有效寿命来描述维修活动的影响,认为维修后装备系统的寿命会有一定程度的恢复,恢复程度用系数 ξ 来表示,对于定周期预防性维修,更新周期内的 PAS 模型可以用图 5-4 来表示。

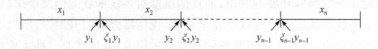

图 5-4　PAS 模型

PAS 模型的相关参数定义如下：x_i 为第 $i-1$ 次预防性维修与第 i 次预防性维修期间系统的累积工作时间；y_i 为进行第 i 次预防性维修前系统经历的有效寿命；$\xi_i y_i$ 为第 i 次预防性维修后系统经历的有效寿命，式中 $0 \leqslant \xi_i < 1$ 为比例系数，表示维修后系统有效寿命会按一定比例回溯。

x_i 和 y_i 满足

$$y_i = x_i + \xi_{i-1} y_{i-1} \tag{5-11}$$

式中，$i = 1, 2, \cdots, N$，$y_0 = 0$，显然有 $x_1 = y_1$，即 $\xi_0 = 0$。

通过引入有效寿命可以更加准确地描述系统所处的真实寿命阶段。当 $\xi_i = 0$ 时，系统自上次预防性维修后累积的寿命被完全消除；当 $\xi_i = 1$ 时，有效寿命即为自然经历的日历时间，此时对应于最小维修。对于劣化装备，认为预防性维修可以在一定程度上消除自然累积的寿命，但是随着装备的日益劣化，预防性维修的效果变得越来越弱，因此在本例中假定 PAS 模型中的系数 $\{\xi_i\}$ 满足 $0 = \xi_0 < \xi_1 \leqslant \xi_2 \leqslant \cdots \leqslant \xi_n < 1$。

3. 系统运行期间的费用率

考虑劣化装备从最初投入使用至最后被更换这样一个运行区间，如图 5-4 所示，当采用等周期预防性维修时，$x_1 = x_2 = \cdots = x_n = T$，代入式(5-11)可得

$$y_i = T + \xi_{i-1} y_{i-1}, \quad i = 1, 1, 2, \cdots, N \tag{5-12}$$

由假定(4)可知，系统在预防性维修间隔期间的故障过程构成一个非齐次泊松过程，于是系统在被更换前所经历的总的最小维修次数 N_{m} 为所有预防性维修间隔期间发生的故障数之和，可以表示为

$$
\begin{aligned}
N_{\mathrm{m}} &= \int_0^{y_1} \lambda(t)\,\mathrm{d}t + \int_{\xi_1 y_1}^{y_2} \lambda(t)\,\mathrm{d}t + \cdots + \int_{\xi_{N-1} y_{N-1}}^{y_N} \lambda(t)\,\mathrm{d}t \\
&= \sum_{i=1}^{N} \int_{y_i - T}^{y_i} \lambda(t)\,\mathrm{d}t \\
&= \alpha \sum_{i=1}^{N} \left[y_i^{\beta} - (y_i - T)^{\beta} \right]
\end{aligned}
\tag{5-13}
$$

系统运行期间的平均费用率 $C(N, T)$ 可以表示为

$$C(N, T) = \frac{C_{\mathrm{r}} + C_{\mathrm{m}} N_{\mathrm{m}} + (N-1) C_{\mathrm{p}}}{NT} \tag{5-14}$$

5.3.2　周期预防性维修策略的优化

1. 预防性维修周期 T 的确定

由前面的讨论可知,对于定周期预防性维修策略,y_i 可以表示为关于 T 的多项式,设 $y_i = C_i T$,则由式(5-12)可知,$C_1 = 1, C_2 = 1 + \xi_1, C_3 = 1 + \xi_2 + \xi_2 \xi_1$,更一般的有

$$C_i = 1 + \xi_{i-1} C_{i-1} = 1 + \xi_{i-1} + \cdots + \xi_{i-1} \xi_{i-2} \cdots \xi_1 \tag{5-15}$$

于是式(5-13)可表示为

$$N_m = \alpha T^\beta \sum_{i=1}^{N} \left[C_i^\beta - (C_i - 1)^\beta \right] \tag{5-16}$$

记 $S(N) = \sum_{i=1}^{N} \left[C_i^\beta - (C_i - 1)^\beta \right]$,则式(5-16)可表示为

$$N_m = \alpha T^\beta S(N) \tag{5-17}$$

则当 N 确定时,费用率 $C(N, T)$ 是关于 T 的函数,对 T 求偏导有

$$\frac{\partial C(N, T)}{\partial T} = \frac{C_m \dfrac{\partial N_m}{\partial T}}{NT} - \frac{C_r + C_m N_m + (N-1) C_p}{NT^2} \tag{5-18}$$

令 $\partial C(N, T)/\partial T = 0$,则有

$$C_m \frac{\partial N_m}{\partial T} = C_r + C_m N_m + (N-1) C_p \tag{5-19}$$

由式(5-17)可知,$\partial N_m/\partial T = \alpha \beta T^{\beta-1} S(N)$,代入式(5-19)可得

$$T = \left[\frac{C_r + (N-1) C_p}{\alpha (\beta - 1) C_m S(N)} \right]^{\frac{1}{\beta}} \tag{5-20}$$

于是,当 N 确定时,通过式(5-20)可以得到最佳预防性维修间隔。

2. 预防性维修次数 N 的确定

上面讨论了当给定预防性维修次数时,如何确定最佳预防性维修间隔的问题。下面讨论当预防性维修周期 T 一定时,怎样确定最佳的预防性维修次数 N,首先证明下述定理。

定理 5-1　当 $0 < \xi_1 \leqslant \xi_2 \leqslant \cdots \leqslant \xi_n < 1$ 时,若 T 满足 $T^\beta < \dfrac{C_r - C_p}{\alpha C_m \left[(1 + \xi_1)^\beta - \xi_1^\beta - 1 \right]}$,则存在 $N^* > 2$ 满足

$$C(N^* + 1, T) \geqslant C(N^*, T), \quad C(N^* - 1, T) > C(N^*, T) \tag{5-21}$$

证明:将式(5-17)代入式(5-14)可得,若要不等式(5-21)成立,则等价于下列两个不等式同时成立,且 $N > 2$:

$$\alpha NS(N+1)T^{\beta}-\alpha(N+1)S(N)T^{\beta}\geqslant\frac{C_r-C_p}{C_m} \tag{5-22}$$

$$\frac{C_r-C_p}{C_m}>\alpha(N-1)S(N)T^{\beta}-\alpha NS(N-1)T^{\beta} \tag{5-23}$$

记

$$L(N)=(N-1)S(N)-NS(N-1) \tag{5-24}$$

则不等式(5-22)和不等式(5-23)等价于

$$\alpha T^{\beta}L(N+1)\geqslant\frac{C_r-C_p}{c_m}>\alpha T^{\beta}L(N) \tag{5-25}$$

令

$$L(N+1)-L(N)=N[S(N+1)-S(N)]-N[S(N)-S(N-1)]$$
$$=N[C_{N+1}^{\beta}-(C_{N+S1}-1)^{\beta}]-N[C_N^{\beta}-(C_N-1)^{\beta}] \tag{5-26}$$

因为 $\beta>1,0<\xi_1\leqslant\xi_2\leqslant\cdots\leqslant\xi_n<1$,所以由式(5-15)可知,$1=C_1<C_2<\cdots<C_{N-1}$。当 $x\geqslant1$ 时,$x^{\beta}-(x-1)^{\beta}$ 单调递增,所以 $C_{N+1}^{\beta}-(C_{N+1}-1)^{\beta}>C_N^{\beta}-(C_N-1)^{\beta}$。

故 $L(N+1)-L(N)>0$,$L(N)$ 单调递增,即 $L(N)>L(N-1)>\cdots>L(2)$,于是 $\alpha T^{\beta}L(N)>\alpha T^{\beta}L(N-1)$。

当预防性维修周期满足 $T^{\beta}<\dfrac{C_r-C_p}{\alpha L(2)C_m}$ 时,$[L(2)=S(2)-2S(1)=(1+\xi_1)^{\beta}-\xi_1^{\beta}-1]$,总可以通过调整 N 的值(且 $N>2$)使得 $(C_r-C_p)/C_m$ 的值介于 $\alpha T^{\beta}L(N+1)$ 和 $\alpha T^{\beta}L(N)$ 之间,于是不等式(5-25)成立,进而不等式(5-21)成立,定理得证。

定理5-1证明了当预防性维修间隔满足一定条件时,在该间隔下装备更换周期的费用率为 N 的凸函数,于是可以找到使费用率最低的 N^*,那么下面对任意给定的预防性维修间隔 T,应如何开展预防性维修进行探讨。

首先,注意到 $L(N)$ 单调递增,而当预防性维修周期不满足上述定理条件时,结合不等式(5-25),即当 $\alpha T^{\beta}L(2)\geqslant\dfrac{C_r-C_p}{C_m}$ 时,有

$$\alpha T^{\beta}L(N)>\cdots>\alpha T^{\beta}L(2)\geqslant\frac{C_r-C_p}{C_m} \tag{5-27}$$

此时,由不等式(5-22)和不等式(5-23)可知,下列不等式成立:

$$C(N,T)>\cdots>C(2,T)\geqslant C(1,T) \tag{5-28}$$

于是,当 $\alpha T^{\beta}L(2)\geqslant\dfrac{C_r-C_p}{C_m}$ 时,如果以 T 为周期进行周期预防性维修,其费用率会随着预防性维修次数的增加而增加,此时不进行预防性维修的费用率最低(即在 T 时刻对装备进行更换,对应于 $C(1,T)$ 策略)。

3. $(1, T)$策略中最佳更新周期 T_r 的确定

对于不需要进行预防性维修的情况,即直接采用更新策略$(1, T)$时,更新周期 T 满足 $T^\beta \geqslant \dfrac{C_r - C_p}{\alpha L(2) C_m}$[式中 $L(2) = (1 + \xi_1)^\beta - \xi_1^\beta - 1$],此时需要确定使周期运行费用率最低的最佳更新周期 T_r。

在$(1, T)$策略下,周期费用率 $C(T) = (C_r + C_m N_m)/T$,对 T 求偏导可得

$$\frac{\partial C(T)}{\partial T} = \frac{\alpha(\beta - 1) C_m T^\beta - C_r}{T^2} \tag{5-29}$$

令偏导为零,可得$(T^*)^\beta = C_r/[\alpha(\beta - 1)C_m]$。显然,对于给定的预防性维修周期 T:

(1) 若$(T^*)^\beta < \dfrac{C_r - C_p}{\alpha L(2) C_m} \leqslant T^\beta$,则增大更新周期会同时增大周期内费用率,最佳更新周期为 $T_r = \left(\dfrac{C_r - C_p}{\alpha L(2) C_m} \right)^{\frac{1}{\beta}}$。

(2) 若$\dfrac{C_r - C_p}{\alpha L(2) C_m} \leqslant T^\beta < (T^*)^\beta$,则在区间$[T, T^*]$费用率函数 $C(T)$ 单调下降,最佳更新周期为 $T_r = T^* = \left[\dfrac{C_r}{\alpha(\beta - 1)C_m} \right]^{\frac{1}{\beta}}$。

因此,对于定周期预防性维修周期的选择可以得出以下结论,如图 5-5 所示,其中横轴表示预防性维修周期。

(1) 若选定的预防性维修周期过小,则为了降低系统运行费用率,在系统更换之前需要进行频繁的预防性维修。

(2) 若选定的预防性维修周期过大,则周期预防性维修策略是没有意义的,此时应当在达到预订周期后直接进行更换。

(3) 选择合适的预防性维修周期有与之相对应的更换策略,即装备在经过若干次预防性维修后发生故障时进行更换。

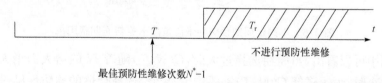

图 5-5　不同预防性维修周期对维修活动的影响

至此可以看出,对于周期预防性维修,周期的选择至关重要,选定不同的预防性维修周期将导致不同的维修策略。同时应该注意,上述结论(尤其是结论 1)是

在不考虑系统停机时间(即不考虑装备的可用度),且假定预防性维修必定有效的情况下得到的。

5.3.3 预防性维修策略(N,T)的确定

通过前面的讨论,给出了开展预防性维修时参数应当满足的条件,以及在预防性维修中如何由给定的预防性维修次数 N 求取最佳预防性维修周期 T^* 和由给定预防性维修周期 T 求取最佳预防性维修次数 N^*。不妨令两种映射方法分别对应于 $G(N)$ 和 $H(T)$,即 $T^*=G(N)$ 和 $N^*=H(T)$。当任意给定预防性维修次数 N 或预防性维修周期 T 时,如果有

$$N^*=H(G(N)),\quad N^*=N \quad 或 \quad T^*=G(H(T)),\quad T^*=T \quad (5\text{-}30)$$

那么此时的预防性维修策略(N,T)即为全局最优预防性维修策略,NT 为装备的更新周期。图 5-6 给出了当 $\alpha=0.25$、$\beta=2$、$C_r=20$ 万元、$C_m=5$ 万元、$C_p=3$ 万元、PAS 模型系数取 $\xi_i=\dfrac{i}{i+1}(i=1,2,\cdots)$(即预防性维修的效果逐次减弱)时装备更新周期费用率 $C(N,T)$ 的变化情况。

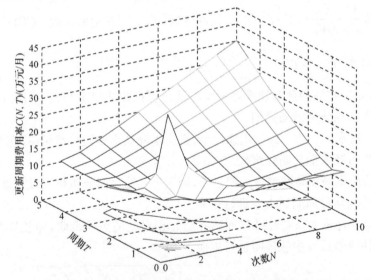

图 5-6　不同定周期预防性维修策略下更新周期费用率

从图中可以看出,当周期选择过大时,$C(N,T)$随着 N 的增大而增大。当周期选择过小时,为了降低 $C(N,T)$需要增大 N 值,选择合适的预防性维修周期和开展次数可以有效降低装备更新周期内的费用率。

考虑到预防性维修可能带来的隐性风险以及对装备可用度的影响,对实际系统不可能进行频繁的预防性维修,这一点在前面已经予以说明。同时,由于装备的

寿命都是有限的,实际中装备总是在工作一定时间后更换(一般在其设计寿命附近),因此在定周期预防性维修策略中 NT 的值不宜过大,否则与实际情况不符;此外,实际工作中预防性维修的开展涉及维修人员、维修测试工具等相关要素的准备,其能够开展的最短周期间隔是一定的,因此全局最优预防性维修策略不一定能够得到,基于上述理由,结合实际情况采用下述方法确定周期预防性维修策略。

设 T_L 为装备的最大服役年限,$T_{\min}$ 为实际能够进行的最小预防性维修周期间隔,令 $N_{\max}=[T_L/T_{\min}]$,则周期预防性维修策略 (N,T) 按照下列步骤进行:

(1) 若 $T_{\min}^{\beta} \geqslant \dfrac{C_r - C_p}{\alpha L(2) C_m}$,则由前面所得结论可知,此时不进行预防性维修,进而需要按照 5.3.1 节的方法求取使周期费用率最低的最佳更新周期 T_r。

(2) 若 $T_{\min}^{\beta} < \dfrac{C_r - C_p}{\alpha L(2) C_m}$,则通过定理 5-1 确定其最佳预防性维修次数,即 $N^* = H(T_{\min})$,若 $N^* \leqslant N_{\max}$,则将策略 $(N^*, T_{\min})$ 标记为可行,否则标记策略 $(N_{\max}, T_{\min})$ 可行。

(3) 记录所有可行策略,同时令 $N_{\max} = N_{\max} - 1$,$T_{\min} = T_L/N_{\max}$,重复步骤 (1)、(2)、(3)直至 $N_{\max} = 1$。

(4) 比较所有可行的维修策略(包括不进行预防性维修的更新策略),选择其中费用率最低的策略作为最终的预防性维修策略。

算法流程如图 5-7 所示。

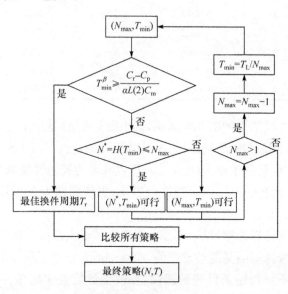

图 5-7　周期预防性维修决策算法流程

5.3.4　算例分析

取模型参数为 $\alpha=3$，$\beta=2$，$C_r=10$ 万元，$C_m=3$ 万元，$C_p=2$ 万元，$T_L=3$ 月。PAS模型系数取 $\xi_i=\dfrac{i}{i+1}(i=1,2,\cdots)$，即预防性维修的效果逐次减弱，则根据前面的分析，如果进行预防性维修，那么维修周期应不大于 $[(C_r-C_p)/(\alpha L(2)\cdot C_m)]^{1/2}=0.9428$。如果实际中能够进行的最小预防性维修周期 $T_{min}=0.2$ 月，那么按照图2.7所示的算法流程，可以得出全部可行策略，如表5-2所示（PM表示预防性维修，CM表示修复性维修）。

表 5-2　定周期预防性维修策略搜索结果

策略	N	$T/月$	PM 次数	NT	$C(N,T)/(万元/月)$
PM	7	0.2000	6	1.4000	22.9143
PM	6	0.2143	5	1.2857	22.3056
PM	6	0.2308	5	1.3846	21.7137
PM	5	0.2500	4	1.2500	21.1500
PM	5	0.2727	4	1.3636	20.5636
PM	4	0.3000	3	1.2000	20.0833
PM	4	0.3333	3	1.3333	19.5000
PM	4	0.3750	3	1.5000	19.1042
PM	3	0.4286	2	1.2857	18.6032
PM	3	0.5000	2	1.5000	18.3333
PM	2	0.6000	1	1.2000	18.1000
PM	2	0.7500	1	1.5000	18.1250
CM	1	1.0541	0	1.0541	18.9737

表5-2中的迭代结果如图5-8所示，其中图5-8(a)显示了给定预防性维修周期 T 后搜索得到的最佳次数 N，图5-8(b)显示了不同 (N,T) 策略下对应的周期费用率。对于本例，最佳策略为 $(0.6,2)$，即以0.6为预防性维修周期进行一次预防性维修，在第二次预防性维修时刻进行更换，更新周期为1.2月，对应的周期费用率为18.1万元/月。

算法为了提高计算效率，结合实际情况引入了最大服役年限和最小维修间隔。多数情况下最小维修间隔是能够确定的，而对于最大服役年限却常常较为模糊，为了检验该算法对不同初始条件的敏感性，在模型参数选定的条件下，分别取下列10组不同的 T_L 值，考察不同初始搜索条件下算法给出的结果是否稳定，表5-3给出了不同初始条件 T_L 下的搜索结果。

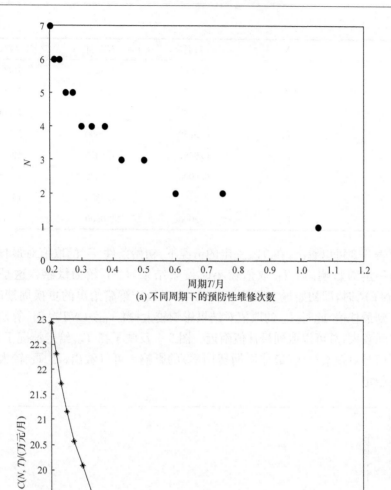

(a) 不同周期下的预防性维修次数

(b) 不同周期下的费用率

图 5-8　定周期预防性维修策略搜索结果

表 5-3　不同初始条件 T_L 下的搜索结果

T_L/月	N	T/月	NT/月	$C(N, T)$/(万元/月)
10	2	0.6667	1.3333	18.0000
9	2	0.6429	1.2857	18.0119

T_L/月	N	T/月	NT/月	$C(N, T)$/(万元/月)
8	2	0.6667	1.3333	18.0000
7	2	0.6364	1.2727	18.0195
6	2	0.6667	1.3333	18.0000
5	2	0.6250	1.2500	18.0375
4	2	0.6667	1.3333	18.0000
3	2	0.6000	1.2000	18.1000
2	2	0.6667	1.3333	18.0000
1	2	0.5000	1.0000	18.7500

　　由表 5-3 可以看出,在 T_{min} 一定的情况下,初始条件 T_L 的取值对最佳搜索结果具有一定的影响:当 T_L 取值较小时搜索结果对 T_L 较为敏感。这是因为当 $T_L < (NT)^*$ 时,即初始最大服役年限 T_L 小于最佳策略给出的更换周期时,算法将取不到最佳值,此时 T_L 的取值对结果影响较大;当 $T_L \gg (NT)^*$ 时,算法可以调整的空间较大,总可以取到最佳值附近。图 5-9 反映了在 T_{min} 给定情况下初始 T_L 取不同值时对搜索算法(最佳周期费用率)的影响。可以看出,当 T_L 较大时搜索结果很稳定。

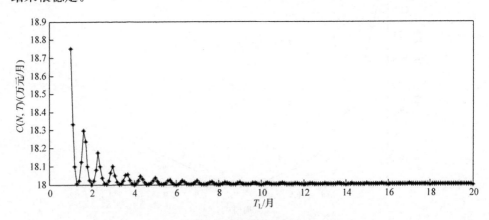

图 5-9　不同 T_L 对搜索算法的影响

　　这也带来一个启示:当决定按照本节所述方法进行定周期预防性维修而又不清楚装备的最大服役年限时,可以尽可能选取大的服役年限,对此不会影响算法的搜索结果。

5.4　可修系统的不定周期预防性维修策略

实际中不定周期的预防性维修的开展一般结合视情维修进行,根据状态观测结果确定预防性维修的开展时机。但是,目前很多舰船装备不具备视情维修开展的条件,或者状态观测结果不足以确定预防性维修时机,因此本节将不依据系统状态,而是根据维修活动对寿命的影响,对 PAS 模型的部分参数加以限定,在此条件下研究劣化装备的不定周期预防性维修周期的计算问题。

5.4.1　问题及模型描述

参数假定与定周期问题类似,首先对研究的问题做如下假定:

(1) x_i 为第 $i-1$ 次预防性维修与第 i 次预防性维修期间系统的累积工作时间。

(2) y_i 为进行第 i 次预防性维修前系统经历的有效寿命。

(3) 随着劣化的进行,预防性维修的效果越来越弱,即 PAS 模型中系数 $\{\xi_i\}$ 满足 $0=\xi_0<\xi_1<\xi_2<\cdots<\xi_n<1$。

当将要进行第 N 次预防性维修时对系统进行更换,维修时间忽略不计,则至第 N 次预防性维修时刻系统经历的时间为

$$T_{\rm L} = \sum_{i=1}^{N} x_i = \sum_{i=1}^{N} y_i - \sum_{i=1}^{N} \xi_{i-1} y_{i-1} = y_N + \sum_{i=1}^{N-1} (1-\xi_i) y_i \qquad (5\text{-}31)$$

在此期间,系统经历的最小维修次数 $N_{\rm m}$ 为

$$N_{\rm m} = \int_0^{y_1} \lambda(t)\,{\rm d}t + \int_{\xi_1 y_1}^{y_2} \lambda(t)\,{\rm d}t + \cdots + \int_{\xi_{N-1} y_{N-1}}^{y_N} \lambda(t)\,{\rm d}t = \sum_{i=1}^{N} \int_{\xi_{i-1} y_{i-1}}^{y_i} \lambda(t)\,{\rm d}t$$

$$= \alpha \sum_{i=1}^{N} \left[y_i^\beta - (\xi_{i-1} y_{i-1})^\beta \right] \qquad (5\text{-}32)$$

系统运行期间的平均费用率 $C(N, y)$ 可以表示为

$$C(N, y) = \frac{C_{\rm r} + C_{\rm m} N_{\rm m} + (N-1) C_{\rm p}}{T_{\rm L}} \qquad (5\text{-}33)$$

式中,$y=(y_1, y_2, \cdots, y_N)$。

可以看出,不定周期的预防性维修问题决策变量为 N 和 y,即预防性维修次数和每次开展预防性维修的时刻,下面讨论如何选择参数使装备的周期费用率最低。

5.4.2　最佳预防性维修间隔的计算

当 N 给定时,要使周期费用率最低,预防性维修时刻需要满足

$$\frac{\partial C(N,y)}{\partial y_i}=0, \quad i=1,2,3,\cdots,N$$

将式(5-33)代入,可得

$$(1-\xi_i)^{-1}[\lambda(y_i)-\xi_i\lambda(\xi_i y_i)]=\lambda(y_N), \quad i=1,2,\cdots,N-1 \tag{5-34}$$

$$C_m\lambda(y_N)=C(N,y), \quad i=N \tag{5-35}$$

最终目的是求解 $y=(y_1,y_2,\cdots,y_N)$,y_i 表示进行第 i 次预防性维修前系统经历的有效寿命,在展开下一步求解之前对问题的条件做进一步限定,并有下述定理成立。

定理 5-2　当满足下列条件时,方程组(5-34)和(5-35)存在唯一解。

(1) 故障率函数 $\lambda(t)$ 连续且随时间严格递增。

(2) $\lambda(t)$ 的一阶导数 $\mathrm{d}\lambda(t)/\mathrm{d}t$ 随时间严格递增。

证明:对 $(1-\xi_i)^{-1}[\lambda(y_i)-\xi_i\lambda(\xi_i y_i)]$ 取一阶导数,可得

$$\frac{\partial(1-\xi_i)^{-1}[\lambda(y_i)-\xi_i\lambda(\xi_i y_i)]}{\partial y_i}=(1-\xi_i)^{-1}[\lambda'(y_i)-\xi_i^2\lambda'(\xi_i y_i)] \tag{5-36}$$

因为 $\lambda(t)$ 的一阶导数单调递增,且 $0<\xi_i<1$,所以

$$\lambda'(y_i)-\xi_i^2\lambda'(\xi_i y_i)>(1-\xi_i^2)\lambda'(y_i)>0 \tag{5-37}$$

这表明 $(1-\xi_i)^{-1}[\lambda(y_i)-\xi_i\lambda(\xi_i y_i)]$ 是 y_i 的严格递增函数,故

$$\begin{cases}(1-\xi_i)^{-1}[\lambda(0)-\xi_i\lambda(0)]<\lambda(y_N)\\(1-\xi_i)^{-1}[\lambda(y_N)-\xi_i\lambda(y_N)]>\lambda(y_N)\end{cases}, \quad i=1,2,\cdots,N-1 \tag{5-38}$$

当 y_N 给定后,存在唯一的 y_i,$0<y_i<y_N$,满足式(5-34)。因此,对式(5-34)来说,y_i 存在唯一解,可以表示为

$$y_i=y_N\left(\frac{1-\xi_i}{1-\xi_i^\beta}\right)^{1/(\beta-1)}, \quad i=1,2,\cdots,N-1 \tag{5-39}$$

将式(5-39)代入式(5-34)可得

$$\lambda(y_N)\left[y_N+\sum_{i=1}^{N-1}(1-\xi_i)y_i\right]-\sum_{i=1}^{N}\int_{\xi_{i-1}y_{i-1}}^{y_i}\lambda(t)\mathrm{d}t=\frac{1}{C_m}[C_r+(N-1)C_p] \tag{5-40}$$

将每个关于 y_i 的表达式代入式(5-40)可得

$$y_N=\left[\frac{C_r+(N-1)C_p}{\alpha(\beta-1)C_m\sum_{j=0}^{N-1}A_j}\right]^{1/\beta} \tag{5-41}$$

式中

$$A_j=[(1-\xi_j)^\beta/(1-\xi_j^\beta)]^{1/(\beta-1)}, \quad 0=\xi_0<\xi_1<\xi_2<\cdots<\xi_n<1 \tag{5-42}$$

由此,定理得证。

该定理表明,若故障率函数一阶可导且 $\mathrm{d}\lambda(t)/\mathrm{d}t$ 严格递增(即 $\beta>2$),则对于给定的 N,存在唯一最优解 $(y_1,y_2,\cdots,y_N)$ 使得装备更新周期内的费用率最低。

定理 5-3　$C(N, y)$ 是关于 N 的凸函数,即存在 N^* 使得 $C(N^* + 1, y) \geqslant C(N^*, y)$,并且 $C(N^*, y) < C(N^* - 1, y)$。

证明:该定理即证明存在 N^* 使得 $C(N, y)$ 最小,由式(5-35)可知,要使 $C(N, y)$ 最小,等价于使式(5-43)最小:

$$\lambda(y_N) = \alpha\beta \left[\frac{C_r + (N-1)C_p}{\alpha(\beta-1)C_m \sum_{i=0}^{N-1} A_i} \right]^{(\beta-1)/\beta} \tag{5-43}$$

等价于证明式(5-44)存在最小值:

$$G(N) = \frac{C_r + (N-1)C_p}{\sum_{i=0}^{N-1} A_i} \tag{5-44}$$

等价于证明存在 N^* 使得 $G(N^* + 1) \geqslant G(N^*)$,并且 $G(N^*) < G(N^* - 1)$。

上述等价条件可以转化为

$$H(N^*) \geqslant \frac{C_r}{C_p} \quad \text{且} \quad H(N^* - 1) < \frac{C_r}{C_p} \tag{5-45}$$

式中

$$H(N) = \begin{cases} A_N^{-1} \sum_{i=0}^{N-1} A_i - (N-1), & N = 1, 2, \cdots \\ 0, & N = 0 \end{cases} \tag{5-46}$$

又因为

$$H(N) - H(N-1) = \left(\frac{1}{A_N} - \frac{1}{A_{N-1}} \right) \sum_{i=0}^{N-1} A_i$$

当 $A_i > 0$ 且 A_i 递减时,$\frac{1}{A_N} - \frac{1}{A_{N-1}} > 0$,所以 $H(N) - H(N-1) > 0$;反之,$H(N) - H(N-1) < 0$。

即 $H(N)$ 与 A_i 具有相反的单调性,下面证明 A_i 是单调递减的。

因为 $A_i = [(1-\xi_i)^\beta / (1-\xi_i^\beta)]^{1/(\beta-1)}$,不妨设 $u(x) = (1-x)^\beta / (1-x^\beta)$,式中 $0 < x < 1$(因为 $0 < \xi_i < 1$);同时,由于 $\beta > 1$,因此 A_i 与 $u(x)$ 单调性相同。

因为 $\dfrac{\mathrm{d}u(x)}{\mathrm{d}x} = \dfrac{\beta(1-x)^{\beta-1}(x^{\beta-1}-1)}{(1-x^\beta)^2} < 0$,所以 $u(x)$ 单调递减,进而 A_i 单调递减。图 5-10 反映当 β 取不同值时,$u(x)$ 曲线的变化情况。

因此当 i 增大时,$\xi_i \to 1$,此时有

$$\lim_{i \to +\infty} A_i = \lim_{x \to 1} [u(x)]^{1/(\beta-1)} = 0$$

故当 N 从 0 开始增大时,$H(N)$ 从 0 增至无穷大,于是存在唯一 N^* 满足式(5-45),定理得证。

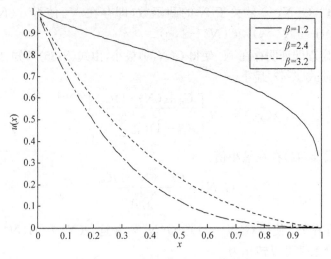

图 5-10　不同 β 值对 $u(x)$ 的影响

至此可以给出不定周期预防性维修策略优化的一般步骤：

（1）根据式(5-45)求出 N^*，即装备在更换前进行 N^*-1 次预防性维修。

（2）根据式(5-41)求出 y_N，进而求出 $(y_1,y_2,\cdots,y_N)$。

（3）根据 $x_i=y_i-\xi_{i-1}y_{i-1}$ 求出预防性维修间隔 $x_i(i=1,2,\cdots,N^*)$。

5.4.3　算例分析

取模型参数为 $\alpha=0.25,\beta=3,C_r=40$ 万元,$C_m=5$ 万元,$C_p=4$ 万元,PAS 模型系数取 $\xi_i=\dfrac{i}{i+1}(i=1,2,\cdots)$,即预防性维修的效果逐次减弱。按照前面讨论的步骤求出 $N^*=4$,进而求每次预防性维修开展的时刻 $y=(y_1,y_2,\cdots,y_N)$ 和维修间隔 $x=(x_1,x_2,\cdots,x_N)$,其中 y_N 为更新时刻。

从表 5-4 中可以看出,在不定周期 PM 策略下,一个寿命周期内共进行了 3 次预防性维修,预防性维修间隔分别为 1.718、0.7052、0.4517。更新周期 $T_L=$ sum(x)=4.0268月,将向量 x 和 y 代入式(5-33)得到更新周期内的费用率 $C(N,y)=19.3702$。

表 5-4　一组参数下不定周期 PM 间隔

序号	x	y	$C(N,\ y)/($万元/月$)$
1	1.7180	1.7180	
2	0.7052	1.5642	
3	0.4517	1.4945	19.3702
4	1.1518	2.2727	

为了与定周期预防性维修策略进行比较,在同样的参数下按照图 5-7 给出的搜索算法可以得出最佳定周期策略为 $N=3$,$T=1.25$ 月,$C(N, T)=20.1242$ 万元/月,此时更新周期 $NT=3.75$,寿命周期内共进行了 2 次预防性维修,如图 5-11所示。

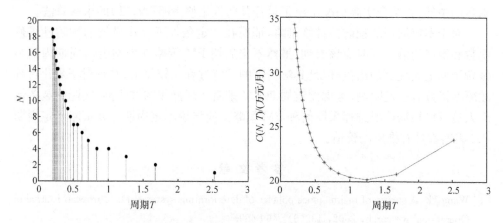

图 5-11　定周期 PM 策略下的最佳搜索结果

将上述结论展现在一张图中,如图 5-12 所示。通过对比发现,不定周期的更新周期内维修费用率要比定周期更低一些(前者为 19.3702 万元/月,后者为20.1242 万元/月),系统的更新周期更长一些(前者为 4.0268 月,后者为 3.75月)。这说明不定周期的预防性维修策略无论在降低更新周期内的维修费用率方向还是延长装备的寿命上都有更出色的表现。

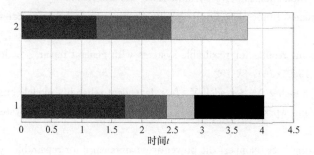

图 5-12　定周期 PM 策略与不定周期 PM 策略的维修间隔对比
1:不定周期 PM;2:定周期 PM

5.5　本章小结

本章全面讨论了劣化装备基于时间的预防性维修策略。首先给出了对于不可修系统使其寿命周期内费用率最低的寿命更换策略,然后讨论了在满足一定约束条件下,可修劣化装备定周期和不定周期的预防性维修问题。

对于周期预防性维修问题,给出了最佳预防性维修周期 T 和预防性维修次数 N 的计算方法,在此基础上讨论了预防性维修周期对维修决策的影响和参数应当满足的条件,并结合实际情况给出了最佳预防性维修策略 (N,T) 的求解算法。

对于不定周期的预防性维修策略,证明在一定条件下存在最佳的预防性维修次数和维修间隔。同时应该看到,虽然不定周期 PM 策略在控制更新周期内的维修费用率上表现更加出色,但是其解析解的求解过程比较复杂,并且对于劣化过程故障率函数有一定限制,考虑到定周期 PM 策略实际操作的方便性,实际中装备保障人员可以根据情况选择采取何种 PM 策略。应该说不定周期 PM 策略和定周期 PM 策略都具有推广的价值。

参 考 文 献

[1] Wang H. A survey of maintenance policies of deteriorating systems[J]. European Journal of Operational Research, 2002, 139(3): 469-489.

[2] Barlow R, Hunter L. Optimum preventive maintenance policies[J]. Operations Research, 1960, 8(1): 90-100.

[3] Malik M A K. Reliable preventive maintenance policy[J]. AIIE Transactions, 1979, 11(3): 221-228.

[4] Brown M, Proschan F. Imperfect repair[J]. Journal of Applied Probability, 1983, 20: 851-859.

[5] Kallen M J. Modelling imperfect maintenance and the reliability of complex systems using superposed renewal processes[J]. Reliability Engineering and System Safety, 2011, 96(6): 636-641.

[6] Kijima M. Some results for repairable systems with general repair[J]. Journal of Applied Probability, 1989,(26): 89-102.

[7] Martorell S, Sanchez A, Serradell V. Age-dependent reliability model considering effects of maintenance and working conditions[J]. Reliability Engineering & System Safety, 1999, 64(1): 19-31.

[8] Lin Z L, Huang Y S. Nonperiodic preventive maintenance for repairable systems[J]. Naval Research Logistics (NRL), 2010, 57(7): 615-625.

第6章 不完全维修下的维修更换策略

6.1 不完全维修概述

舰船装备大多属于可修系统,发生故障后会转入修理状态。早期研究大都不考虑装备系统的维修效果或者假设维修效果为完全维修,即修复如新,在这样的假设前提下更新过程广泛应用于可修系统的维修分析并取得了很多有用的成果。但实际中系统的修理并不总能修复如新,为了描述维修效果,反映维修活动对系统的影响,自 Barlow 和 Hunter[1] 提出最小维修模型以来,Malik[2]、Kijima[3]、Brown[4] 和 Kallen[5] 等对不完全维修理论进行了深入研究,提出了很多有用的模型和方法。按照不完全维修效果描述方法的不同,这些模型方法可分为以下4类:

(1) 概率模型(probabilistic approach)。通过假设系统经维修后以概率 p 修复如新,以概率 $q=1-p$ 修复如旧,可以建立 (p,q) 不完全维修模型。在此基础上,还有学者认为维修效果好坏的概率并不是一个常量,而是依赖于系统的寿命或者工作时间 t,在此基础上对模型进行发展和完善,建立了 $(p(t),q(t))$ 模型。

(2) 改善因子模型(improvement factor model)。改善因子的概念由 Malik 提出,用于衡量和描述维修后系统年龄和故障率的改善程度。该模型最大的好处是对它以系统故障率或其他可靠性标准作为衡量维修效果的依据,因而其成为工程领域中一种较为有效的方法得到广泛应用。

(3) 虚拟年龄模型(virtual age model)。虚拟年龄模型的概念由 Kijima 提出,该模型认为维修只改变前一次到当前维修之间的有效年龄,维修活动相当于延缓了装备“变老”的过程,通过引入虚拟年龄参数 $a(0 \leqslant a \leqslant 1)$ 来刻画维修效果。

(4) 几何过程和准更新过程(geometric process & quasi-renewal process)。对于舰船劣化装备,工程实践中经常见到的一种现象是每次故障维修后装备的有效工作时间变短,而恢复故障所需的维修时间却随着故障次数的增加而增加,借助几何过程建立数学模型可以很好地描述这一过程,引入参数 α 表示每次维修后系统寿命比上一次维修减少的比例,引入参数 β 表示每次维修时间比上一次维修增加的比例,在此基础上安排的维修策略构成一个准更新过程。

对于某些舰船装备(尤其是机械装备或者机电混合装备),如果修复不能使其恢复到初始的完好状态,可以预见的结果就是装备的可靠性或性能得到有效发挥将受到一定程度的影响。也就是说,装备在其服役期限内随着维修次数的增多处在一个逐渐退化的过程,这样的舰船装备称为可修劣化装备。

劣化装备在发生故障后进行维修,一般当经历若干次维修或累计工作时间达到一定值时,对系统进行更换,因此很自然的一个问题就是应该采用什么样的策略进行维修和更换。这一方面取决于每次维修的效果,另一方面取决于维修的费用和对装备进行更新的费用以及装备故障可能造成的经济损失。

本章从全寿命周期费用率的角度出发采用两种方法对劣化装备不完全维修条件下的维修更换策略进行分析与优化。第一种方法在现有不完全维修模型的基础上,建立仿真模型,旨在对劣化装备的瞬时可用度进行估算,进而在此基础上建立劣化装备的时间更换策略,以装备寿命周期内的平均费用率为指标对策略(系统更换时间)进行优化;第二种方法针对劣化装备多次不完全维修过程的特点和传统描述方法上存在的问题,对几何过程加以改进,构建了延迟几何过程的模型,并将其运用于劣化装备的不完全维修建模中,在此基础上建立了维修决策模型,讨论装备寿命周期费用率与维修次数之间的关系,并给出最优策略(维修次数)应满足的条件,同时将优化结果与一般几何过程进行比较,分析延迟因子对最优策略的影响。

6.2　基于瞬时可用度估算的劣化装备时间更换策略

可用性是系统或部件在规定的使用与维修方式下,在给定的时间能够完成规定功能的能力。与可靠性和维修性类似,可用性也可以通过概率进行度量。由此,可用性的含义可以理解为系统在某一时间点上或一段时间内能够工作的概率,称为可用度。装备可用度是描述装备战备完好性与任务持续性的重要参数。在实际工作中,装备的可用度参数一般分为稳态可用度参数和瞬时可用度参数,稳态可用度又可分为固有可用度、可达可用度、使用可用度等[6]。长期以来,稳态可用度的研究和应用一直受到广泛重视[7],但是随着装备故障检测和视情维修等技术的发展,现代作战对装备可靠性指标精度的要求进一步提高,装备的瞬时可用度对于实际的维修保障活动更有意义,因此瞬时可用度的计算问题逐渐引起了人们的兴趣[8~11]。对于故障率为常数的装备(即其寿命服从指数分布),可以运用马尔可夫链来描述其状态转移过程,瞬时可用度可以运用马尔可夫理论采用解析方法进行求解,但是对于寿命不服从指数分布的装备,尤其是劣化装备,其故障率在寿命周期内随时间呈上升趋势,采用解析方法很难对其瞬时可用度进行计算。文献[12]讨论了寿命服从伽马分布、修理时间服从指数分布的一类特殊装备系统的瞬时可用度计算问题;文献[13]采用逐次逼近的方法运用积分方程理论探讨了当寿命和修理时间服从一般分布时装备瞬时可用度的近似计算问题;但是对于一般情况下劣化装备的瞬时可用度计算一直没有好的解决办法。

本节首先对可用度的基本概念和求解进行简要介绍,指出瞬时可用度对于装备维修的重要价值,同时指出对于劣化装备难以采用解析的方法求解其瞬时可用度;接着,针对劣化装备的故障和维修特点,采用仿真的方法对其瞬时可用度进行估算,并在此基础上得到关于瞬时可用度的经验表达式;最后以装备寿命周期内的平均费用率为指标对更换周期进行优化。

6.2.1　可用度的基本概念

根据考虑问题时间尺度的不同,可用度分为一段时间的平均可用度和某一时刻的瞬时可用度。固有可用度就是前者的典型代表,反映了装备的平均工作时间占更新周期的比例。瞬时可用度定义为:在要求的外部资源得到保证的前提下,系统在任一随机时刻 t 处于可工作状态的概率。由此可见,瞬时可用度是系统使用过程中日历时间的函数,是对系统在某一时刻可用度的概率度量。

假设一个可修系统在 $t=0$ 时刻投入运行,当系统出现故障时,产生了一个维修行为来恢复系统的功能。若用二值变量 $Y(t)$ 表示装备在 t 时刻的状态,$Y(t)=1$ 表示装备在 t 时刻正常工作,$Y(t)=0$ 表示装备在 t 时刻失效,即

$$Y(t)=\begin{cases}1, & 系统在 t 时刻正常运行 \\ 0, & 其他\end{cases}$$

则系统的瞬时可用度 $A(t)$ 可表示为

$$A(t)=P\{Y(t)=1\} \tag{6-1}$$

从其定义可以看出,瞬时可用度 $A(t)$ 只讨论在 t 时刻系统是否处于正常工作状态,对于 t 时刻前装备是否发生过故障并不关心。

6.2.2　可用度的计算

1. 利用状态转移图计算可用度

第 2 章已经给出,故障率和维修率均为常数的系统是计算瞬态可用度、区间可用度和稳态可用度最简单的案例,对于单部件可修系统,假定系统的故障率和维修率分别为 λ 和 μ,则系统的状态转移过程如图 6-1 所示。

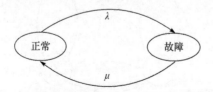

图 6-1　故障率和维修率均为常数的状态转移图

图 6-1 中的状态转移关系可以用马尔可夫过程来表示,其状态转移方程为

$$\begin{cases} \dfrac{\mathrm{d}P_1(t)}{\mathrm{d}t} = -\lambda P_1(t) + \mu P_2(t) \\ P_1(t) + P_2(t) = 1 \end{cases} \qquad (6\text{-}2)$$

式中，$P_1(t)$ 和 $P_2(t)$ 分别表示装备在 t 时刻处于正常和故障状态的概率，解此微分方程组可得

$$A(t) = P_1(t) = \frac{\mu}{\lambda+\mu} + \frac{\lambda}{\lambda+\mu}\mathrm{e}^{-(\lambda+\mu)t} \qquad (6\text{-}3)$$

这种方法同样适用于多部件可修系统，举例如下。

某舰船综合电力系统有两个发电机，每个发电机有两种状态：正常工作状态（1）和失效状态（0），通常可以认为当一个发电机处于失效状态时同时处于维修状态。当发电机 1 正常工作时其输出为 100MW，处于失效状态时输出为 0；当发电机 2 正常工作时其输出为 50MW，处于失效状态时输出为 0，系统可能的状态见表 6-1。

表 6-1　发电机系统状态与系统输出

状态序号	发电机 1	发电机 2	系统输出/MW
1	0	0	0
2	0	1	50
3	1	0	100
4	1	1	150

假设发电机处于连续工作状态，发电机的失效事件相互独立，互不影响，发电机失效后立即进行维修，维修事件也相互独立，发电机 1 和发电机 2 的失效率及维修率分别为 λ_1、λ_2 与 μ_1、μ_2，则系统相应的状态转移图如图 6-2 所示，状态转移矩阵为

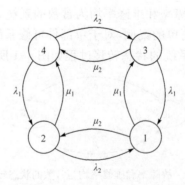

图 6-2　双发电机系统状态转移图

$$A = \begin{bmatrix} -(\mu_1 + \mu_2) & \mu_2 & \mu_1 & 0 \\ \lambda_2 & -(\lambda_2 + \mu_1) & 0 & \mu_1 \\ \lambda_1 & 0 & -(\lambda_1 + \mu_2) & \mu_2 \\ 0 & \lambda_1 & \lambda_2 & -(\lambda_1 + \lambda_2) \end{bmatrix} \tag{6-4}$$

直接利用式(6-4)可以列出微分方程组求解系统的瞬态可用度,但是过程非常烦琐,状态转移图的方法更多用于求解系统的稳态概率,对本例来说,系统状态的稳态概率满足下列方程组:

$$\begin{cases} -(\mu_1 + \mu_2)P_0 + \lambda_2 P_1 + \lambda_1 P_2 = 0 \\ \mu_2 P_0 - (\mu_1 + \lambda_2)P_1 + \lambda_1 P_3 = 0 \\ \mu_1 P_0 - (\mu_2 + \lambda_1)P_2 + \lambda_2 P_3 = 0 \\ P_0 + P_1 + P_2 + P_3 = 1 \end{cases} \tag{6-5}$$

式中,P_j($j=0$,1,2,3)表示系统各个状态的稳态概率,解该方程组可得

$$\begin{cases} P_0 = \dfrac{\lambda_1 \lambda_2}{(\mu_1 + \lambda_1)(\mu_2 + \lambda_2)} \\[3mm] P_1 = \dfrac{\lambda_1 \mu_2}{(\mu_1 + \lambda_1)(\mu_2 + \lambda_2)} \\[3mm] P_2 = \dfrac{\mu_1 \lambda_2}{(\mu_1 + \lambda_1)(\mu_2 + \lambda_2)} \\[3mm] P_3 = \dfrac{\mu_1 \mu_2}{(\mu_1 + \lambda_1)(\mu_2 + \lambda_2)} \end{cases} \tag{6-6}$$

2. 利用时间分布函数计算可用度

对于故障率非常数的装备,由于不同时刻装备可能发生故障的概率随时间发生变化,瞬时可用度的计算将会非常困难。为此有学者指出可以建立多级劣化模型,采用马尔可夫方法建立状态转移方程,通过微分方程的数值解法进行求解。

还有一种思路则是直接从故障率和维修率本身入手,当失效前时间和修复时间的分布不是指数分布时,可以利用更新过程推导出瞬时可用度的解析表达式。

若 $f(t)$ 和 $g(t)$ 分别表示失效前时间和修复时间的分布,则瞬时可用度 $A(t)$ 的计算可由式(6-7)给出:

$$A(t) = 1 - F(t) + \int_0^t \sum_{n=1}^{+\infty} [f(x) * g(x)]^n [1 - F(t-x)] \mathrm{d}x \tag{6-7}$$

式中,$[f(x) * g(x)]^n$ 为 $f(t)$ 和 $g(t)$ 卷积的 n 次方,$1-F(t-x)$ 为在区间 $[x, t]$ 不发生故障的概率。

3. 蒙特卡罗方法计算可用度

蒙特卡罗方法又称为统计模拟方法,是随着科学技术的发展和电子计算机的发明,20世纪40年代中期提出的一种以概率统计理论为指导的数值计算方法。这是一种使用随机数(或更常见的伪随机数)来解决很多计算问题的方法。

蒙特卡罗方法通常可以粗略地分成两类:一类是所求解的问题本身具有内在的随机性,借助计算机的运算能力可以直接模拟这种随机过程。例如,在核物理研究中,分析中子在反应堆中的传输过程,中子与原子核作用受到量子力学规律的制约,人们只知道它们相互作用发生的概率,却无法准确获得中子与原子核作用时的位置以及裂变产生的新中子行进速率和方向。科学家依据其概率进行随机抽样得到裂变位置、速度和方向,这样模拟大量中子的行为后,经过统计就能获得中子传输的范围,作为反应堆设计的依据。另一类是所求解问题可以转化为某种随机分布的特征数,如随机事件出现的概率,或者随机变量的期望值。通过随机抽样的方法,以随机事件出现的频率估计其概率,或者以抽样的数字特征估算随机变量的数字特征,并将其作为问题的解。计算装备系统的瞬时可用度就属于这种类型的问题,通过随机生成装备的工作时间和维修时间可以统计出装备在某一时刻的可用度。

蒙特卡罗方法的求解过程可以归结为三个主要步骤:构造或描述概率过程;从已知概率分布抽样;建立各种估计量。

(1) 构造或描述概率过程。由式(6-1)可知,装备的瞬时可用度 $A(t)$ 取决于随机变量 $Y(t)$,即装备在任意时刻 t 的状态,通过随机生成装备的工作时间和故障修复时间,能够得到一次仿真下某一时刻装备的具体状态。

(2) 从已知概率分布抽样。构造概率模型以后,各种概率模型都可以看成由各种各样的概率分布构成,由此产生已知概率分布的随机变量(或随机向量),就成为实现蒙特卡罗方法模拟实验的基本手段,这也是蒙特卡罗方法称为随机抽样的原因。最简单、最基本、最重要的一个概率分布是(0,1)上的均匀分布。

(3) 建立各种估计量。一般来说,构造概率模型并能从中抽样后,即实现模拟实验后,就要确定一个随机变量,作为所要求的问题的解,称其为无偏估计。建立各种估计量,相当于对模拟实验的结果进行考察和登记,从中得到问题的解。

对于多数舰船装备,其故障率并非恒定不变,也很难给出确定的分布函数,想要通过状态转移图和时间分布函数来精确计算可用度几乎是不可能的。本节将采用仿真的方法对劣化装备的瞬时可用度进行数值计算,并在此基础上对维修策略进行优化,下面是对原始问题进行抽象后引入的数学模型与假定。

6.2.3　模型与假定

为了简化瞬时可用度的计算，一般方法只考虑故障前时间和维修时间的概率分布而不考虑装备的维修效果，或者假设维修效果为完全维修，即修复如新，在这样的假设前提下可以运用更新理论进行计算。但实际中装备的修理并不总能修复如新，对于劣化装备更是如此，为了描述维修效果，反映维修活动对装备的影响，人们提出了多种维修模型。其中，Kijima[2]提出的虚寿命模型由于很好地描述了维修活动对装备累积寿命的影响而得到广泛应用。本节的仿真模型即建立在虚寿命模型的基础上，下面对该模型进行简单介绍。

1. 虚寿命模型

Kijima 的虚寿命模型可以描述如下：

(1) 装备系统为一个二态系统（即在任一时刻，系统要么处于正常状态，要么处于失效状态），装备初始状态为正常。

(2) X_n 表示装备在第 $n-1$ 次维修完成后至第 n 次失效之间的工作时间。

(3) V_n 表示在第 n 次维修完成后装备的虚寿命。

(4) X_n 和 V_n 满足如下关系：

$$V_n = V_{n-1} + aX_n \tag{6-8}$$

式中，a 为常数，且 $0 \leqslant a \leqslant 1$，$V_0 = 0$。

(5) 记 $F_i(x)$ 为 X_i 的累积分布函数 $(i=1, 2, \cdots)$，$F_n(x|y)$ 为 X_n 在 $V_{n-1}=y$ 条件下的条件累积分布函数，则有

$$F_n(x|y) = \frac{F_1(x+y) - F_1(y)}{1 - F_1(y)} \tag{6-9}$$

显然在虚寿命模型中，X_1，X_2，$\cdots$ 为装备每次累积增加的使用寿命，由于维修活动使装备性能在一定程度上得到改善，相当于"移除"了部分自然累积的寿命，因此维修完成后装备实际的寿命增量为自然累积的使用寿命 X_n 乘以一定的系数 a，这也是 V_n 称为"虚寿命"的原因。

当 $a=0$ 时，模型对应完全维修，即每次维修使装备恢复到初始未使用状态；当 $a=1$ 时，模型对应最小维修，即装备恢复如旧；当 $0<a<1$ 时，模型对应一般的不完全维修。

2. 假定条件

有磨损、老化性质的装备产品寿命大都服从韦布尔分布，并且韦布尔分布具有很好的适应性，可以模拟多种失效率变化，因此本书在此处假定装备的初始寿命服从韦布尔分布，并有下列限定条件：

（1）装备初始寿命服从形状参数为 β、尺度参数为 θ 的二参数韦布尔分布。

（2）$\beta>1$，即装备故障率随时间推移而上升。

（3）装备不进行预防性维修，仅在故障后进行维修。

（4）维修效果采用虚寿命模型进行描述，且为不完全维修，即式（6-8）中的 a 满足 $0<a<1$。

（5）装备修复后的工作时间与修复效果有关，两者关系用式（6-9）进行描述。

（6）装备平均修理时间 t_r 为一常数。

根据上述限定条件，可以绘制劣化装备的状态转移过程图，如图 6-3 所示。

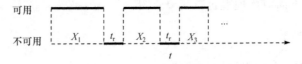

图 6-3　劣化装备状态转移图

从图中可以看出，系统处于两种状态：工作状态（可用）和维修状态（不可用），由于 $\beta>1$，即装备故障率随时间呈上升趋势，且维修活动为不完全维修，因此工作时间间隔 X_i 逐渐减小。

首先，根据限定条件（1），可写出劣化装备初始寿命 X_1 的累积分布函数为

$$F_1(x)=1-\exp\left[-\left(\frac{x}{\theta}\right)^{\beta}\right] \tag{6-10}$$

然后，根据虚寿命模型中的表达式（6-9），装备在第 $n-1$ 次维修完成后至第 n 次失效之间的工作时间 X_n 受到第 $n-1$ 次维修后虚寿命 V_{n-1} 的影响，将式（6-10）代入式（6-9）即可得到 X_n 在 $V_{n-1}=y$ 条件下的条件累积分布函数为

$$F_n(x|y)=1-\exp\left[-\left(\frac{x+y}{\theta}\right)^{\beta}+\left(\frac{y}{\theta}\right)^{\beta}\right] \tag{6-11}$$

根据式（6-11），装备在任意时刻 t 的瞬时可用度为装备在该时刻处于可用状态的概率。由于至时刻 t 装备可能发生的故障次数是不确定的；同时，由虚寿命模型可知，X_n 的分布函数依赖于 $\{X_1, X_2, \cdots, X_{n-1}\}$，因此装备在任意时刻的状态 $Y(t)$ 是一个随机变量。该随机变量是一个二值变量，取值为 1 或 0，分别对应于装备正常状态和故障状态，因此可以采用离散事件仿真的方法对其进行模拟。

6.2.4　仿真模型与可信度

1. 仿真模型设计

1）具有特定分布的随机变量的产生

令 T 代表一个随机变量，具有分布函数 $F_T(t)$，对于所有的 t，$F_T(t)$ 递增，于是

对于 $y\in(0,1)$，$F_T^{-1}(y)$ 是唯一确定的。进一步令 $Y=F_T(T)$，那么 Y 的分布函数为

$$F_Y(y)=P(Y\leqslant y)=P(F_T(T)\leqslant y)$$
$$=P(T\leqslant F_T^{-1}(y))=F_T(F_T^{-1}(y))=y \qquad (6\text{-}12)$$

因此，$Y=F_T(T)$ 有一个在 (0，1) 上的均匀分布，这表明如果一个随机变量 Y 有一个在 (0，1) 上的均匀分布，那么 $F_T^{-1}(y)$ 具有分布函数 $F_T(t)$。

这个结论可以用来在计算机上产生随机变量 X_1，X_2，X_3，…，对于 X_1 其服从初始分布 $F_1(x)$，而对于 X_2，X_3，…，其具有条件分布函数 $F_i(x|y)$，当仿真开始后可以根据当前仿真结果确定下一轮仿真的条件，进而可以根据分布函数 $F_i(x|y)$ 随机产生 X_2，X_3，…。

2) 下一事件仿真

蒙特卡罗下一事件仿真(Monte Carlo next event simulation)法是对可修系统进行可用性评估最灵活的方法，几乎可用于分析任意类型的系统，这种方法是通过在计算机上模拟一个系统的典型寿命片段来实施的。

对于装备任意时刻的状态 $Y(t)$，采用蒙特卡罗下一事件仿真法的主要步骤如下：

(1) 在 $t=0$(模拟器时钟被设置为 0，对应于某一特定日期)时刻开始仿真，假设系统在 $t=0$ 时刻是正常运行的。

(2) 首次故障出现时间 X_1 由寿命分布函数 $F_1(t)$ 产生，故障产生后仿真时钟 S 被置为 X_1。

(3) 维修或恢复时间由指定的维修时间分布函数产生，对于本例采用平均维修时间(为一常数)t_r，维修完成后仿真时钟 S 设为 $S+t_r$。

(4) 根据虚寿命模型产生下一次故障时刻，同时推进仿真时钟直至仿真时钟大于等于要考察的时刻 t，否则转入第(3)步。

仿真流程如图 6-4 所示。

仿真时钟在装备故障和维修完成这两类事件的作用下向前推进。由图 6-4 可知，对任意时刻 t 若装备处于维修状态，即为不可用，则 $Y(t)=0$；反之，则认为装备处于可用状态，$Y(t)=1$。

变量 i 代表至当前时刻已经经历了第 i 轮维修，初始条件为 $i=0$，$X_0=0$，$S=0$，其中 X_i 和 V_i 分别用式(6-11)和式(6-8)进行仿真和计算。

2. 仿真可信度

由上面的分析可知，装备的瞬时可用度取决于随机变量 $Y(t)$，即装备在任意时刻 t 的状态；可以通过仿真的方法随机生成 X_i 和 V_i，进而确定某一时刻系统的状态 $Y(t)$。由大数定律可知，经过大量的仿真实验，装备的瞬时可用度可以用

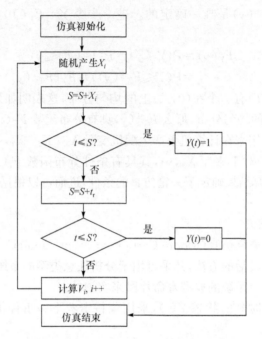

图 6-4　装备任意时刻状态的仿真流程

$Y(t)$ 的均值进行估算,即

$$A(t) \approx \frac{\sum\limits_{i=1}^{n} Y(t)}{n} \tag{6-13}$$

式中,n 为仿真运行次数。

另外,随机变量 $Y(t)$ 是服从参数 $p = A(t)$ 的 0-1 分布,因此 $\sum\limits_{i=1}^{n} Y(t)$ 为 n 个相互独立的参数为 p 的 0-1 分布的随机变量和,服从二项分布 $B(n, p)$。

由独立同分布的中心极限定理可知,当 n 很大时,二项分布 $B(n, p)$ 近似正态分布 $N(np, np(1-p))$,且满足

$$P\left\{ \left| \frac{1}{n} \sum_{i=1}^{n} Y(t) - p \right| \leqslant \varepsilon \right\} \approx 2\Phi\left(\varepsilon \sqrt{\frac{n}{p(1-p)}} \right) - 1 \tag{6-14}$$

式中,$p = A(t)$;Φ 为标准正态分布函数。

若需要以 95% 的置信度,使得样本均值与 $A(t)$ 的差异不大于 0.01,则仿真次数 n 应满足

$$2\Phi\left(0.01 \sqrt{\frac{n}{p(1-p)}} \right) - 1 \geqslant 0.95 \tag{6-15}$$

即 $\Phi\left(0.01\sqrt{\dfrac{n}{p(1-p)}}\right)\geqslant 0.975$，根据标准正态分布表可得 $\Phi(1.96)=0.975$，故

$0.01\sqrt{\dfrac{n}{p(1-p)}}\geqslant 1.96$，从而 $n\geqslant\dfrac{1.96^2}{0.01^2}p(1-p)$；又因为 $p(1-p)\leqslant 1/4$，所以

$n\geqslant 9604$。

因此，若要以 95% 的置信度，使得样本均值与 $A(t)$ 的差异不大于 0.01，仿真次数应大于 9604，表 6-2 为不同置信度下需要的最小仿真次数，这里取仿真次数 $n=10000$。

表 6-2　置信度与仿真次数

置信度(误差 0.01)/%	最低仿真次数	置信度(误差 0.01)/%	最低仿真次数
99	16512	90	6806
95	9604	85	5184

6.2.5　瞬时可用度估算

若已知劣化装备的初始寿命服从 $\beta=1.5$、$\theta=10$ 的二参数韦布尔分布；虚寿命模型中的常系数 $a=0.8$；平均维修时间 $t_r=1\mathrm{h}$；仿真时间区间取 $[0,500]$，采样时刻取 $t=0\mathrm{h},1\mathrm{h},2\mathrm{h},\cdots,500\mathrm{h}$，仿真次数 $n=10000$（由 6.2.4 节可知，此时仿真可信度高于 95%），每一时刻的瞬时可用度用式(6-13)进行计算，得到仿真结果如图 6-5 所示。

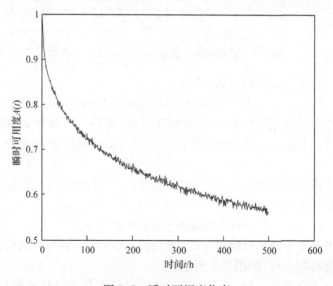

图 6-5　瞬时可用度仿真

由图 6-5 可以看出，劣化装备的瞬时可用度随时间延长呈下降趋势；同时，从

曲线的走势来看,瞬时可用度与时间之间近似呈负指数关系。

此外,对于劣化装备,其在初始状态总是可用的,而随着时间的推移,装备工作的时间间隔越来越短,大部分时间都处于维修状态,可用度将趋于 0,即劣化装备瞬时可用度 $A(t)$ 需要满足 $A(0)=1$、$A(\infty)=0$ 的条件,不失一般性,在此假定 $A(t)$ 的表达形式如下:

$$A(t)=\exp(-b_0 t^{b_1}) \tag{6-16}$$

式中,$b_0>0$,$b_1>0$ 为未知参数。

为了验证假设,对仿真得到的可用度,即图 6-5 取对数,作 $\ln t$-$\ln[-\ln(A(t))]$ 曲线,如图 6-6 所示。

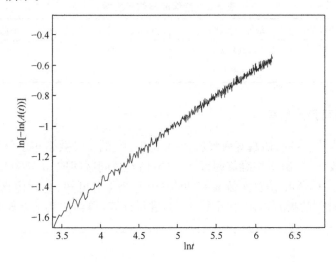

图 6-6　瞬时可用度的 $\ln t$-$\ln[-\ln(A(t))]$ 曲线

对式(6-16)两边同时取对数,可得

$$\ln[-\ln(A(t))]=\ln b_0 + b_1 \ln t \tag{6-17}$$

对图 6-6 中的数据进行最小二乘直线拟合,可得一次项和常数项的值,分别为:$b_1=0.3692$,$\ln b_0=-2.8408$,进而 $b_0=0.0584$,同时求得拟合的相关系数为 0.9917。

故在给定模型参数 $\beta=1.5$、$\theta=10$、$a=0.8$、$t_r=1$ 的情况下,劣化装备瞬时可用度的经验估算公式为

$$A(t)=\exp(-0.0584 t^{0.3692}) \tag{6-18}$$

在同一坐标系下绘出瞬时可用度的经验公式计算结果与仿真结果对比,发现两条曲线吻合得相当好,如图 6-7 所示。

为了进一步说明这一结论,采用式(6-19)计算在各个采样时刻两条曲线的平均绝对误差:

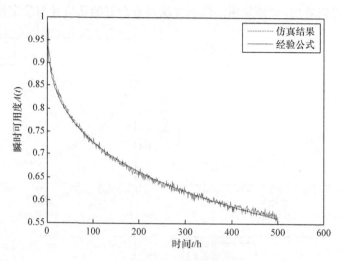

图 6-7　经验公式与仿真结果的对比

$$MAE = \frac{1}{N} \sum_{i=1}^{N} | A_m(t_i) - A_s(t_i) | \qquad (6-19)$$

式中,N 为采样点个数(本实验中 $N=500$);t_i 为采样时刻(本实验中 $t_i = i$),$A_m(t_i)$ 和 $A_s(t_i)$ 分别为采样时刻瞬时可用度的公式计算结果和仿真结果。经计算,本例中 MAE = 0.0048,同时结合上面给出的对数直线拟合相关系数为 0.9917,表明用经验公式计算劣化装备的瞬时可用度是有效的。

当模型参数变化时,重复上述仿真和曲线拟合过程可以得到相应的计算公式。表 6-3 列出了 6 组算例下的参数估算结果、相关系数和平均绝对误差(其中,算例 6 为本节开始时选取的一组模型参数)。

表 6-3　不同参数下的曲线拟合结果

相关参数	算例 1	算例 2	算例 3	算例 4	算例 5	算例 6
β	2	2	1.5	1.5	2	1.5
θ	15	10	20	25	30	10
a	0.6	0.7	0.8	0.9	0.5	0.8
t_r	2	1	2	3	3	1
b_0	0.0516	0.0674	0.04	0.045	0.0156	0.0584
b_1	0.5173	0.4906	0.3921	0.3875	0.6227	0.3692
相关系数	0.9901	0.9897	0.9932	0.9921	0.9908	0.9917
MAE	0.0108	0.0127	0.0042	0.0047	0.0049	0.0048

图 6-8(a)~(f)为不同参数下瞬时可用度的仿真结果和经验公式计算结果。

结合表 6-3 可以看出,此处采用的模型算法具有较好的适应性与稳定性。

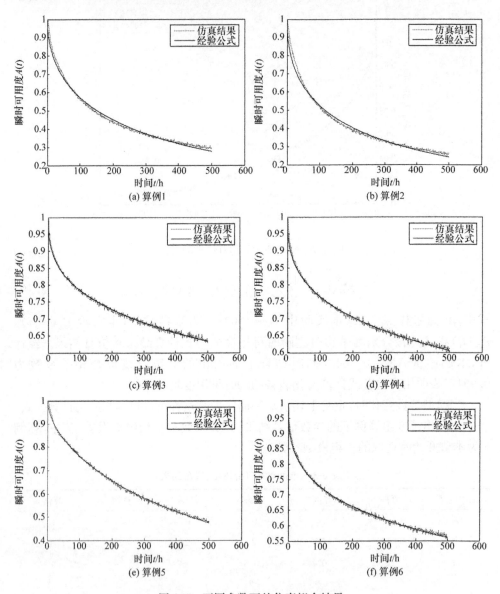

图 6-8　不同参数下的仿真拟合结果

6.2.6　最佳换件周期的确定

　　求解瞬时可用度的目的是掌握装备的动态特性,根据装备的动态特性可以对维修活动进行优化。在已知瞬时可用度表达式的条件下,可以通过计算一定时间内的平均费用来确定最佳换件周期。

　　假定装备的获取成本为 C_a（单位：元），单位时间的平均停机代价为 C_d（单位：元/日），C_a 包括装备价值以及运输、装机成本等费用，C_d 包括单位时间的维修费用以及单位时间内由装备停机带来的损失。此时，$[0, \tau]$ 时间段内装备的平均费用率可以表示为

$$\text{AvgCost}(\tau) = \frac{C_a}{\tau} + C_d[1 - A_{\text{avg}}(\tau)] \tag{6-20}$$

式中，$A_{\text{avg}}(\tau)$ 为 $[0, \tau]$ 时间段内的平均可用度，可表示为

$$A_{\text{avg}}(\tau) = \frac{1}{\tau}\int_0^\tau A(t)\,\mathrm{d}t \tag{6-21}$$

将式（6-21）代入式（6-20）可得

$$\text{AvgCost}(\tau) = \frac{C_a}{\tau} + C_d\left[1 - \frac{1}{\tau}\int_0^\tau A(t)\,\mathrm{d}t\right] \tag{6-22}$$

显然要使平均费用率最低，须满足

$$\frac{\partial \text{AvgCost}(\tau)}{\partial \tau} = 0 \tag{6-23}$$

将式（6-22）代入式（6-23）可得

$$C_d\int_0^\tau A(t)\,\mathrm{d}t - C_d\tau A(\tau) - C_a = 0 \tag{6-24}$$

解此方程即可得到最佳换件周期 τ^*。

　　下面讨论方程的解是否存在的问题，即以装备更新周期内的平均费用率为衡量指标的最佳换件周期是否存在，对此可以证明有下述定理成立。

　　定理 6-1　若已知劣化装备的瞬时可用度为 $A(t) = \exp(-b_0 t^{b_1})$（式中，$bZ_0 > 0, b_1 > 0$），装备的获取成本为 C_a，单位时间的平均停机代价为 C_d，则最佳换件周期 τ^* 存在的条件为

$$\frac{C_a}{C_d} < b_0^{-\frac{1}{b_1}}\frac{1}{b_1}\Gamma\left(\frac{1}{b_1}\right)$$

证明：由式（6-24）可知，最佳换件周期 τ^* 应满足

$$\int_0^\tau A(t)\,\mathrm{d}t - \tau A(\tau) = \frac{C_a}{C_d} \tag{6-25}$$

对于劣化装备，其瞬时可用度 $A(t)$ 单调递减，不妨记

$$S(\tau) = \int_0^\tau A(t)\,\mathrm{d}t - \tau A(\tau) \tag{6-26}$$

　　方程解的直观含义可以用图形表示，如图 6-9 所示，$S(\tau)$ 对应于图中的阴影部分面积。当阴影部分面积达到 C_a/C_d 时，对应时刻 τ^* 即为方程的解。

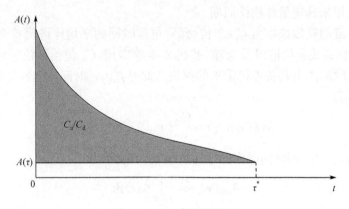

图 6-9　$S(\tau)$ 的图形解释

对 $S(\tau)$ 求导数可得

$$S'(\tau) = -\tau A'(\tau) \tag{6-27}$$

当 $A(t)$ 单调递减时，$S(\tau) = \int_0^\tau A(t)\mathrm{d}t - \tau A(\tau)$ 单调递增。

又因为

$$S(\tau) = \int_0^\tau A(t)\mathrm{d}t - \tau A(\tau) < \int_0^\tau A(t)\mathrm{d}t \tag{6-28}$$

所以当 $A(t) = \exp(-b_0 t^{b_1})$，$\tau \to +\infty$ 时，有

$$\lim_{\tau \to +\infty} S(\tau) < \lim_{\tau \to +\infty} \int_0^\tau A(t)\mathrm{d}t = \int_0^{+\infty} \exp(-b_0 t^{b_1})\mathrm{d}t \tag{6-29}$$

令 $b_0 t^{b_1} = x$，则

$$\lim_{\tau \to \infty} \int_0^\tau A(t)\mathrm{d}t = \lim_{\tau \to \infty} \int_0^\tau \exp(-b_0 t^{b_1})\mathrm{d}t = b_0^{-\frac{1}{b_1}} \frac{1}{b_1} \int_0^{+\infty} x^{\frac{1}{b_1}-1} \mathrm{e}^{-x}\mathrm{d}x = b_0^{-\frac{1}{b_1}} \frac{1}{b_1} \Gamma\left(\frac{1}{b_1}\right)$$

$$\tag{6-30}$$

即当 $A(t) = \exp(-b_0 t^{b_1})$ 时，$\int_0^{+\infty} A(t)\mathrm{d}t$ 积分收敛，故 $S(\tau)$ 单调递增且存在上限，

上限为 $b_0^{-\frac{1}{b_1}} \frac{1}{b_1} \Gamma\left(\frac{1}{b_1}\right)$，因此最佳换件周期 τ^* 存在的条件为

$$\frac{C_a}{C_d} < b_0^{-\frac{1}{b_1}} \frac{1}{b_1} \Gamma\left(\frac{1}{b_1}\right) \tag{6-31}$$

对于 6.2.5 节的 6 个算例，若给定 $C_a = 100$、$C_d = 40$，按照本节确定的方法可以确定使其平均费用率最低的最佳换件周期，如表 6-4 所示。

表 6-4 不同参数下的最佳换件周期

$C_a=100, C_d=40$	算例 1	算例 2	算例 3	算例 4	算例 5	算例 6
β	2	2	1.5	1.5	2	1.5
θ	15	10	20	25	30	10
a	0.6	0.7	0.8	0.9	0.5	0.8
t_r	2	1	2	3	3	1
b_0	0.0516	0.0674	0.04	0.045	0.0156	0.0584
b_1	0.5173	0.4906	0.3921	0.3875	0.6227	0.3692
τ^*	30.1240	27.9683	54.2136	51.4512	43.8215	46.0374
$\mathrm{AvgCost}(\tau^*)$	10.4186	11.7446	6.9548	7.4592	6.0995	8.5654

图 6-10 为 6 组算例下装备在不同时刻的瞬时可用度(——)和在该时刻进行更换的周期费用率(┅┅),即可以看成装备随时间变化的费效曲线。本例选取费用率曲线的谷点,即最佳更新周期费用率作为换件周期的选择依据,在实际中可以根据费用和可用度的组合做出更加合理的决策。

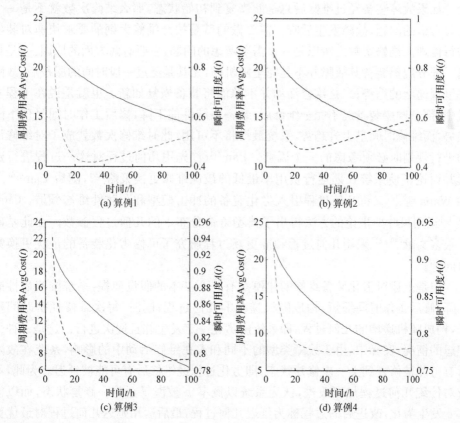

(a) 算例1   (b) 算例2   (c) 算例3   (d) 算例4

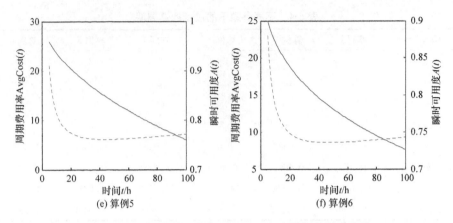

图 6-10　不同算例下装备瞬时可用度和周期费用率曲线

6.3　基于维修次数的劣化装备换件策略

如果故障装备经过维修后总是能恢复到初始状态,那么维修次数就不是一个需要考虑的问题,故障发生后唯一需要做的就是按照维修大纲的要求快速对装备进行修理。维修次数之所以是一个需要考虑的问题,主要有两方面的原因:一是相当一部分舰船装备其故障并不是完全随机的,尤其是经过一段时间的服役后,故障率呈现递增的趋势;二是维修活动并不总能将装备恢复如新。也就是说在工程实践中,部分舰船装备经不完全维修后,装备系统性能下降,修后工作时间呈现下降趋势,而维修时间呈上升趋势,系统最终将不可用,此时维修次数就成了对维修活动进行规划时必须考虑的一个因素。Lam[14]首先用几何过程对这一过程进行建模并讨论了使系统长期运行费用率最低的最优维修更换策略[15],随后 Lam[16, 17]和 Wang 等[18]又将几何过程引入劣化装备的冲击模型和预防性维修领域,Chen等[19]运用贝叶斯推论的方法得出了典型寿命分布下的几何过程参数。在此基础上很多文献[20~24]采用几何过程和准更新过程研究了可修劣化装备的最优更换策略问题。

但是上述对劣化装备维修的建模都有一个基本的假设前提:系统维修后性能下降,修后工作时间缩短,构成随机递减的几何过程;同时,每次维修耗费时间延长,构成随机递增的几何过程,即系统的劣化一定发生并且逐次进行。这是一种很理想的情况,实际中,由于故障类型的不同和人在维修活动中的影响,系统在故障后有可能被修复到上一次修复状态,即劣化过程经维修后有可能被延迟。为此,本节对传统几何过程加以改进,认为系统以概率 p 被恢复至前一修复状态,而以概率 q 发生劣化,改进后的过程称为延迟几何过程,最后运用延迟几何过程对最优更换策略进行研究。

6.3.1　系统模型描述

1. 相关定义

定义 6-1　设 ξ 和 η 为两个随机变量,对任意实数 α,有 $P(\xi \geqslant \alpha) > P(\eta \geqslant \alpha)$ 则称 ξ 随机地大于 η,记为 $\xi >_{\text{s.t.}} \eta$,同理 ξ 随机地小于 η,记为 $\xi <_{\text{s.t.}} \eta$。

定义 6-2　设 $\xi(t)$ 是一个计数过程,随机变量序列 $\{X_n, n=1, 2, \cdots\}$ 表示记数间隔,若 $\{X_n, n=1, 2, \cdots\}$ 的分布函数为 $F(a^{n-1}t)$($n=1,2,\cdots$),式中 a 为正常数,则称计数过程为一个几何过程。令 $T_n = \sum_{i=1}^{n} X_i$,则 T_n 为第 n 个变化时刻,且满足 $\{\xi(t) \geqslant n\} = \{T_n < t\}$($n=1,2,\cdots,t \geqslant 0$)。

(1) 若 $a>1$,则 $\{X_n, n=1, 2, \cdots\}$ 是随机递减的,相应的几何过程称为递减的几何过程。

(2) 若 $a<1$,则 $\{X_n, n=1, 2, \cdots\}$ 是随机递增的,相应的几何过程称为递增的几何过程。

(3) 若 $a=1$,则 $\{X_n, n=1, 2, \cdots\}$ 是独立同分布的随机变量序列,从而几何过程为更新过程。

定义 6-3　设 $\xi(t)$ 是一个计数过程,随机变量序列 $\{X_n, n=1,2,\cdots\}$ 表示记数间隔,若 X_1 的分布函数为 $F^{(1)}(t)$,$\{X_n, n=2, 3, \cdots\}$ 的分布函数为 $pF^{(n-1)}(t) + qF^{(n-1)}(at)$($n=2, 3,\cdots$),式中 a、p、q 为正常数,$p+q=1$,则称计数过程为一个延迟几何过程,p 称为延迟因子。显然,当 $p=0$、$q=1$ 时,延迟不会发生,延迟几何过程退化为一般几何过程;当 $p=1$、$q=0$ 时,延迟必定发生,系统劣化被推迟,此时延迟几何过程为更新过程。

定义 6-4　系统经长期运行,单位时间的平均工作时间称为可用度,即 $A(t) = \lim_{t \to \infty} [W(t)/t]$,$W(t)$ 为系统长期运行的总工作时间,t 为系统寿命。

2. 假设条件

有了上述定义后,在下列假定条件下对由一个修理工、单部件组成的可修劣化装备的换件策略进行分析。

(1) 开始时,系统正常工作,若发生故障,则系统停机,修理人员对系统进行修理。修理结束后系统继续运行,当系统发生第 N 次故障时,进行更换,更换时间忽略不计。

(2) 设 T_1 为系统第一次更换时刻,T_n 为系统第 $n-1$ 次更换与第 n 次更换之间的时间间隔($n=2, 3,\cdots$),显然,$\{T_n, n=1, 2, \cdots\}$ 形成一个更新过程,相邻两次更换的时间间隔为一更新周期。

（3）系统在一个更新周期内，设 X_i 是第 $i-1$ 次维修后的工作时间（$i=1, 2,$ $\cdots$, N），Y_i 是第 i 次故障后的维修时间（$i=1, 2, \cdots$, $N-1$），X_i 和 Y_i 相互独立。运行时序如图 6-11 所示。

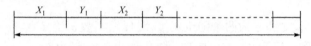

图 6-11　系统周期内运行时序图

（4）修理人员每次修理能够使系统恢复到前一次修复状态的概率为 p，不能恢复到前一次修复状态而致使系统劣化（简称劣化维修）的概率为 q，式中 $q=1-p$。

（5）系统维修费用率为 C_r（单位：万元/年），系统工作期间回报率为 C_w（单位：万元/年），每次更换固定费用为 C_f（单位：万元）。

3. 更换策略 N 下的平均费用率模型

先讨论在系统一个更新周期内 X_i 和 Y_i 的分布函数。不同于一般几何过程，由于考虑了故障类型和维修工不完全修理的随机因素对系统劣化过程的影响，因此采用延迟几何过程对 X_i 和 Y_i 进行建模。

设 X_1 的分布函数为 $F^{(1)}(t)$，则 X_i 的分布函数为

$$F^{(n)}(t)=pF^{(n-1)}(t)+qF^{(n-1)}(at), \quad n=2,3,\cdots;a>1 \tag{6-32}$$

同理，修理工对故障的修复时间与故障前系统的状态有关。设 Y_1 的分布函数为 $G^{(1)}(t)$，Y_i 的分布函数为

$$G^{(n)}(t)=pG^{(n-1)}(t)+qG^{(n-1)}(bt), \quad n=2,3,\cdots;b<1 \tag{6-33}$$

若已知 $E(X_1)=\lambda$、$E(Y_1)=\mu$，则

$$E(X_n)=pE(X_{n-1})+\frac{qE(X_{n-1})}{a}=\lambda(p+\frac{q}{a})^{n-1}$$

$$=\lambda[1-\frac{q(a-1)}{a}]^{n-1}, \quad n=1, 2, 3, \cdots \tag{6-34}$$

$$E(Y_n)=pE(Y_{n-1})+\frac{qE(Y_{n-1})}{b}=\mu(p+\frac{q}{b})^{n-1}$$

$$=\mu[1+\frac{q(1-b)}{b}]^{n-1}, \quad n=1, 2, 3, \cdots \tag{6-35}$$

显然有 $E(X_{n+1})\leqslant E(X_n)$，$E(Y_{n+1})\geqslant E(Y_n)$。

由此可得，在换件策略 N 下，系统长期运行的平均费用率为

$$C(N) = \frac{C_r \sum_{i=1}^{N-1} E(Y_i) + C_f - C_w \sum_{i=1}^{N} E(X_i)}{\sum_{i=1}^{N} E(X_i) + \sum_{i=1}^{N-1} E(Y_i)} = \frac{(C_r + C_w) \sum_{i=1}^{N-1} E(Y_i) + C_f}{\sum_{i=1}^{N} E(X_i) + \sum_{i=1}^{N-1} E(Y_i)} - C_w$$

$$(6\text{-}36)$$

6.3.2　最优更换策略 N^* 的求解

记 $C'(N) = \dfrac{(C_r + C_w) \sum_{i=1}^{N-1} E(Y_i) + C_f}{\sum_{i=1}^{N} E(X_i) + \sum_{i=1}^{N-1} E(Y_i)}$，则由式(6-36)可知，$C'(N) = C(N) +$

C_w 和 $C(N)$ 同单调性，令

$$G(N) = \frac{C_r + C_w}{C_f} \frac{E(Y_N) \sum_{n=1}^{N} E(X_n) - E(X_{N+1}) \sum_{n=1}^{N-1} E(Y_n)}{E(Y_N) + E(X_{N+1})}$$

$$(6\text{-}37)$$

将式(6-34)和式(6-35)代入式(6-37)可得

$$G(N) = \frac{C_r + C_w}{C_f}$$

$$\cdot \frac{\lambda\mu\left[b(a-1)\left(p+\dfrac{q}{a}\right)^N + a(1-b)\left(p+\dfrac{q}{b}\right)^{N-1} - (a-b)\left(p+\dfrac{q}{a}\right)^N \left(p+\dfrac{q}{b}\right)^{N-1} \right]}{q(a-1)(1-b)\left[\mu\left(p+\dfrac{q}{b}\right)^{N-1} + \lambda\left(p+\dfrac{q}{a}\right)^N \right]}$$

$$(6\text{-}38)$$

对于一般几何过程，文献[14]给出了不同情况下最优更换策略的解析表达式，下面证明对于延迟几何过程，有以下定理成立：

定理 6-2　$C(N+1) > (=, <) \; C(N) \Leftrightarrow G(N) > (=, <) 1$。

定理 6-3　$G(N)$ 是关于 N 的非减函数。

定理 6-2 证明：当 $C(N+1) > C(N)$ 时，将式(6-36)代入其中可得

$$\frac{(C_r + C_w) \sum_{i=1}^{N} E(Y_i) + C_f}{\sum_{i=1}^{N+1} E(X_i) + \sum_{i=1}^{N} E(Y_i)} - \frac{(C_r + C_w) \sum_{i=1}^{N-1} E(Y_i) + C_f}{\sum_{i=1}^{N} E(X_i) + \sum_{i=1}^{N-1} E(Y_i)} > 0$$

$$(6\text{-}39)$$

化简得到

$$\frac{(C_r + C_w)(E(Y_N)\sum_{n=1}^{N} E(X_n) - E(X_{N+1})\sum_{n=1}^{N-1} E(Y_n)) - C_f(E(Y_N) + E(X_{N+1}))}{(\sum_{i=1}^{N+1} E(X_i) + \sum_{i=1}^{N} E(Y_i))(\sum_{i=1}^{N} E(X_i) + \sum_{i=1}^{N-1} E(Y_i))} > 0$$

$$(6\text{-}40)$$

由于分母非负,故式(6-40)等价于

$$(C_r + C_w)(E(Y_N)\sum_{n=1}^{N} E(X_n) - E(X_{N+1})\sum_{n=1}^{N-1} E(Y_n)) > C_f(E(Y_N) + E(X_{N+1}))$$

$$(6\text{-}41)$$

即 $G(N) > 1$,同样由 $G(N) > 1$ 可得 $C(N+1) > C(N)$,所以 $C(N+1) > C(N) \Leftrightarrow G(N) > 1$。

同理可证 $C(N+1) \leqslant C(N) \Leftrightarrow G(N) \leqslant 1$,定理得证。

定理 6-3 证明:

$$G(N+1) - G(N) = \frac{C_r + C_w}{C_f}$$

$$\cdot \frac{(E(X_{N+1})E(Y_{N+1}) - E(X_{N+2})E(Y_N))(\sum_{n=1}^{N+1} E(X_n) + \sum_{n=1}^{N} E(Y_n))}{(E(Y_{N+1}) + E(X_{N+2}))(E(Y_N) + E(X_{N+1}))} \quad (6\text{-}42)$$

由式(6-34)和式(6-35)可知,对于延迟几何过程,有

$$E(X_{n+1}) \leqslant E(X_n), \quad E(Y_{n+1}) \geqslant E(Y_n) \quad (6\text{-}43)$$

故 $E(X_{N+1})E(Y_{N+1}) - E(X_{N+2})E(Y_N) \geqslant 0$,即式(6-42)结果非负,定理得证。

显然,当 $a > 1$,$b < 1$ 时有以下 3 种情况:

(1) 当 $G(1) \geqslant 1$ 时,要使费用率最低,需在故障后立即更换,即 N^*。

(2) 当 $G(\infty) \leqslant 1$ 时,为了使长期运行费用率维持在较低水平,系统在故障后需进行维修,无须更换。

(3) 当 $G(1) < 1$ 且 $G(\infty) > 1$ 时,存在 $N^* = \min\{N \mid G(N) \geqslant 1\}$ 为最优更换策略。

因为

$$G(1) = \frac{C_r + C_w}{C_f} \frac{a\lambda\mu}{a\mu + \lambda(ap + q)}$$

$$\lim_{n \to +\infty} G(n) = \frac{C_r + C_w}{C_f} \frac{\lambda a}{q(a-1)} \quad (6\text{-}44)$$

所以上述结论又可写为

当 $\dfrac{q(a-1)}{\lambda a} < \dfrac{C_r + C_w}{C_f} < \dfrac{a\mu + \lambda(ap+q)}{a\lambda\mu}$ 时,存在 $N^* = \min\{N \mid G(N) \geqslant 1\}$ 为最优更换策略。

6.3.3　算例分析

取模型参数为 $a=1.05,b=0.95,\lambda=100,\mu=20,C_w=50$ 万元/年,$C_r=30$ 万元/年,$C_f=2000$ 元,则在不同延迟因子 p 和更换策略 N 下,系统长期运行平均费用率按照式(6-36)的计算结果如表 6-5 所示。其中,不同延迟因子和更换策略下的最低费用率用黑体显示。

表 6-5　不同$(N,\,p)$下的平均费用率

p	N									
	1	2	3	4	5	6	7	8	9	10
0	−30.0000	−33.2743	**−33.8400**	−33.7969	−33.5102	−33.0949	−32.5988	−32.0453	−31.4472	−30.8121
0.1	−30.0000	−33.3113	−33.9287	**−33.9439**	−33.7203	−33.3725	−32.9479	−32.4698	−31.9510	−31.3989
0.3	−30.0000	−33.3846	−34.1046	**−34.2346**	−34.1343	−33.9173	−33.6304	−33.2967	−32.9288	−32.5342
0.5	−30.0000	−33.4573	−34.2787	−34.5208	**−34.5399**	−34.4481	−34.2918	−34.0939	−33.8669	−33.6181
0.7	−30.0000	−33.5294	−34.4510	−34.8027	−34.9371	**−34.9650**	−34.9323	−34.8615	−34.7650	−34.6502

从表中可以看出,当 $p=0,0.1,0.3,0.5,0.7$ 时,最优更换策略 N^* 分别为 3,4,4,5,6,如图 6-12 所示。

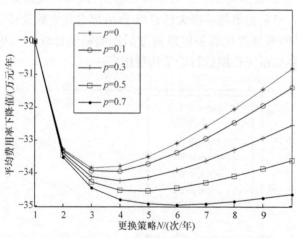

图 6-12　不同$(N,\,p)$组合下的平均费用率下降值

图 6-12 中,实线对应一般几何过程,即 $p=0$ 的情况。从图中可以看出,对于相同的更换策略,较大的延迟因子有较低的费用率,如图 6-13 所示。而最优更换策略(最佳维修次数)随着延迟因子的增大也有增大的趋势。

这是因为,劣化因子 a 的大小代表系统固有的劣化属性,其值越大系统劣化越快,延迟因子 p 则与后期的故障诊断和维修活动密切相关,延迟因子的引入相当于改善了系统本身的劣化进程,通过下面的例子可以看得更加直观。

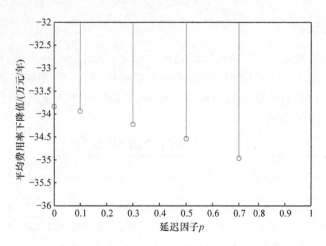

图 6-13　不同延迟因子下的最低平均费用率

　　分别取($a=1.1$，$p=0$)、($a=1.2$，$p=0$)、($a=1.3$，$p=0$)，其他参数不变，绘制 3 条费用率曲线，如图 6-14 中的实线所示，$p=0$，对应于一般的几何过程。再取($a=1.4$，$p=0.2$)、($a=1.4$，$p=0.4$)、($a=1.4$，$p=0.6$)绘制另外 3 条费用率曲线，如图 6-14 中的虚线所示。从图中可以看出，虽然虚线所对应的实际系统固有劣化因子较高，但是如果能够增大延迟因子 p，那么其实际效果和改进系统的劣化因子 a 相当。即可修劣化装备可以通过后期的科学诊断和维护减缓其劣化进程，从而进一步降低系统长期运行的平均费用率。

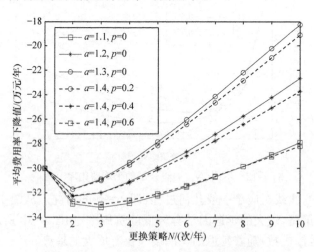

图 6-14　不同(N，p，a)下的费用率曲线

6.4　本章小结

本章针对不完全维修条件下劣化装备的维修决策问题,从寿命周期费用率优化的角度,分别从更换时间和维修次数上给出了不同的解决方案。

劣化装备故障率一般随时间递增,在一个寿命周期内此类装备的可用度也呈下降趋势,准确地把握其瞬时可用度的变化规律对于合理安排预防性维修活动、规划保障资源等都有重要意义。考虑到故障后的维修效果等不确定性因素,本章首先采用仿真的方法对不完全维修条件下劣化装备的瞬时可用度进行了估算,并指出在给定模型参数的情况下,劣化装备的瞬时可用度近似为负指数函数。在此基础上以周期费用率最低为目标对劣化装备的更换周期进行了优化。

另外,为了对劣化装备的最佳维修次数问题进行研究,学者多采用几何过程对劣化装备的多次不完全维修过程进行描述,而实际系统由于故障模式和维修人员修理能力等因素的影响,其一个更新周期内的工作时间和维修时间并不严格遵循随机递减和递增的几何过程。本章对传统几何过程加以改进,提出了延迟几何过程的概念,并在此基础上给出了使系统长期运行平均费用率最低的基于维修次数的最优更换策略,通过实际算例验证了方法的有效性。

上述两种方法操作简单,对于加强装备维护、掌握装备故障规律、合理安排维修活动、降低装备的实际运行成本具有一定的指导意义;对于确定装备的大修周期、衡量修理工的技能水平也具有一定的参考价值。

参 考 文 献

[1] Barlow R, Hunter L. Optimum preventive maintenance policies[J]. Operations Research, 1960, 8(1): 90-100.

[2] Kijima M. Some results for repairable systems with general repair[J]. Journal of Applied Probability, 1989(26): 89-102.

[3] Malik M A K. Reliable preventive maintenance policy[J]. AIIE Transactions. 1979, 11(3): 221-228.

[4] Brown M, Proschan F. Imperfect repair[J]. Journal of Applied Probability, 1983, 20: 851-859.

[5] Kallen M J. Modelling imperfect maintenance and the reliability of complex systems using superposed renewal processes[J]. Reliability Engineering and System Safety, 2011, 96(6): 636-641.

[6] 金星, 洪延姬. 系统可靠性与可用性分析方法[M]. 北京:国防工业出版社, 2007.

[7] 刘福胜, 吴纬, 单志伟, 等. 基于马尔可夫更新过程的装甲装备使用可用度模型[J]. 装甲兵工程学院学报, 2010, 24(5): 15-17.

[8] Zheng Z H, Cui L R, Hawkes A G. A study on a single-unit Markov repairable system with

repair time omission[J]. IEEE Transactions on Reliability, 2006,55: 182-188.

[9] Sun H, Han J J. Instantaneous availability and interval availability for systems with time-varying failure rate: stair-step approximation[C]//2001 Pacific Rim International Symposium on Dependable Computing, Seoul,2001:371-375.

[10] Cassady C R, Lyoob I M, Scheider K, et al. A generic model of equipment availability under imperfect maintenance[J]. IEEE Transactions on Reliability, 2005,54(4): 564-571.

[11] 王立超,杨懿,于永利,等. 基于系统可用度的匹配问题的分析[J]. 系统工程学报, 2009, 24(2): 243-246.

[12] Sarkar J, Chandhuri G. Availability of a system with Gamma life and exponential repair time under a perfect repair policy[J]. Statistics and Probability Letters, 1999, 43: 189-196.

[13] 黄龙呈,洪延姬,金星,等. 可修复部件可用度计算的积分方程方法[J]. 机电产品开发与创新, 2007, 20 (5): 25-16,45.

[14] Lam Y. Geometric processes and replacement problem[J]. Acta Mathematicae Applicatae Sinica, 1988, 4(4): 366-377.

[15] Lam Y. Optimal geometric process replacement model[J]. Acta Mathematicae Applicatae Sinica, 1992, 8(1): 73-81.

[16] Lam Y. A geometric process maintenance model with preventive repair[J]. European Journal of Operational Research, 2007(182): 806-819.

[17] Lam Y. A geometric process δ-shock maintenance model[J]. IEEE Transactions on Reliability, 2009, 58(2): 389-396.

[18] Wang G J, Zhang Y L. A bivariate mixed policy for a simple repairable system based on preventive repair and failure repair[J]. Applied Mathematical Modelling, 2009, 33(8): 3354-3359.

[19] Chen J W, Li K H, Lam Y. Bayesian Computation for Geometric Process in Maintenance Problems[J]. Mathematics and Computers in Simulation, 2010, 81(4): 771-781.

[20] Yang S C, Lin T W. On the application of quasi renewal theory in optimization of imperfect maintenance policies[C]//Proceedings of 2005 Annual Reliability and Maintainability Symposium, 2005:410-415.

[21] Lam Y, Zhang Y L. A geometric-process maintenance model for a deteriorating system under a random environment[J]. IEEE Transactions on Reliability, 2003, 52(1):83-89.

[22] Lam Y, Zhang Y L, Zheng Y H, et al. A geometric process equivalent model for a multistate degenerative system[J]. European Journal of Operational Research, 2002,(142): 21-29.

[23] Cheng G Q, Li L, Tang Y H. An optimal replacement policy for a degenerative repairable system[J]. Journal of Shandong University (Natural Science), 2010, 45(5): 106-110.

[24] Zhang Y L, Wang G J. An optimal replacement policy for a multistate degenerative simple system[J]. Applied Mathematical Modelling, 2010, 34(12): 4138-4150.

第7章 不完全维修下的视情维修策略

7.1 视情维修概述

7.1.1 功能故障与潜在故障

一般来说,装备的故障总有一个产生、发展的过程,磨损、腐蚀、老化、断裂、失调、漂移等因素引起的故障更为明显。因此,按照故障的发展过程,对应于故障定义中"不能或将不能完成预定功能的事件或状态",可将故障分为潜在故障与功能故障。

功能故障是指产品不能完成预定功能的事件或状态。要确定具体装备的功能故障,需首先弄清装备的全部功能。例如,飞机制动系统,其功能是能使飞机停住、能调节停机的快慢、提供飞机在地面转弯时所需的差动制动、提供轮胎防拖的能力等。可见,制动系统可能会有多个不同的功能故障,因此分析装备的故障模式和产生的影响时,必须针对具体装备考虑所有的功能故障。

装备的功能包括主要功能、次要功能、保护装置以及多余功能等。舰船装备为了辅助舰船完成航行、通信、探测、作战等任务所需具备的一种或者几种特定功能为主要功能。例如,显控台的主要功能是对各种信息进行集中显示,并提供接口实现对装备的控制。次要功能是主要功能以外的功能,常见的次要功能包括密封作用、支撑作用、外观作用、仪表标识作用、卫生安全作用等。装备的保护装置包括吸引操作者注意力的报警装置、发生故障与事故的自动停机开关装置、减少损害的安全阀(防爆膜)装置、维持设备功能的冗余备用装置等。对此类保护装置的维护、维修也关系到对主要功能部件的保护,同样不可忽视。多余功能是指设计原因或设备改造后,原来的某些功能不再有用,但因为拆除困难或会增加改造费用,所以仍然保留。虽然这些功能不再有用,但可能会增加一定比例的维护费用。

潜在故障是一种指示功能故障即将发生的可鉴别状态。在此,"潜在"一词有两层含义。

(1) 它是指功能故障临近前的产品状态,而不是功能故障前任何时间上的状态。

(2) 产品的这种状态是经观察或检测可以鉴别的;反之,该产品则不存在潜在故障。

零部件、元器件的磨损、疲劳、烧蚀、腐蚀、老化、失调等故障模式,大都存在由潜在故障发展到功能故障的过程。

7.1.2　P-F间隔

在故障发展过程中的某处,可以探测到故障正在发生或将要发生,该点称为潜在故障点(P 点),潜在故障是一种可辨认的实际状态,它能显示功能故障将要发生或正在发生。图 7-1 显示了潜在故障发生的一般过程,称为潜在故障至功能故障(potential failure-functional failure,P-F)曲线,它显示了从故障开始、劣化到故障可被探测到的 P 点,以及如果没有探测到潜在故障点,继续劣化至发生功能故障 F 点的全过程。

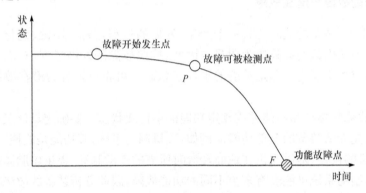

图 7-1　P-F 曲线

故障从可探测点发展成为功能故障点所需的时间,称为 P-F 间隔,P-F 间隔也称为警告期或故障发展时间。如果在图 7-1 中 P 点和 F 点之间能够发现潜在故障,那么就可以采取措施以预防功能故障或避免功能故障的后果,而是否可以采取有效的措施则取决于故障发生的速度。

用于检测潜在故障的工作常常称为视情维修工作。视情维修工作是指检查装备的潜在故障,以便采取措施预防功能故障或避免功能故障产生的后果。之所以称为视情维修是因为对装备进行检查后,若装备能继续满足规定的性能标准则将继续使用。这也称为预测性维修(即人们试图根据当前的状态预测装备是否会发生故障或何时可能发生故障)或基于状态的维修。实践中,发现装备(设备或部件)是否发生故障的手段或方法有很多种,如显示轴承临近故障的振动信息与检测手段、显示金属疲劳的裂纹及其检测手段、显示齿轮临近故障的齿轮箱润滑油中的金属颗粒及其相应的油液分析等检测手段。显然,要在潜在故障变成功能故障之前探测到故障的发生,检测周期必须小于 P-F 间隔。

7.1.3　舰船装备状态检测方法

由于只有存在客观维修需求的情况下才对装备实施基于状态的维修活动,因此确定装备的状态是实施视情维修的前提和基础。通过对装备的状态信息进行处理与分析,来评估装备的状态,对可能发生的故障进行预测。由于视情维修采用各种技术或硬件设备以获得装备的状态信息,并对可能出现的故障进行预测,因此,不仅可以对即将实施的维修活动及早进行科学安排,而且可以有效地减少严重故障后果的发生,提高装备(设备或部件)的使用寿命,以期实现精确维修。

装备(设备)在工作过程中会产生各种各样的表征其状态的物理现象,并引起相应参数的变化,这就为通过状态监测以便根据装备的状态进行分析决策提供了可能。在工程实践中,通常把这些参数变换成容易测量、处理、记录和显示的物理量,如电压、电流等,这些物理量统称为信号。通过对信号进行分析、处理、变换、综合、识别,可作为判断装备工作状态、进行故障诊断的重要依据。

总体来说,视情维修是通过对现有装备状态的监测来实现的,装备状态监测主要采用以下 3 种方法:

(1) 通过安装在装备内部的嵌入式传感器和计算机对装备的状态进行实时监测。

(2) 利用便携式传感器通过一定的接口或配线读取信息,或直接从传感器(如磨损测量设备)上读取相关信息。

(3) 利用外部测量仪或其他测量装置确定装备的状态。

常用的检测手段包括动力学检测、电学检测、外形检测、温度检测、光谱检测、磨粒检测等。

1. 声测技术分析方法及特点分析

按照传感器和被测对象的相对位置,检测诊断可分为接触式和非接触式。接触式检测系统需要在被检设备上安装大量的传感器,诊断速度较慢;非接触检测不受检测对象的结构限制,而且检测速度快。声测法是实现非接触检测的有效途径,它是利用装备(设备或部件)运行时产生的噪声信号来检测装备的运行状态,声测法作为一种新型的检测方法正逐渐受到人们的重视。

目前,基于声测法的非接触诊断研究仍停留在非机理的实验研究基础上,缺乏对声测法故障诊断理论和建模的深入研究。另外,对声信号的处理也只是简单地采用时(频)域分析,不能反映装备中旋转部件(如发动机)转速变化的非平稳时变特性和机构振动的冲击性等特点。在故障分析与决策方面,常用的一些门限值法和模式识别方法,使得故障诊断能力较为单一,准确率较低。因此,基于声测法的故障诊断理论、基于时频分析的状态特征提取方法和模糊模式识别与神经网络技术相结合,代表了发动机性能监测和诊断的新方向。

2. 振动分析方法及特点分析

舰船装备,尤其是机械装备在运行过程中发生异常时,一般都会伴随振动的变化。利用振动信号对故障进行诊断与预测,是装备实施视情维修最有效、最常用的方法之一。振动分析技术是利用机器或机构的动态特性(如固有频率、振型号、传递函数等)与异常机器或结构的动态特性的不同,来判断机器或结构是否存在故障的技术。

振动信号是装备状态信息的载体,它蕴含了丰富的装备异常或故障的信息,振动特征则是机械装备运行状态的重要标志。机械装备系统在运行过程中的振动及其特征信息是反映系统状态及其变化规律的主要信号,通过各种动态测试仪器拾取、记录和分析动态信号,是进行系统状态监测和故障诊断与预测的主要途径。统计资料表明,由振动引起的装备故障,在各类故障中占 60% 以上,据国内有关资料统计,用振动分析方法可发现航空发动机故障的 34%,节约维修费用 70%。由于振动理论和测量方法已比较成熟,相应的仪器、装置在国内外市场上容易采购,价格也比较便宜,因此振动诊断技术在国内外都具有广泛应用。

利用振动检测和分析技术进行故障诊断与预测的信息类型多,量值变化范围大,而且是多维的,便于识别和决策。例如,频率范围可以从 0.01Hz 到几万赫兹,加速度可以从 0.01g 到成百上千 g,这就为诊断与预测不同类型的故障奠定了基础。随着现代传感技术、电子技术和测试分析技术的发展,国内外已制造出专门的振动仪器系列,在设备状态监测中发挥了主要作用。振动检测方法便于自动化和遥测化,便于在线诊断、工况监测、故障预测和控制,是一种无损检验方法,因而广泛应用于工程实际。

振动分析方法通过测量部件总体上的振动量,应用频谱分析技术来测定各单独部件的振动频率,以检查部件是否出现异常。可供测量的振动特性主要有振幅、速度和加速度三种。因此,只有首先确定测量的是哪一振动特性,采用什么样的测量装置,然后才能确定采用什么技术来分析测量装置(或传感器)的输出信号。一般来讲,振幅(位移)传感器在低频时较为灵敏,速度传感器在中频时较为灵敏,而加速度传感器在高频时较为灵敏。振动的另一个重要特性是相位。相位是指在给定的瞬时,振动部件相对于一个参考固定点或另一振动部件的位置。作为惯例,在常规的振动测量中不进行相位的测量,但它在检查出问题时能提供有价值的信息(如不平衡、轴弯曲、不同心、机械松动、摆动和离心的齿轮)。

在振动分析中,专家系统已发展得比较成熟,应用也比较多,能够像有经验的分析人员一样发现和分析有关振动的问题,显著节省了时间,方便了用户使用。

振动检测和诊断预测系统框图如图 7-2 所示。可以实现设备的在线监测、故障诊断与预测,也可直接检测系统的动态响应信号作为原始信息,利用系统上某些对故障敏感点振动信号的变化规律来检测系统的状态或寻找判断故障源。当需要对结构进行故障诊断与预测时,需利用激振系统使被诊断对象产生某种振动,进行系统的动态实验,被检测的信号可直接连到不同类型的检测仪或分析仪上进行实时状态监测和诊断。

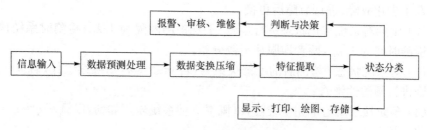

图 7-2　舰船装备状态监测和诊断预测系统框图

7.2　基于马尔可夫链的不完全维修下装备视情维修与更换策略

对舰船装备进行有效的预防性维修是提高装备可靠性、安全性和经济性的有效措施,而建立有效的维修模型、优化维修策略则是提高预防性维修有效性的方法和途径。早期预防性维修研究大多基于系统能修复如新或修复如旧,维修时间可忽略的假设,建立维修决策及优化模型[1~5],但实际中由于系统年龄增长和性能不断劣化,以及维修人员和技术手段不同,维修并不总能够将系统恢复至全新状态,因此越来越多的学者开始在视情维修研究中考虑维修不完全的情况[6~10]。随着年龄增长,系统在经历多次维修后,其修后工作时间会呈现缩短的趋势,而每次维修花费的时间则会呈现增加的趋势,直到系统无法使用而更换。Liu 等[11]、Lam[12]、Zhang 等[13]、Castro[14]基于几何过程和准更新过程等理论描述这种情况,并以费用率等目标求解最优维修及更换策略。

针对预防性维修无法总能够使系统恢复如新,以及维修后系统达到维修阈值的时间越来越短、维修时间越来越长的问题,本节基于连续时间马尔可夫链建立单部件系统在不完全维修条件下的视情维修及更换策略模型,根据马尔可夫过程平稳状态下的统计平衡原理得到状态概率方程组,并给出其递归求解算法,最后以系统稳态可用度最大、长期运行费用率最低以及规定可用度约束下平均故障前时间最长为目标,对维修策略(检测频率、视情维修阈值)与更换策略的联合优化进行研究。

7.2.1　系统模型的描述

1. 模型假设

（1）系统随工作时间的延长性能逐渐劣化，该过程分为 k 个性能劣化阶段，在不进行预防性维修的情况下相邻劣化状态转移率服从参数为 λ_d 的指数分布，之后系统发生劣化故障，进行故障后更换。

（2）定期对系统劣化状态进行检测，平均检测间隔为 $1/\lambda_{in}$；检测时系统停机，平均检测时间为 $1/\mu_{in}$，两者均服从指数分布。

（3）对系统状态 i 检测后的维修决策为：若 $0 \leqslant i \leqslant n$，则继续工作；若 $n+1 \leqslant i \leqslant k$，则进行预防性维修。

（4）预防性维修为不完全维修，以概率 p 使系统恢复如新，以概率 $q=1-p$ 恢复至前一状态[6]。

（5）系统进行第 j 次预防性维修的平均时间为 $1/(\beta^{j-1}\mu_M)$，$\beta<1$；维修后相邻劣化状态转移的平均时间为 $1/(\alpha^j\lambda_d)$，$\alpha>1$，两者均服从指数分布。

（6）系统经历 $S-1$ 次预防性维修后，第 S 次进行预防性更换，平均预防性更换时间为 $1/\mu_R$；若系统发生故障，则立即进行更换，平均故障后更换时间为 $1/\mu_F$，两者均服从指数分布，且满足 $1/(\beta^{j-1}\mu_M)\leqslant1/\mu_R\leqslant1/\mu_F(j=1,2,\cdots,S-1)$。

（7）检测是非破坏性的，能够完全反映系统状态，系统在检测或维修时不工作也不发生劣化，但停机会造成一定的损失。

（8）优化目标是系统稳态可用度最大、长期运行费用率最低以及在规定可用度约束下平均故障前时间最长。

2. 模型建立

根据模型假设，定义系统状态空间：

$D(i,j,1)$ 表示第 j 次预防性维修后系统在第 i 个性能劣化阶段正常工作，$1\leqslant i\leqslant k,0\leqslant j\leqslant S-1$。

$I(i,j,2)$ 表示第 j 次预防性维修后系统在第 i 个性能劣化阶段进行检测，$1\leqslant i\leqslant k,0\leqslant j\leqslant S-1$。

$M(i,j,3)$ 表示对系统进行第 j 次预防性维修，此时处于第 i 个性能劣化阶段，$n+1\leqslant i\leqslant k,0\leqslant j\leqslant S-1$。

R 表示系统进行预防性更换。

F 表示系统发生故障。

系统在正常工作时进行周期性检测，当超过维修阈值 n 时进行预防性维修；系统修后工作时间会呈现缩短的趋势，维修时间则会呈现延长的趋势，其系数分别为 $1/\alpha(\alpha>1)$ 和 $1/\beta(\beta<1)$；当系统经历过 $S-1$ 次预防性维修后，下一次则进行预防

性更换;若系统发生故障,则立即更换。预防性更换和故障后更换均使系统恢复至全新状态。所有状态及转移概率构成的马尔可夫链如图 7-3 所示。

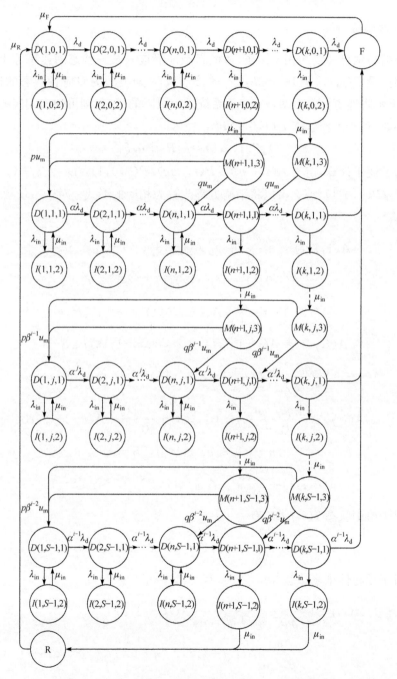

图 7-3　所有状态及转移概率构成的马尔可夫链示意图

7.2.2　模型分析与求解

1. 模型分析

根据马尔可夫链的相关性质,在稳态条件下进入某一状态的速率等于离开它的速率。设 $P(i,j,m)(1\leqslant i\leqslant k,0\leqslant j\leqslant S-1,1\leqslant m\leqslant 3)$ 为对应各状态的概率值,P_R 表示预防性更换的概率,P_F 表示系统发生故障的概率,则可列出相应的平衡方程。例如,对于工作状态 $D(1,0,1)$,有

$$\lambda_d P(1,0,1)=\mu_R P_R+\mu_F P_F \tag{7-1}$$

为了便于计算,定义 $A(i,j,m)=P(i,j,m)/P(1,0,1)$,$A_R=P_R/P(1,0,1)$ 和 $A_F=P_F/P(1,0,1)$,那么可以将平衡方程改写为相应的形式。对于工作状态 $D(i,j,1)$,有

$$A(1,j,1)=\frac{p\beta^{j-1}\mu_M}{\alpha^j\lambda_d}\sum_{i=n+1}^{k}A(i,j,3),\quad 1\leqslant j\leqslant S-1 \tag{7-2}$$

$$A(i,0,1)=A(i-1,0,1),\quad 2\leqslant i\leqslant n \tag{7-3}$$

$$A(i,0,1)=\frac{\lambda_d}{\lambda_d+\lambda_{in}}A(i-1,0,1),\quad n+1\leqslant i\leqslant k \tag{7-4}$$

$$A(i,j,1)=A(i-1,j,1),\quad 2\leqslant i\leqslant n-1;1\leqslant j\leqslant S-1 \tag{7-5}$$

$$A(n,j,1)=\frac{q\beta^{j-1}\mu_M}{\alpha^j\lambda_d}A(n+1,j,3)+A(n-1,j,1),\quad 1\leqslant j\leqslant S-1 \tag{7-6}$$

$$A(i,j,1)=\frac{q\beta^{j-1}\mu_M}{\alpha^j\lambda_d+\lambda_{in}}A(i+1,j,3)+\frac{\alpha^j\lambda_d}{\alpha^j\lambda_d+\lambda_{in}}A(i-1,j,1),$$
$$n+1\leqslant i\leqslant k-1;1\leqslant j\leqslant S-1 \tag{7-7}$$

$$A(k,j,1)=\frac{\alpha^j\lambda_d}{\alpha^j\lambda_d+\lambda_{in}}A(k-1,j,1),\quad 1\leqslant j\leqslant S-1 \tag{7-8}$$

对于检测状态 $I(i,j,2)$,有

$$A(i,j,2)=\frac{\lambda_{in}}{\mu_{in}}A(i,j,1),\quad 1\leqslant i\leqslant k;0\leqslant j\leqslant S-1 \tag{7-9}$$

对于预防性维修状态 $M(i,j,3)$,有

$$A(i,j,3)=\frac{\mu_{in}}{p\beta^{j-1}u_M+q\beta^{j-1}u_M}A(i,j-1,2)$$
$$=\frac{\mu_{in}}{\beta^{j-1}u_M}A(i,j-1,2),\quad n+1\leqslant i\leqslant k;1\leqslant j\leqslant S-1 \tag{7-10}$$

对于故障状态 F 和预防性更换状态 R,有

$$A_F = \frac{1}{u_F} \sum_{j=0}^{S-1} \alpha^j \lambda_d A(k,j,1) \tag{7-11}$$

$$A_R = \frac{\mu_{in}}{u_R} \sum_{i=n+1}^{k} A(i,S-1,2) \tag{7-12}$$

根据稳态条件下各状态概率和为1,可得

$$P(1,0,1) = \Big[\sum_{i=1}^{k} \sum_{j=0}^{S-1} A(i,j,1) + \sum_{i=1}^{k} \sum_{j=0}^{S-1} A(i,j,2) + \sum_{i=n+1}^{k} \sum_{j=1}^{S-1} A(i,j,3) + A_F + A_R \Big]^{-1}$$

$$\tag{7-13}$$

2. 模型求解

通过求解方程(7-1)~方程(7-13),计算稳态条件下各状态概率。下面给出该方程组的递归求解算法:

(1) 由 $A(i,j,m)$ 定义可得 $A(1,0,1)=1$;根据式(7-3)和式(7-4)计算 $A(i,0,1)$ $(2 \leqslant i \leqslant k)$。

(2) 设 $j=1$,若 $S=1$,则根据式(7-9)计算 $A(i,j-1,2)$ 后转步骤(6),否则继续。

(3) 根据式(7-9)计算 $A(i,j-1,2)$,根据式(7-10)计算 $A(i,j,3)$($n+1 \leqslant i \leqslant k$)。

(4) 根据式(7-2)计算 $A(1,j,1)$,再根据式(7-5)~式(7-8)计算 $A(i,j,1)$,$2 \leqslant i \leqslant k$。

(5) $j=j+1$,若 $j<S$,则转步骤(3),否则继续。

(6) 根据式(7-11)和式(7-12)计算 A_F 和 A_R。

(7) 根据式(7-13)计算 $P(1,0,1)$。

(8) 根据定义计算 $P(i,j,m) = A(i,j,m)P(1,0,1)$,$P_R = A_R P(1,0,1)$,$P_F = A_F P(1,0,1)$。

7.2.3　系统性能指标

1. 稳态可用度

稳态可用度 A_s 表示在长期运行过程中装备处于可工作状态的时间比例,是装备可用性的概率度量。根据模型假设,当系统处于状态 $D(i,j,1)$ 时为可用状态,则系统稳态可用度为处于 $D(i,j,1)$ 的概率之和:

$$A_s = \sum_{i=1}^{k} \sum_{j=0}^{S-1} P(i,j,1) \tag{7-14}$$

2. 长期运行费用率

维修费用率是指装备在运行过程中总的维修费用同运行总时间的比值,是衡量装备维修经济性的指标。设 C_{D1} 为由检测和预防性维修引起的停机损失费用率;C_{D2} 为由故障后更换引起的停机损失费用率;C_M 为预防性维修费用;C_r 为预防性更换费用;C_f 为故障后更换费用,则长期运行维修费用率 C_s 为

$$C_s = C_{D1} \Big(\sum_{i=1}^{k} \sum_{j=0}^{S-1} P(i,j,2) + \sum_{i=n+1}^{k} \sum_{j=1}^{S-1} P(i,j,3) + P_R \Big) + C_m \sum_{i=n+1}^{k} \sum_{j=1}^{S-1} \beta^{j-1} \mu_M P(i,j,3)$$
$$+ C_{D2} P_F + C_r \mu_R P_R + C_f \mu_F P_F \tag{7-15}$$

3. 平均故障前时间

平均故障前时间是系统发生故障前的时间期望值,其表达式为

$$\text{MTTF} = \frac{\sum_{i=1}^{k} \sum_{j=0}^{S-1} P(i,j,1) + \sum_{i=1}^{k} \sum_{j=0}^{S-1} P(i,j,2) + \sum_{i=n+1}^{k} \sum_{j=1}^{S-1} P(i,j,3) + P_R}{\sum_{j=0}^{S-1} \alpha^{j} \lambda_d P(k,j,1)}$$

$$\tag{7-16}$$

通过提高检测以及预防性维修和更换的频率,能够实现系统高可靠性、获取较高平均故障前时间的目标,但这一过程是以降低可用度为代价完成的。因此,当评价指标为最大化平均故障前时间时,需考虑满足规定可用度 A_c 的约束[15],即

$$\text{max MTTF}$$
$$\text{s. t. } A_s > A_c \tag{7-17}$$

7.2.4 算例分析

已知某型舰船设备在运行过程中发生缓慢劣化,其每个运行周期分为 7 个性能劣化阶段,之后发生故障而失效。在不进行预防维修的情况下相邻两个劣化阶段平均时间为 33.3h,平均检测时间为 0.5h。失效前完成预防性维修的平均时间为 2h,完成预防性更换的平均时间为 20h,失效后该设备的平均更换时间为 40h。对该设备进行周期性状态检测,平均检测间隔为 $1/\lambda_{in}$(单位:h)。当检测发现设备状态超过第 n 个劣化阶段时,对其采取预防性维修,每次维修以概率 80% 修复如新,以概率 20% 恢复至前一劣化阶段。每次维修后设备相邻状态的转移时间缩短,维修时间延长,相应系数分别为 1/1.05 和 1/0.95。当预防性维修进行 $S-1$ 次后,在第 S 次进行预防性更换。

分别以可用度 A_s 最高、长期运行维修费用率 C_s 最低,以及目标可用度约束下

平均故障前时间最长为目标,计算求解系统最优维修更换策略。由已知条件可知, 模型相应参数 $k=7,\lambda_d=0.03,\mu_{in}=2,\mu_M=0.5,\mu_R=0.05,\mu_F=0.025,p=0.9,q=0.1,\alpha=1.05,\beta=0.95$。将以上模型参数代入式(7-1)~式(7-13), 利用递归方法进行求解后代入式(7-14), 即可得到可用度 A_s 的计算结果。在检测间隔与维修阈值均取最优值的条件下, 稳态可用度 A_s 与更换策略的关系如图 7-4 所示。

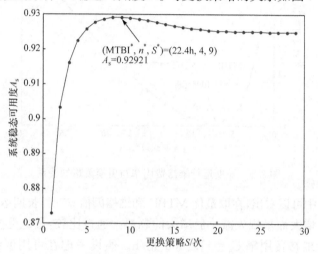

图 7-4　系统稳态可用度与更换策略的关系

在取最优平均检测间隔(mean time between inspection, MTBI)和维修阈值 n 的条件下, 对更换策略 S 进行遍历计算, 求取系统瞬态可用度 A_s 的最大值。由图 7-4 可以看出, 系统瞬态可用度 A_s 随更换策略 S 增大而呈现先增大后减小的趋势。通过比较可得,最优更换策略 $S^*=9$,相应的最优 $MTBI^*=22.4h$,维修阈值 $n^*=4$,此时取得最大可用度 $A_s=0.92921$。下面分析长期运行维修费用率与更换策略的关系,所需费用参数如表 7-1 所示。在利用递归方法进行求解后,将其代入式(7-15),即可得到系统长期运行维修费用率 c_s 的计算结果。在检测间隔与维修阈值均取最优值的条件下,可得系统长期运行维修费用率 c_s 随更换策略的变化关系,如图 7-5 所示。

表 7-1　计算长期运行维修费用率所需参数

参数	取值	单位
C_{D1}	100	元/h
C_{D2}	500	元/h
C_m	100	元
C_r	200	元
C_f	500	元

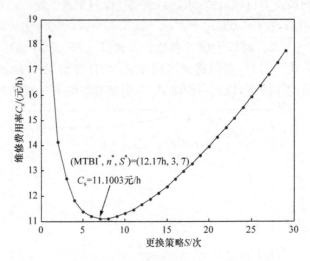

图 7-5　长期运行维修费用率与更换策略的关系

　　从图 7-5 中可以看出,在取最优 $MTBI^*$ 和维修阈值 n^* 时,长期运行维修费用率随更换策略 S 增大而呈现先减小后增大的趋势。通过比较,最优更换策略 $S^* = 7$,此时长期运行维修费用率 $C_s = 11.1003$ 元/h。假设考虑在可用度约束 $A_c = 0.6$ 条件下,利用式(7-16)求解得到平均故障前时间,在 MTBI 与维修阈值 n 取最优的情况下,平均故障前时间随更换策略变化关系如图 7-6 所示,最优更换策略 $S^* = 5$,平均故障前时间最大值为 3.5168×10^{10} h。

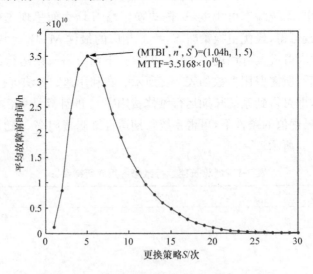

图 7-6　平均故障前时间与更换策略的关系

　　在实际维修工程中,系数 α 代表系统的固有劣化属性,反映系统随着使用时间延长和维修次数增加而变化的情况,其值越大意味着系统发生劣化的速度越快,到达劣化故障发生时刻的平均时间则越短;而修复如新概率 p 则反映现有条件下的维修能力,与实际维修人员及技术条件有关。一般情况下,维修人员技能越高、维修条件越好,则意味着修复如新的概率越大,反之则越小。下面分别对不同(p,α)条件下最大稳态可用度 A_s、最低维修费用率 C_s 以及目标可用度 A_c 约束下平均故障前时间的变化情况进行分析,将模型参数代入并利用递归算法求解后,所得结果如图 7-7～图 7-9 所示。

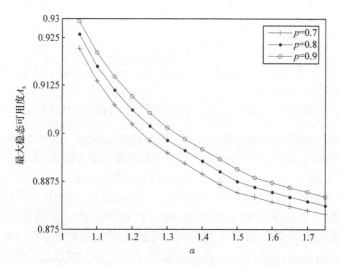

图 7-7　不同(p,α)条件下最大稳态可用度曲线

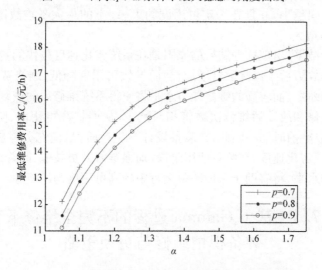

图 7-8　不同(p,α)条件下最低维修费用率曲线

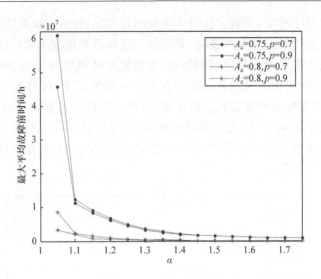

图 7-9　不同$(A_c，p，\alpha)$条件下最大平均故障前时间曲线

　　图 7-7 是在最优维修和更换策略下，最大稳态可用度 A_s 与不同(p,α)的关系曲线。图中不同概率 p 下的最大可用度 A_s 均随着 α 增大而降低，并且在相同系数 α 条件下最大稳态可用度 A_s 随着概率 p 提高而增大。图 7-8 是在最优维修和更换策略下，最低维修费用率 C_s 与不同(p,α)的关系曲线。图中不同概率 p 下的最低维修费用率 C_s 均随着 α 增大而增加，并且在相同系数 α 下最低维修费用率 C_s 随着概率 p 提高而降低。图 7-9 是在最优维修和更换策略下，可用度约束下最大平均故障前时间与不同(A_c,p,α)的关系曲线，图中不同参数(A_c,p)条件下的最大平均故障前时间均随着 α 增大而减小；在相同系数 α 下，约束条件 A_c 越大，则最大平均故障前时间越小，并且在一定可用度约束 A_c 下的最大平均故障前时间随着概率 p 提高而增大。

　　综合以上结果，出现这种结果的原因是在系统劣化速度较快的情况下，需要的预防性维修和故障后维修次数将增加，从而导致可用度降低、维修费用率提高、平均故障前时间缩短；而较高的维修能力水平将使得系统维修后的恢复程度较高，需要的预防性维修和故障后维修次数将相对减少，从而提高可用度、降低维修费用率、延长平均故障前时间。因此，在装备设计与生产阶段，应充分考虑装备的可靠耐用性、降低其劣化速度；在装备使用阶段，加强维修人员技能、改善维修条件以提高维修能力和水平，将有助于保证装备运行中的高可用度与经济性。

7.3　基于 Gamma 过程的不完全维修下装备视情维修与更换策略

　　目前考虑不完全维修因素的视情维修理论研究，根据劣化过程建模的不同，可分为离散描述和连续描述两类,如程志君等[6]、Chiang 等[8]基于连续时间马尔可夫链建立劣化系统视情维修模型,利用状态转移概率描述不完全维修效果;Castanier 等[16]、Nicolai 等[17]、Newby 等[18]基于连续状态随机过程描述系统劣化过程,利用修复如新和修复如旧之间的某一确定状态或随机状态来描述不完全维修。综合来看,这些不完全维修模型虽然表达了修复非新,但没有考虑系统年龄增长对维修效果产生的影响,与现实情况不尽相符。一般而言,随着服役时间的延长和维修次数的增多,装备在维修后能够正常工作的时间会呈现越来越短的趋势,发生故障的概率则呈现越来越高的趋势,待到一定程度时维修将无法满足需求,这就要求在实施若干次预防性维修后须进行预防性更换,择机使系统恢复如新,以提高装备维修的有效性与经济性。因此,在不完全维修效果建模中必须考虑和体现这种由系统年龄增长引起的变化特征。

　　针对装备维修工程实际中系统不能修复如新以及修后工作时间逐渐缩短的情况,本节基于现实中普遍采用的定期检测策略,建立不完全维修条件下劣化系统视情维修模型,其中考虑系统年龄增长对维修效果的影响,求取最优维修策略,为装备维修提供辅助决策,最终达到降低装备维修费用的目标。具体方法如下:基于Gamma 过程描述系统连续劣化过程,定期检测系统劣化状态,当超过预定维修阈值时即采取预防性维修;给出不完全维修效果表达式,描述维修使系统恢复程度越来越差、维修后系统工作时间越来越短的趋势;在经过 $N-1$ 次预防性维修后,当系统再次超过维修阈值且未发生故障时则进行预防性更换,使其恢复如新;在预防性维修和预防性更换之前若发生功能故障则须进行故障后更换;最后,通过对检测周期与维修更换策略的联合优化,使系统长期运行维修费用率最低。

7.3.1　系统模型的描述

1. 模型假设

（1）对于单部件系统,设随机变量 $X(t)$ 表示 t 时刻系统劣化状态（$X(t)=0$ 表示系统处于全新状态）,在不进行预防性维修的情况下,其随着时间延长、性能逐渐劣化而递增,当 $X(t) \geqslant L$ 时认为系统发生劣化故障,通过故障后更换的方式（如换件维修）,使系统恢复如新。

（2）对系统状态进行定期检测,时间周期 $T=k\Delta t (k=1,2,3,\cdots)$,单位时间 Δt 是由维修实际条件决定的,且检测是非破坏性的,能够完全反映系统劣化程度。

（3）设预防性维修阈值为 ξ,且 $\xi<L$。根据检测系统劣化状态 $X(t)$,当 $\xi \leqslant X(t)<L$ 时,进行预防性维修;当 $X(t)<\xi$ 时,继续运行。

（4）维修使系统恢复至介于修复如新和修复如旧之间的某一随机状态,即维修不完全。

(5) 随着工作时间的延长和维修次数的增加,维修效果呈现越来越差的趋势,在第 N 次预防性维修时进行更换,使系统恢复如新。

(6) 故障需要检测才能发现,即隐性故障,故障发生后至检测被发现之前的时间为系统停机时间,记为 W_r。

(7) 设维修费用参数为检测费用 C_i、预防性维修费用 C_p、预防性更换费用 C_r、故障后更换费用 C_f、单位时间 Δt 内停机费用 C_d,而状态检测、预防性维修、预防性更换和故障后更换的时间可忽略。

(8) 优化目标为选择最优检测周期 T 和更换策略 N,使得长期运行费用率最低。

2. 模型描述

对装备而言,尽管采取周期较短的检测周期便于把握系统劣化状态变化情况,但在系统劣化速度较慢而检测成本较高时,频繁的检测会浪费大量的人力物力;检测周期过长则会贻误最佳维修(更换)时机,容易导致故障发生而造成的经济损失和安全事故。另外,维修能够充分发挥装备的设计能力、延长服役时间和使用寿命,降低全寿命周期费用,但随着工作时间的延长和维修次数的增多,系统维修后工作时间呈现缩短的趋势,维修将不能满足装备使用需要,这时就需要采取预防性更换,使系统恢复如新。因此,通过选择最优的检测周期 T 和更换策略 N,使得长期运行费用率 $E[C(T,N)]$ 最低,即

$$\min \quad E[C(T,N)]$$
$$\text{s. t.} \quad T=k\Delta t, \quad k=1,2,3,\cdots;N=1,2,3,\cdots \tag{7-18}$$

7.3.2　模型建立

1. 劣化模型

一般情况下,装备的性能会随服役时间的延长而缓慢劣化,出现磨损、疲劳、腐蚀、裂纹增长等现象。Gamma 过程属于独立增量过程,适合描述随时间单调增加的渐进过程[19],如上述表征系统性能劣化的现象,且便于数学计算和分析。设连续时间随机过程 $\langle X(t),t\geqslant 0 \rangle$ 为 Gamma 过程,其概率密度函数为

$$f_{\alpha t,\beta}(x)=\frac{1}{\Gamma(\alpha t)}\beta^{\alpha t}x^{\alpha t-1}\exp(-\beta x), \quad x\geqslant 0 \tag{7-19}$$

式中

$$\Gamma(a)=\int_0^{+\infty}u^{a-1}\mathrm{e}^{-u}\mathrm{d}u, \quad a>0 \tag{7-20}$$

α 和 β 分别为形状参数和尺度参数,根据劣化数据,利用数学统计方法和参数估计可以得到 α 和 β。Gamma 过程具有非负独立增长的性质,能够很好地描述系

统劣化过程。系统劣化率的均值为 α/β，方差为 α/β^2。

根据 Gamma 过程的密度函数，若系统当前状态为 x_0，则到达某一状态 x 的时间 τ_x 分布函数为

$$F_{\tau_x,x_0}(t) = \frac{\Gamma(\alpha t,(x-x_0)\beta)}{\Gamma(\alpha t)} \tag{7-21}$$

式中

$$\Gamma(a,b) = \int_b^{+\infty} u^{a-1} \mathrm{e}^{-u} \mathrm{d}u, \quad a>0, b \geqslant 0 \tag{7-22}$$

其概率密度函数可表示为

$$f_{\tau_x,x_0}(t) = \frac{\partial}{\partial t} F_{\tau_x,x_0}(t) = \frac{\alpha}{\Gamma(\alpha t)} \int_{\beta(x-x_0)}^{+\infty} (\ln(z) - \phi(\alpha t)) z^{\alpha t-1} \mathrm{e}^{-z} \mathrm{d}z \tag{7-23}$$

式中

$$\phi(a) = \frac{\Gamma'(a)}{\Gamma(a)} = \frac{\partial \ln \Gamma(a)}{\partial a} \tag{7-24}$$

系统第 $i-1(0<i \leqslant N)$ 次维修后，进入第 i 次预防性维修周期时，设从维修后系统状态 x 到达预防性维修阈值的时间为 τ_ξ^i，到达故障阈值的时间为 τ_L^i。根据式(7-23)，其概率密度函数为

$$f_{\tau_\xi^i,x}(t) = \frac{\alpha}{\Gamma(\alpha t)} \int_{\beta(\xi-x)}^{+\infty} (\ln z - \phi(\alpha t)) z^{\alpha t-1} \mathrm{e}^{-z} \mathrm{d}z \tag{7-25}$$

$$f_{\tau_L^i,x}(t) = \frac{\alpha}{\Gamma(\alpha t)} \int_{\beta(L-x)}^{+\infty} (\ln z - \phi(\alpha t)) z^{\alpha t-1} \mathrm{e}^{-z} \mathrm{d}z \tag{7-26}$$

而 $\tau_L^i - \tau_\xi^i$ 的分布函数可近似为[20]

$$F_{\tau_L^i-\tau_\xi^i}(t) \approx F_{\tau_{L-\xi-\frac{1}{2\beta}}}(t) = \frac{\Gamma\left(\alpha t, \beta(L-\xi)-\dfrac{1}{2}\right)}{\Gamma(\alpha t)} \tag{7-27}$$

$$\bar{F}_{\tau_L^i-\tau_\xi^i}(t) = 1 - F_{\tau_L^i-\tau_\xi^i}(t) \approx 1 - \frac{\Gamma\left(\alpha t, \beta(L-\xi)-\dfrac{1}{2}\right)}{\Gamma(\alpha t)} \tag{7-28}$$

2. 不完全维修模型

为了表示维修后系统无法恢复至全新状态，以及随着工作时间的延长和维修次数的增多，维修使系统恢复的程度呈现越来越差的趋势，设第 $i(i<N)$ 次维修后状态 $X(R_i^+)$ 为一个取值范围为 $[0,\xi]$ 的随机变量，其均值和方差为[7]

$$E\left[\frac{X(R_i^+)}{\xi}\right] = 1 - \exp(-i\mu)$$
$$\mathrm{Var}\left[\frac{X(R_i^+)}{\xi}\right] = \sigma^2 \tag{7-29}$$

当 $\mu>0$ 和 $\sigma^2>0$ 时,以 Beta 分布为例来描述随机变量 $X(R_i^+)$,其概率密度函数为

$$f_{X(R_i^+)}(x)=\frac{1}{\xi}\frac{\Gamma(p_i+q_i)}{\Gamma(p_i)\Gamma(q_i)}\left(\frac{x}{\xi}\right)^{p_i-1}\left(1-\frac{x}{\xi}\right)^{q_i-1},\quad 0\leqslant x\leqslant\xi \qquad (7\text{-}30)$$

式中,p_i 和 q_i 为该 Beta 分布的两个参数。根据式(7-29),其数学期望和方差可表示为

$$E\left[\frac{X(R_i^+)}{\xi}\right]=\frac{p_i}{p_i+q_i}=1-\exp(-i\mu) \qquad (7\text{-}31)$$

$$\mathrm{Var}\left[\frac{X(R_i^+)}{\xi}\right]=\frac{p_iq_i}{(p_i+q_i)^2(p_i+q_i+1)}=\sigma^2 \qquad (7\text{-}32)$$

式中,μ 和 σ 可以通过经典的参数估计方法得到。

3. 长期运行费用率

根据模型假设,长期运行条件下维修费用率可表示为

$$E[C(T,N)]=\frac{C_iE[N_I]+C_pE[N_P]+C_dE[W_r]+C_rP_R(T,N)+C_fP_F(T,N)}{E[\tau]}$$

$$\qquad (7\text{-}33)$$

式中,$E[\tau]$ 为系统在两次更换之间的寿命周期期望;$E[N_I]$ 和 $E[N_P]$ 分别为在寿命周期内进行检测次数和预防性维修次数的期望;$E[W_r]$ 为故障发生后停机时间的期望;$P_R(T,N)$ 和 $P_F(T,N)$ 分别为系统进行预防性更换和故障后更换的概率。

7.3.3　模型分析与求解

1. 寿命周期期望

将连续两次更换系统至全新状态的时间设为一个寿命周期。根据假设,系统寿命周期可以分为以下两种情况:①系统在进行 $N-1$ 次预防性维修后,当系统状态再次超过维修阈值时进行预防性更换;②系统在进行第 $i(i\leqslant N)$ 次预防性维修(第 N 次为更换)前,系统发生劣化故障进行故障后更换,如图 7-10 所示。

根据上述分析以及模型假设,预防性更换或故障后更换都在检测时刻进行。因此,设系统寿命周期为 $\tau=(k+1)T(k=0,1,2,\cdots)$,按照维修次数的不同,分以下 3 种情况进行分析:

(1) 第 1 次预防性维修前,在时间 $(kT,(k+1)T](k=0,1,2,\cdots)$ 内发生劣化故障,那么在时刻 $(k+1)T$ 须进行故障后更换而系统寿命周期结束,将此记为事件 $B_1(k,T)=\{kT<\tau_\xi^1<\tau_L^1\leqslant(k+1)T,\quad k=0,1,2,\cdots\}$,该事件发生的概率为

$$P(B_1(k,T))=\int_{kT}^{(k+1)T}f_{\tau_\xi^1}(u)F_{\tau_L^1-\tau_\xi^1}((k+1)T-u)\mathrm{d}u \qquad (7\text{-}34)$$

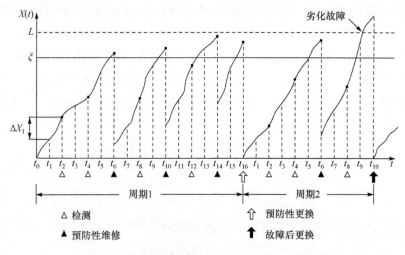

图 7-10　系统寿命周期示意图($T=2\Delta t$，$N=4$)

(2) 第 $m(2\leqslant m\leqslant N-1)$ 次预防性维修前，在时间 $(kT,(k+1)T]$ $(k=m-1$，$m,m+1,\cdots)$ 内发生劣化故障，则在时刻 $(k+1)T$ 须立即进行故障后更换而该寿命周期结束，可将此记为事件 $B_m(k,T)$。设系统进行第 $i(i<m)$ 次预防性维修时刻为 j_iT，并且满足 $1\leqslant j_1<j_2<\cdots<j_{m-1}\leqslant k$；在时刻 j_1T 进行第 1 次预防性维修，将此记为事件 $A(j_1,T)$，具体表达为 $A(j_1,T)=\{(j_1-1)T<\tau_\xi^1\leqslant j_1T<\tau_L^1\}$，该事件发生的概率为

$$P(A(j_1,T))=\int_{(j_1-1)T}^{j_1T}f_{\tau_\xi^1}(u)\overline{F}_{\tau_L^1-\tau_\xi^1}(j_1T-u)\mathrm{d}u \tag{7-35}$$

当 $3\leqslant m\leqslant N-1$ 时，将时刻 j_iT 发生第 $i(2\leqslant i\leqslant m-1)$ 次预防性维修记为事件 $A(j_i,T)=\{(j_i-j_{i-1}-1)T<\tau_\xi^i\leqslant(j_i-j_{i-1})T<\tau_L^i,2\leqslant i\leqslant m-1\}$。第 $i-1$ 次维修后系统状态为 $X(R_{i-1}^+)$，其分布密度函数为 $f_{X(R_{i-1}^+)}(x)$，那么该事件发生的概率为

$$P(A(j_i,T))=\int_0^\xi f_{X(R_{i-1}^+)}(x)\int_{(j_i-j_{i-1}-1)T}^{(j_i-j_{i-1})T}f_{\tau_\xi^i,x}(u)\overline{F}_{\tau_L^i-\tau_\xi^i}[(j_i-j_{i-1})T-u]\mathrm{d}u\mathrm{d}x$$

$$\tag{7-36}$$

根据上述分析，事件 $B_m(k,T)=\{(k-j_{m-1})T<\tau_\xi^m<\tau_L^m\leqslant(k+1-j_{m-1})T,k\geqslant m-1\}$ 发生的概率为

$$P(B_m(k,T))=\sum_{j_1=1}^{k-m+2}\sum_{j_2=j_1+1}^{k-m+3}\cdots\sum_{j_{m-1}=j_{m-2}+1}^{k}\prod_{i=1}^{m-1}P(A(j_i,T))\int_0^\xi f_{X(R_{m-1}^+)}(x)$$

$$\cdot\int_{(k-j_{m-1})T}^{(k+1-j_{m-1})T}f_{\tau_\xi^m,x}(u)F_{\tau_L^m-\tau_\xi^m}((k+1-j_{m-1})T-u)\mathrm{d}u\mathrm{d}x$$

$$\tag{7-37}$$

(3) 在经过 $N-1$ 次预防性维修后,在时间 $(kT,(k+1)T](k=N-1,N,N+1,\cdots)$ 内系统状态再次超过维修阈值,在时刻 $(k+1)T$ 无论是劣化故障未发生而进行预防性更换,还是劣化故障发生而进行故障后更换,该寿命周期都已结束。根据条件,在时刻 $j_iT(1\leqslant j_1<j_2<\cdots<j_{N-1}\leqslant k)$ 进行第 i 次预防性维修,记为 $A(j_i,T)$,则事件 $B_N(k,T)=\{(k-j_{N-1})T<\tau_\xi^N\leqslant(k+1-j_{N-1})T,k\geqslant N-1\}$ 发生的概率为

$$P(B_N(k,T))=\sum_{j_1=1}^{k-N+2}\sum_{j_2=j_1+1}^{k-N+3}\cdots\sum_{j_{N-1}=j_{N-2}+1}^{k}\prod_{i=1}^{N-1}P(A(j_i,T))$$
$$\cdot\int_0^\xi f_{X(R_{N-1}^+)}(x)\int_{(k-j_{N-1})T}^{(k+1-j_{N-1})T}f_{\tau_\xi^N,x}(u)\mathrm{d}u\mathrm{d}x \quad (7\text{-}38)$$

根据以上分析,两次更换之间的系统寿命期望为

$$E[\tau]=\sum_{k=0}^{+\infty}\sum_{m=1}^{\min(k+1,N)}(k+1)T\cdot P(B_m(k,T)) \quad (7\text{-}39)$$

2. 停机时间期望

停机时间期望 $E[W_r]$ 为系统因发生劣化故障而停机,直到检测发现的时间均值。设系统在时刻 $t(kT\leqslant t<(k+1)T)$ 因劣化故障而停机,分以下两种情况进行分析:

(1) 系统在第 1 次预防性维修前发生劣化故障而停机,将此记为事件 $D_1(k,T)=\{kT<\tau_\xi^1<\tau_L^1<t,\quad k=0,1,2,\cdots\}$,该事件发生的概率为

$$P(D_1(k,T))=\int_{kT}^t f_{\tau_\xi^1}(u)F_{\tau_L^1-\tau_\xi^1}(t-u)\mathrm{d}u \quad (7\text{-}40)$$

(2) 系统在第 $m(2\leqslant m\leqslant N)$ 次预防性维修(第 N 次为预防性更换)前发生劣化故障而停机,停机前在时刻 $j_iT(1\leqslant j_1<j_2<\cdots<j_{m-1}\leqslant k)$ 进行第 i 次预防性维修,记为事件 $A(j_i,T)$。那么,定义事件 $D_m(k,T)=\{(k-j_{m-1})T<\tau_\xi^m<\tau_L^m<t-j_{m-1}T,k\geqslant m-1\}$,其发生的概率表示为

$$P(D_m(k,T))=\sum_{j_1=1}^{k-m+2}\sum_{j_2=j_1+1}^{k-m+3}\cdots\sum_{j_{m-1}=j_{m-2}+1}^{k}\left\{\prod_{i=1}^{m-1}P(A(j_i,T))\right.$$
$$\left.\cdot\int_0^\xi f_{X(R_{m-1}^+)}(x)\int_{(k-j_{m-1})T}^{t-j_{m-1}T}f_{\tau_\xi^m,x}(u)F_{\tau_L^m-\tau_\xi^m}(t-j_{m-1}T-u)\mathrm{d}u\mathrm{d}x\right\}$$
$$(7\text{-}41)$$

综合以上情况,停机时间期望 $E[W_r]$ 为

$$E[W_r]=\sum_{k=0}^{+\infty}\sum_{m=1}^{\min(k+1,N)}\int_{kT}^{(k+1)T}P(D_m(k,T))\mathrm{d}t \quad (7\text{-}42)$$

3. 其他参数

寿命周期内检测次数的期望 $E[N_{\mathrm{I}}]$ 为

$$E[N_{\mathrm{I}}]=\frac{E[\tau]}{T} \tag{7-43}$$

寿命周期内预防性维修次数的期望 $E[N_{\mathrm{P}}]$ 为

$$E[N_{\mathrm{P}}]=\sum_{k=1}^{+\infty}\sum_{m=2}^{\min(k+1,N)}(m-1)\cdot P(B_m(k,T)) \tag{7-44}$$

系统进行预防性更换的概率 $P_{\mathrm{R}}(T,N)$ 为

$$P_{\mathrm{R}}(T,N)=\sum_{k=N-1}^{+\infty}\sum_{j_1=1}^{k-N+2}\sum_{j_2=j_1+1}^{k-N+3}\cdots\sum_{j_{N-1}=j_{N-2}+1}^{k}\left\{\prod_{i=1}^{N-1}P(A(j_i,T))\right.$$
$$\left.\cdot\int_0^{\xi}f_{X(R_{N-1}^+)}(x)\int_{(k-j_{N-1})T}^{(k+1-j_{N-1})T}f_{\tau_{\xi}^N,x}(u)\overline{F}_{\tau_L^N-\tau_{\xi}^N}((k+1-j_{N-1})T-u)\mathrm{d}u\mathrm{d}x\right\} \tag{7-45}$$

系统进行故障后更换的概率 $P_{\mathrm{F}}(T,N)$ 为

$$P_{\mathrm{F}}(T,N)=1-P_{\mathrm{R}}(T,N) \tag{7-46}$$

7.3.4 算例分析

设系统劣化过程服从参数为 $\alpha=1$ 和 $\beta=1$ 的 Gamma 过程,以周期 T(单位:h)对系统状态进行定期检测,当系统劣化状态超过故障阈值 $L=25$ 时即被视为系统发生故障而停机,须进行故障后更换;当发现系统劣化状态超过预定的维修阈值 $\xi=20$ 但未超过故障阈值时,应实施预防性维修。维修是不完全的,利用参数为 (p_i,q_i) 的 Beta 分布描述第 i 次维修后系统状态,p_i 和 q_i 由参数 $\mu=0.5$ 和 $\sigma^2=0.005$ 以及维修次数 i 决定。经过 $N-1$ 次预防性维修后,当系统状态再次超过维修阈值且未发生故障时,则进行预防性更换。在系统寿命周期内,检测费用 $C_i=5$ 元,预防性维修费用 $C_p=50$ 元,预防性更换费用 $C_r=200$ 元,故障后更换费用 $C_f=500$ 元,单位时间系统停机损失 $C_d=80$ 元。通过优化检测周期 T 和更换策略 N,使得系统长期运行条件下维修费用率 $E[C(T,N)]$ 最低(设单位时间 $\Delta t=1\mathrm{h}$)。

将以上参数代入相关公式,计算求解得到 $E[\tau]$、$E[N_{\mathrm{I}}]$、$E[N_{\mathrm{P}}]$、$E[W_r]$、$P_{\mathrm{R}}(T,N)$ 和 $P_{\mathrm{F}}(T,N)$,然后将这些计算结果代入式(7-33),得到长期运行费用率 $E[C(T,N)]$。如图 7-11 所示,在维修策略 $(T=3,N=3)$ 处取得最优维修费用率为 $E[C(T,N)]=9.4622$ 元/h。为了验证该解析模型计算结果的正确性,利于蒙特卡罗仿真方法进行模拟,以对比两种不同方法所得结果。根据模型假设,建立相应的仿真模型,估计系统维修费用率的期望,其仿真流程如图 7-12 所示。

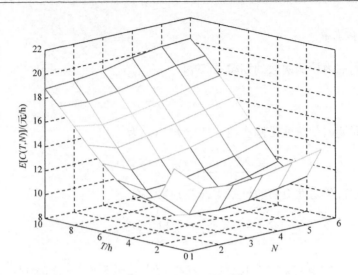

图 7-11   费用率 $E[C(T, N)]$ 与维修策略 (T, N) 的关系

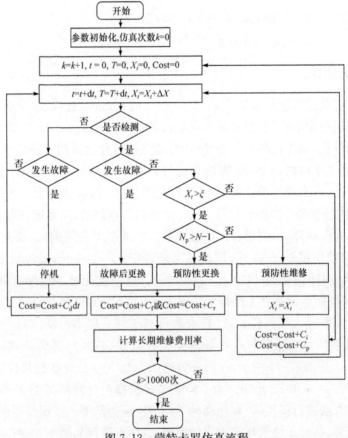

图 7-12   蒙特卡罗仿真流程

　　根据算例中的条件对仿真参数初始化,经过多次模拟,部分计算结果如表 7-2 所示。通过对比可以看出,费用率解析模型的计算结果与仿真所得结果相吻合,因而验证了其正确性。

表 7-2　蒙特卡罗仿真计算结果

T/h	N	EC(解析法)/(元/h)	EC(蒙特卡罗仿真法)/(元/h)
2	2	9.9785	10.0215
2	3	9.7486	9.7985
2	4	9.9927	10.0581
3	2	9.6069	9.6597
3	3	9.4622	9.4938
3	4	9.7543	9.8126
4	2	10.1024	10.062
4	3	10.1019	10.057
4	4	10.4765	10.431

注:EC 为系统长期运行条件下维修费用率 $E[C(T,N)]$。

　　下面通过将一个维修费用参数设为变量、其他参数固定的方式,分析最优维修策略对维修费用参数的敏感程度。一般情况下,维修费用满足 $C_i < C_p < C_r < C_f$。

　　首先,分析检测费用 C_i 对系统最优维修费用率及最优维修策略的影响,设 $1 \leqslant C_i < C_p$,其他参数不变,最优维修费用率及最优维修策略随检测费用 C_i 变化情况如图 7-13 所示。

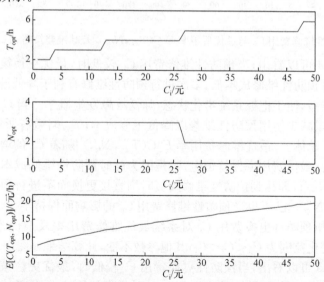

图 7-13　检测费用 C_i 与最优费用率 $E[C(T_{opt}, N_{opt})]$ 及其维修策略 (T_{opt}, N_{opt}) 的关系

　　由图 7-13 可以看出,当检测费用 C_i 较低时,最优检测周期 T_{opt} 较短,这是因

为此时检测成本低,较高频率检测有利于把握系统劣化状态,降低故障发生概率;最优更换策略 N_{opt} 较大,在较高频率检测的条件下,采取多次预防性维修有利于延长系统寿命周期。随着 C_i 的增加,T_{opt} 逐渐变大,降低检测频率以减少检测成本;N_{opt} 受 C_i 增加的影响较小,只是略微有所减小,以降低系统发生故障的概率;总体上,最优维修费用率 $E[C(T_{opt},N_{opt})]$ 随着检测费用增加而不断提高。

其次,分析预防性维修费用 C_p 对系统最优维修费用率及最优维修策略的影响,设 C_p 的变化范围为 $C_i<C_p<C_r$,计算结果如图 7-14 所示。

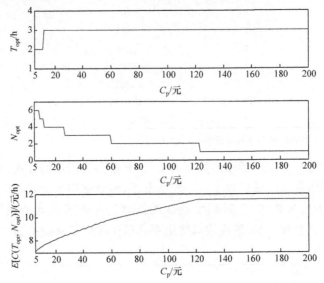

图 7-14　预防性维修费用 C_p 与最优费用率 $E[C(T_{opt},N_{opt})]$ 及其维修策略$(T_{opt}$,$N_{opt})$的关系

由图 7-14 可以看出,当预防性维修费用 C_p 较低时,最优更换策略 N_{opt} 较大,这是因为此时预防性维修成本低,多次进行预防性维修有利于降低维修费用率;最优检测周期较短,便于把握系统劣化状态,降低故障发生概率。当 C_p 增加时,N_{opt} 随之减小,尽量减少使用预防性维修以降低维修成本;T_{opt} 略微有所增加,其受 C_p 的影响较小。总体上,最优维修费用率 $E[C(T_{opt},N_{opt})]$ 随着 C_p 的增加而提高,而当 $C_p>120$ 时,最优费用率保持恒定,这是因为此时预防性维修成本较高,使得最优更换策略 $N=1$,即达到预防性维修阈值时则直接更换而不进行预防性维修,此时 $E[C(T_{opt},N_{opt})]$ 已不再受预防性维修费用 C_p 的影响而保持不变。

再次,分析预防性更换费用 C_r 对系统最优维修费用率及最优维修策略的影响,设 C_r 的变化范围为 $C_p<C_r<C_f$,其他参数不变,计算结果如图 7-15 所示。

由图 7-15 可以看出,当预防性更换费用 C_r 较低时,最优更换策略 N_{opt} 较小,这是因为此时采取费用低的预防性更换有利于降低维修费用率;最优检测周期 T_{opt} 较短,便于把握系统劣化状态,降低故障发生概率。随着预防性更换费用 C_r 增加,最优更换策略 N_{opt} 提高,即尽量采取费用较低的预防性维修以降低维修成本;

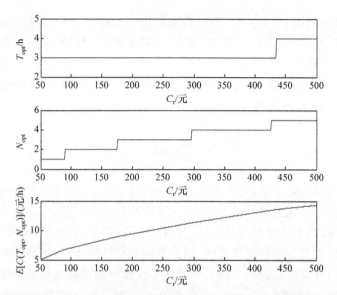

图 7-15　预防性更换费用 C_r 与最优费用率 $E[C(T_{opt}, N_{opt})]$ 及其维修策略(T_{opt}，N_{opt})的关系

最优检测周期 T_{opt} 受 C_r 增加的影响较小,当 C_r 增加至接近故障后更换费用 C_f 时略微有增加,这是由于此时预防性更换费用过高,已失去提前更换的必要,因而也就无须较为频繁地检测;总体上,当预防性更换费用 C_r 增加时,系统最优维修费用率 $E[C(T_{opt}, N_{opt})]$ 则随之提高。

最后,分析停机费用 C_d 对于系统最优维修费用率及最优维修策略的影响,设 C_d 的变化范围为 $0 < C_d < 800$,其他参数不变,计算结果如图 7-16 所示。从图中可

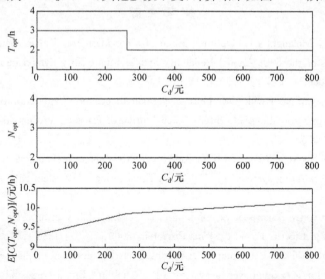

图 7-16　停机费用 C_d 与最优费用率 $E[C(T_{opt}, N_{opt})]$ 及其维修策略(T_{opt}，N_{opt})的关系

以看出，当停机费用 C_d 较低时，最优检测周期 T_{opt} 较长，因为此时停机损失较少，不必进行频繁的检测；当 C_d 较高时，最优检测周期 T_{opt} 较短，有利于掌握系统劣化状态，及时采取维修活动减少停机损失。C_d 对于最优更换策略 N_{opt} 的影响很小，N_{opt} 随着 C_d 的增加保持不变。总体上，当停机费用 C_d 增加时，系统最优维修费用率 $E[C(T_{opt}, N_{opt})]$ 随之提高。

7.4　本章小结

本章从维修实际出发，对单部件系统视情维修中的不完全维修情况进行了研究，一方面，针对系统随着年龄增加，经过多次维修后，劣化速度加快而所需维修时间变长的问题，基于连续时间马尔可夫链建立单部件系统视情维修模型，给出模型状态概率方程组及其递归求解算法，结合不同系统性能指标，说明了最优检测维修及更换策略的计算方法；另一方面，为描述系统维修效果越来越差和维修后工作时间越来越短的趋势，基于 Gamma 过程建立了一种考虑不完全维修情况的劣化系统视情维修模型，给出了该劣化系统长期运行费用率的解析计算方法，分析了长期运行费用率与检测周期和更换策略之间的函数变化关系，并利用蒙特卡罗仿真模型对模型进行了检验。结果表明，计算长期运行费用率所得结果，与利用仿真方法估计的费用率期望相吻合，证明了该模型的正确性。本章建立的维修模型及结论有助于解决实际维修工程中的现实问题，为更一般的视情维修决策及更换策略提供理论依据，具有一定的参考价值。

参 考 文 献

[1] Amari S V, Mclaughlin L. Optimal design of a condition based maintenance model[C]// Proceedings of the 50th Annual Reliability and Maintainability Symposium(RAMS), Los Angeles, 2004.

[2] Kallen M J, van Noortwijk J M. Optimal periodic inspection of a deterioration process with sequential condition states[J]. International Journal of Pressure Vessels and Piping, 2006, 83(4): 249-255.

[3] Moustafa M S, Abdel Maksoud E Y, Sadek S. Optimal major and minimal maintenance policies for deteriorating systems[J]. Reliability Engineering and System Safety, 2004, 83(3): 363-368.

[4] Tomasevicz C L, Asgarpoor S. Optimum maintenance policy using semi-Markov decision processes[J]. Electric Power Systems Research, 2009, 79(9): 1286-1291.

[5] Castanier B, Grall A, Berenguer C. A condition-based maintenance policy with non-periodic inspections for a two-unit series system[J]. Reliability Engineering and System Safety, 2005, 87(1): 109-120.

［6］程志君,高大化,黄卓,等.不完全维修条件下的视情维修优化模型［J］.系统工程与电子技术,2006,28(7):1106-1108.

［7］Liao H, Elsayed E A, Chan L Y. Maintenance of continuously monitored degrading systems ［J］. European Journal of Operational Research, 2006, 175(2): 821-835.

［8］Chiang J H, Yuan J. Optimal maintenance policy for a Markovian system under periodic inspection［J］. Reliability Engineering and System Safety, 2001, 71(2): 165-172.

［9］Isaac W S, Mustapha N, Daoud A K. Performance evaluation of multi-state degraded systems with minimal repairs and imperfect preventive maintenance［J］. Reliability Engineering and System Safety, 2010, 95(2): 65-69.

［10］刘宝友,方攸同,魏金祥,等.状态维修机械设备的可靠性和检测更换策略［J］.机械工程学报,2006,42(3):30-35.

［11］Liu Y, Huang H Z. Optimal selective maintenance strategy for multi-state systems under imperfect maintenance［J］. IEEE Transactions on Reliability, 2010, 59(2): 356-367.

［12］Lam Y. A geometric-process maintenance model with preventive repair［J］. European Journal of Operation Research, 2007, 182: 806-819.

［13］Zhang Y L, Wang G J. An optimal replacement policy for a multistate degenerative simple system［J］. Applied Mathematical Modelling, 2010, 34: 4138-4150.

［14］Castro I T. A model of imperfect preventive maintenance with dependent failure modes［J］. European Journal of Operation Research, 2009, 196(1): 217-224.

［15］Chen D, Trivedi K S. Closed-form analytical results for condition-based maintenance［J］. Reliability Engineering and System Safety, 2002, 76(1): 43-51.

［16］Castanier B, Berenguer C, Grall A. A sequential condition-based repair/replacement policy with non-periodic inspections for a system subject to continuous wear［J］. Applied Stochastic Models in Business and Industry, 2003, 19(4): 327-347.

［17］Nicolai R P, Frenk J B, Dekker R. Modelling and optimizing imperfect maintenance of coatings on steel structures［J］. Structural Safety, 2009, 31(3): 234-244.

［18］Newby M J, Barker C T. A bivariate process model for maintenance and inspection planning［J］. International Journal of Pressure and Piping, 2006, 83(4): 270-275.

［19］van Noortwijk J M. A survey of the application of gamma processes in maintenance［J］. Reliability Engineering and System Safety, 2009, 94(1): 2-21.

［20］Huynh K T, Barros A, Berenguer C, et al. A periodic inspection and replacement policy for systems subject to competing failure modes due to degradation and traumatic events［J］. Reliability Engineering and System Safety, 2011, 96(4): 497-508.

第8章 不完备检测下的视情维修策略

8.1 不完备检测问题描述

在以可靠性为中心的维修中,定义功能故障为产品不能履行其期望功能的状态;定义潜在故障为表征产品功能故障将要发生且能够鉴别的状态。视情维修就是通过对产品进行功能检测,以发现潜在故障、预防发生功能故障。功能检测是对劣化系统开展视情维修的首要工作。对于服役的舰船装备,其性能一般会随着时间的推移而发生劣化,或者由于受到致命的打击而发生故障,因此其不能长期保证正常运行。对于装备的运行状况,可以使用不同劣化状态来描述,当处于轻度劣化状态时系统仍能工作,但随着系统劣化程度不断增加,直至潜在故障发生时,就需要采取预防性维修相关措施,以减少故障发生的风险、提高设备工作运行的安全性。由于在工作运行的过程中,系统所处的劣化状态往往是直接观察不出来的,因此需要利用配套的检测仪器和工具对其进行系统状态信息采集,经信息分析处理后确定其劣化阶段并制订相应的维修策略,以保证视情维修工作有效开展。

随着科学技术的不断发展,装备复杂程度和集成度越来越高,在装备维修工程中普遍存在检测不完备的问题,即检测无法正确反映系统的真实状态,导致装备使用和保障费用成本增加。检测不完备是由于在实际检测过程中经验不足、技术条件不成熟等,无法准确检测系统状态而出现将系统正常状态错误判定为潜在故障状态(虚警),以及在系统潜在故障或功能故障发生后但未能检出(漏检)的情况。针对上述问题,本章首先建立多级劣化系统在不完备检测条件下进行视情维修的性能分析评估模型,通过数值解法对马尔可夫状态转移方程进行求解,得到多级劣化系统性能随工作时间变化的关系,以及不完备检测因素对其影响的定量分析结果;然后基于马尔可夫过程描述的系统劣化模型,建立其在不完备检测条件下的视情维修模型,给出检测周期、维修阈值与长期费用率的函数关系表达式,并以长期费用率最低为目标,对检测周期和维修阈值进行优化,还进一步分析虚警和漏检问题对最优检测周期和维修阈值的影响。

8.2 装备劣化过程的离散描述方法

一般地,装备功能发生前会有从量变到质变的过程,伴随这一过程的是系统性能特征量的变化[1,2]。在系统性能从最好状态演变到性能最差状态的过程中,往往会经历若干中间状态,由于系统性能随着年龄增长和使用时间的延长而不断连续劣化,因此这些中间状态往往是连续的。为了便于分析处理,在维修决策理论研究或实际应用中,可以将连续的劣化过程看成离散的,根据实际需求将系统性能变化区间划分为若干阶段。在维修工程实际中,维修决策者在检测时刻根据系统的状态,判断其处于寿命周期的何种阶段,以便采取适当的维护、保养、维修及更换等措施。

实际中,大多数设备的劣化过程往往都满足马尔可夫性质[3]。因此,马尔可夫链成为系统劣化建模和维修工作分析应用较为广泛的工具。人们在视情维修理论研究中,通过将系统劣化过程离散化,利用有限个劣化程度依次加重的多个状态进行描述,结合状态间的转移概率,基于马尔可夫链理论刻画了系统整个寿命周期的劣化特性。以舰船机械类装备为例,在工作期间其零部件会因相对运动而发生磨损,并且约 80% 的机械设备失效都是磨损失效[4]。刘伯运等[5]针对柴油机工作运行过程中,由于缸套、活塞环和连杆轴瓦等机件的相互摩擦,性能状态不断下降的问题,将柴油机磨损状态分为正常、轻度磨损、中度磨损和严重磨损,给出了柴油机状态表征体系的构建方法。在维修工程实际中,可通过振动监测、油液分析等技术手段获取设备的磨损情况,根据磨损程度判断系统当前状态并选择适当的维修措施。Banjevic 等[6]对于机械传动设备进行油液分析,根据维修技术人员的经验,将润滑油中的铁金属含量划分为 0~10ppm①、10~20ppm、20~40ppm、40~70ppm以及大于 70ppm 五个子区间范围,将其定义为设备从良好到严重异常之间的五种状态,给出基于马尔可夫故障时间过程(Markov failure time process,MFTP)计算系统可靠性的方法;Louit 等[7]还根据 Banjevic 等[6]给出的机械传动设备的离散状态分类及其转移关系,研究了系统最优维修更换时机以及备件订购策略的问题。王凌[3]同样基于油液监测技术,根据煤矿卡车发动机油液监测数据,选用铁粒子和沉淀物含量两种独立的油液状况变量作为发动机劣化程度的指标,将发动机劣化过程分为 6 种离散状态,给出了状态转移概率的计算方法。程志君等[8]在算例中将舰船柴油发动机的寿命周期分为 7 个性能劣化阶段,研究了最优检测周期和维修阈值的求解方法。

8.3　不完备检测下视情维修的装备性能评估模型

在对劣化系统可靠性分析中,传统方法是假设系统分为功能正常与故障失效两个状态,然而在实际中,更为普遍的情况是劣化系统从功能完好到彻底失效的过程中,其性能水平可分为若干层次,即多级劣化系统,其在不同性能水平的状态下,

---

① 1ppm=10^{-6}。

故障发生概率也有所不同。很多学者对于多级劣化系统的可靠性分析做了研究，Barlow 等[9]、Neveihi 等[10]利用结构函数法，将系统劣化模型从两状态扩展到多状态；Lisnianski[11]将经典的可靠性框图方法进行扩展，对可修多级劣化系统进行可靠性评估；Ding 等[12]基于模糊可靠性理论，采用模糊通用产生函数方法评估系统可靠性；Isaac 等[13]考虑不完全预防维修情况的因素，建立连续时间马尔可夫劣化系统评估模型。这些文献中，大多是评估系统在固定运行方式下，长期运行的平均可靠性水平的传统方法，无法反映当前运行状态下系统的短期可靠性水平。对此，Isaac 等[13]研究了多级劣化系统在有限时间范围内的实时性能评估，但在模型中没有考虑不完备检测及检测时间不可忽略等问题而与实际不符。在装备维修工程中，虚警和漏检问题往往会造成在正常状态时进行预防性维修形成浪费、在潜在故障时延误预防性维修导致功能故障，影响视情维修对劣化系统性能的改善效果。本节在此基础上，在多级劣化系统马尔可夫链模型中加入状态检测，根据不完备检测中虚警和漏检问题的影响，将劣化系统视情维修模型进行相应调整，建立多级劣化系统性能分析评估模型，通过数值解法对马尔可夫状态转移方程进行求解，得到多级劣化系统性能评估结果，从而有助于系统可靠性设计及维修策略的制订与优化。

8.3.1　系统模型的描述

1. 模型假设

（1）系统随工作时间的延长性能逐渐劣化，最终发生故障失效。在失效前，根据系统状态可以对其进行预防性维修，延长系统的使用寿命。

（2）将系统从开始工作到发生故障失效的整个过程分为 k 个性能劣化阶段，状态 i 与状态 $i+1$ 之间的转移率 α_i 服从指数分布。第 k 个劣化阶段之后系统发生劣化故障，通过故障后维修使其修复如新。

（3）系统在进行检测和预防性维修时需要停机，即检测和维修时间不可忽略。系统检测频率 λ_{in}、检测时间 $1/\mu_{in}$ 和预防性维修时间 $1/\mu_M$ 均服从指数分布。

（4）设维修阈值为 n，在系统状态 i 检测后的维修决策按照如下方式执行：①若 $1 \leqslant i \leqslant n$，则系统处于正常状态，继续工作；②若 $n+1 \leqslant i \leqslant k$，则发生潜在故障，进行预防性维修。

（5）由于检测具有不完备性，因此会发生将系统正常状态误判为潜在故障状态，以及将系统潜在故障状态误判为正常状态两类错误，在工程实际中分别称为虚警率和漏检率，系统在状态 i 时可分别记为 q_i 和 e_i，正确检测的概率分别为 $p_i = 1-q_i$ 和 $g_i = 1-e_i$。

（6）系统在状态 i 时发生泊松故障的故障率为 λ_i。当发生泊松故障时，进行最小修复，使系统恢复至故障前状态。

2. 模型描述

根据假设条件,定义系统的状态空间:

$\pi_{i,0}$ 表示系统在第 i 个性能劣化阶段处于工作状态,$1 \leqslant i \leqslant k$。

$\pi_{i,1}$ 表示系统在第 i 个性能劣化阶段处于检测状态,$1 \leqslant i \leqslant k$。

$\pi_{i,2}$ 表示系统在第 i 个性能劣化阶段发生泊松故障状态,$1 \leqslant i \leqslant k$。

π_M 表示系统处于预防性维修状态。

π_F 表示系统处于失效故障状态。

依据假设,采取以下维修策略:①若系统处于正常状态 $\pi_{i,0}(i=1,2,\cdots,n)$,则继续使用;②若系统处于潜在故障状态 $\pi_{i,0}(i=n+1,n+2,\cdots,k)$,则对系统进行预防性维修;③若在工作运行中系统受到冲击而发生泊松故障 $\pi_{i,2}(i=1,2,\cdots,k)$,则对系统进行最小维修,使其恢复至故障前状态。由于检测的不完备,当系统处于正常状态 $\pi_{i,0}(i=1,2,\cdots,n)$ 时,以正确检测概率 p_i 继续工作,以虚警率 q_i 将其误认定为潜在故障状态而提前进行预防性维修;当系统处于潜在故障状态 $\pi_{i,0}(i=n+1,n+2,\cdots,k)$ 时,以正确检测概率 g_i 对其进行预防性维修,以漏检率 e_i 将其误认定为正常状态而不采取任何措施。根据上述描述,系统在一个寿命周期内的所有状态及其转移概率构成马尔可夫链,如图 8-1 所示。

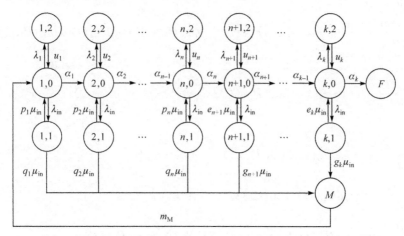

图 8-1　多级劣化系统在不完备检测下视情维修的马尔可夫链模型

8.3.2　模型分析与求解

1. 系统可用度

可用度是指系统在某一时刻处于正常工作或可使用状态的概率,是系统可用性的概率度量。系统不可用通常是由故障后维修以及为了保持功能完好性进行预防性维修而造成的[14]。在停机检测的情况下,检测时间不可忽略,过于频繁的检测将会影响系统可用度。另外,由于在检测过程中存在不完备因素,因此虚警会导致在系统功能正常时进行预防性维修,减少了正常运行工作时间;漏检会导致在系统发生潜在故障时没有进行预防性维修而引发更为严重的功能故障,系统因故障维修而停机时间更长,这些都会影响系统的可用度,因此在计算系统可用度时,需要考虑不完备检测的影响。

根据模型假设,系统在工作状态发生泊松故障时进行最小维修,之后恢复至故障前工作状态;检测发现系统状态 i 大于维修阈值 n 而进行预防性维修后,系统恢复至全新工作状态。因此,某一时刻的可用度只涉及该时刻系统是否可以工作,而与该时刻之前系统是否发生故障或是否经过维修(包括预防性维修和故障后维修)无关。根据模型描述,瞬时可用度 $A(t)$ 为系统在时刻 t 处于工作状态 $\pi_{i,0}$ 的概率 $P_{i,0}(t)(1\leqslant i\leqslant k)$ 之和,即

$$A(t) = \sum_{i=1}^{k} P_{i,0}(t) \tag{8-1}$$

根据建立的马尔可夫模型,可得 Kolmogorov-Chapman 方程如下:

$$
\begin{cases}
\dfrac{\mathrm{d}P_{1,0}(t)}{\mathrm{d}t} = -(\alpha_1 + \lambda_1 + \lambda_{\mathrm{in}})P_{1,0}(t) + p_1\mu_{\mathrm{in}}P_{1,1}(t) + \mu_1 P_{1,2}(t) + \mu_{\mathrm{M}}P_{\mathrm{M}}(t) \\[2mm]
\dfrac{\mathrm{d}P_{i,0}(t)}{\mathrm{d}t} = -(\alpha_i + \lambda_i + \lambda_{\mathrm{in}})P_{i,0}(t) + p_i\mu_{\mathrm{in}}P_{i,1}(t) + \mu_i P_{i,2}(t) + \alpha_{i-1}P_{i-1,0}(t), \\
\hspace{8cm} 2\leqslant i\leqslant n \\[2mm]
\dfrac{\mathrm{d}P_{i,0}(t)}{\mathrm{d}t} = -(\alpha_i + \lambda_i + \lambda_{\mathrm{in}})P_{i,0}(t) + e_i\mu_{\mathrm{in}}P_{i,1}(t) + \mu_i P_{i,2}(t) + \alpha_{i-1}P_{i-1,0}(t), \\
\hspace{8cm} n+1\leqslant i\leqslant k \\[2mm]
\dfrac{\mathrm{d}P_{i,1}(t)}{\mathrm{d}t} = -\mu_{\mathrm{in}}P_{i,1}(t) + \lambda_{\mathrm{in}}P_{i,0}(t), \quad 1\leqslant i\leqslant k \\[2mm]
\dfrac{\mathrm{d}P_{i,2}(t)}{\mathrm{d}t} = -\mu_i P_{i,2}(t) + \lambda_i P_{i,0}(t), \quad 1\leqslant i\leqslant k \\[2mm]
\dfrac{\mathrm{d}P_{\mathrm{M}}(t)}{\mathrm{d}t} = -\mu_{\mathrm{M}}P_{\mathrm{M}}(t) + \sum_{i=1}^{n} q_i\mu_{\mathrm{in}}P_{i,1}(t) + \sum_{i=n+1}^{k} g_i\mu_{\mathrm{in}}P_{i,1}(t) \\[2mm]
\dfrac{\mathrm{d}P_{\mathrm{F}}(t)}{\mathrm{d}t} = \alpha_k P_{k,0}(t)
\end{cases}
\tag{8-2}
$$

初始条件为

$$P_{1,0}(t)=1; \quad P_{i,j}(t)=0, \quad 2\leqslant i\leqslant k, 0\leqslant j\leqslant 2; \quad P_{\mathrm{M}}(t)=0; \quad P_{\mathrm{F}}(t)=0 \tag{8-3}$$

通过解微分方程组(8-2)和(8-3),将所得结果代入式(8-1),即可得系统在 t 时刻的瞬时可用度 $A(t)$。

2. 系统可靠性

可靠性 $R(t)$ 是指系统在规定条件下和规定时间 t 内,完成规定功能的概率。系统一旦发生泊松故障或者由劣化导致失效故障,都会导致系统在规定的时间内无法完成规定的功能。一般而言,系统在劣化过程中,劣化等级越高其故障率越高,预防性维修能够使劣化系统在达到预定的维修阈值时进行维修更新,降低系统故障率,提高系统可靠性。另外,在进行预防性维修时,漏检会延误维修最佳时机,系统故障风险加大,可靠性降低。因此,对多级劣化系统在视情维修下进行可靠性评估,考虑不完备检测条件是很有必要的。

根据可靠性的定义,只需确定系统从初始状态至首次进入故障状态(包括泊松故障 $\pi_{i,2}$ 和失效故障 π_F 状态)的时间,便可计算系统可靠性 $R(t)$。将全部泊松故障 $\pi_{i,2}$ 和失效故障 π_F 的集合记为状态 π_0。因为首次进入状态 π_0 表示时刻 t 之前没有进入过状态 π_0,所以不再计算由故障状态经修理后再转移到正常状态的概率,因此该状态为吸收态[6]。建立马尔可夫链模型如图 8-2 所示。

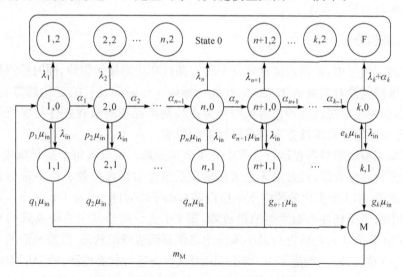

图 8-2　计算系统可靠性的马尔可夫链模型

计算系统可靠性 $R(t)$ 可表示为

$$R(t) = 1 - P_0(t) \tag{8-4}$$

根据建立的马尔可夫链模型,可得 Chapman-Kolmogorov 方程如下:

$$
\begin{cases}
\dfrac{\mathrm{d}P_{1,0}(t)}{\mathrm{d}t} = -(\alpha_1 + \lambda_1 + \lambda_{\mathrm{in}})P_{1,0}(t) + p_1\mu_{\mathrm{in}}P_{1,1}(t) + \mu_{\mathrm{M}}P_{\mathrm{M}}(t) \\[2mm]
\dfrac{\mathrm{d}P_{i,0}(t)}{\mathrm{d}t} = -(\alpha_i + \lambda_i + \lambda_{\mathrm{in}})P_{i,0}(t) + p_i\mu_{\mathrm{in}}P_{i,1}(t) + \alpha_{i-1}P_{i-1,0}(t), \quad 2 \leqslant i \leqslant n \\[2mm]
\dfrac{\mathrm{d}P_{i,0}(t)}{\mathrm{d}t} = -(\alpha_i + \lambda_i + \lambda_{\mathrm{in}})P_{i,0}(t) + e_i\mu_{\mathrm{in}}P_{i,1}(t) + \alpha_{i-1}P_{i-1,0}(t), \quad n+1 \leqslant i \leqslant k \\[2mm]
\dfrac{\mathrm{d}P_{i,1}(t)}{\mathrm{d}t} = -\mu_{\mathrm{in}}P_{i,1}(t) + \lambda_{\mathrm{in}}P_{i,0}(t), \quad 1 \leqslant i \leqslant k \\[2mm]
\dfrac{\mathrm{d}P_{\mathrm{M}}(t)}{\mathrm{d}t} = -\mu_{\mathrm{M}}P_{\mathrm{M}}(t) + \sum_{i=1}^{n} q_i\mu_{\mathrm{in}}P_{i,1}(t) + \sum_{i=n+1}^{k} g_i\mu_{\mathrm{in}}P_{i,1}(t) \\[2mm]
\dfrac{\mathrm{d}P_0(t)}{\mathrm{d}t} = \sum_{i=1}^{k} \lambda_i P_{i,0}(t) + \alpha_k P_{k,0}(t)
\end{cases}
$$

$$(8\text{-}5)$$

初始条件为

$$P_0(t)=0, \quad P_{1,0}(t)=1, \quad P_{i,j}(t)=0, \quad 2 \leqslant i \leqslant k; 0 \leqslant j \leqslant 2 \tag{8-6}$$

通过解微分方程组(8-5)和(8-6),将所得结果代入式(8-4),即可得系统在 t 时刻的瞬时可靠性 $R(t)$。

8.3.3　算例分析

在现实情况中,检测程度常常受到现实条件和检测技术制约,同时检测周期和预防性维修阈值对多级劣化系统的性能指标随工作时间延长的变化趋势有影响。因此,多级劣化系统性能评估需要综合考虑检测不完备的限制条件与视情维修策略,并分析预定检测维修方案对系统性能的影响。

已知某型舰船装备在运行过程中发生劣化故障。该设备每个运行周期分为 4 个性能劣化等级阶段,经过第 4 个劣化阶段后发生故障而失效。在不进行预防维修的情况下,第 i 个劣化阶段向下一阶段转移的平均时间为 $1/\alpha_i$(单位:h),设备运行过程中由于受到冲击而发生泊松故障,第 i 个劣化阶段发生泊松故障的平均时间为 $1/\lambda_i$(单位:h),之后进行最小维修使之恢复到故障前状态,维修所需的平均时间为 $1/\mu_i$(单位:h)。每隔 $1/\lambda_{\mathrm{in}}$(单位:h)对该设备进行状态检测,检测所需的平均时间为 $1/\mu_{\mathrm{in}}$(单位:h)。当检测发现设备状态超过第 n 个劣化阶段时,对其采取预防性维修,每次维修使设备恢复全新,维修平均时间为 $1/\mu_{\mathrm{M}}$(单位:h)。检测为不完备的,将系统正常状态 i 误以为发生潜在故障而进行预防性维修的虚警概率为 q_i,检测正确的概率为 p_i;将系统潜在故障状态 i 误以为正常而不进行预防性维修的漏检概率为 e_i,检测正确的概率为 g_i。

根据以上条件,设模型参数值为 $n=2, \mu_{\mathrm{in}}=2, \mu_{\mathrm{M}}=0.1$,其他参数如表 8-1 所

示,分以下 3 种情况进行分析。

表 8-1　系统性能评估计算所需参数

状态 i	α_i	λ_i	μ_i	p_i	q_i	e_i	g_i
1	0.03	0.005	0.01	0.9	0.1	—	—
2	0.05	0.008	0.02	0.8	0.2	—	—
3	0.07	0.01	0.04	—	—	0.2	0.8
4	0.09	0.011	0.08	—	—	0.1	0.9

　　(1)在同一检测误差条件下,对不同检测频率 λ_{in} 下的系统瞬态可用度和可靠性随工作时间增加的变化关系进行对比分析,将参数代入相关公式,计算结果如图 8-3 和图 8-4 所示。

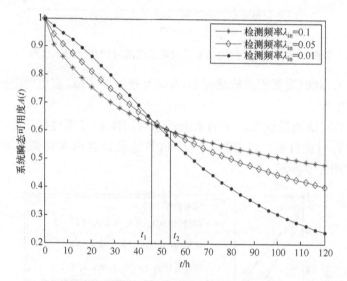

图 8-3　不同检测频率下系统瞬态可用度随时间变化示意图

　　由图 8-3 可以看出,当时间 $t \leqslant t_1$ 时,检测频率越低,即检测间隔时间越长,系统瞬态可用度越高,这是因为此时系统发生故障的概率较低,减少检测的次数可以提高可用度;当时间 $t \geqslant t_2$ 时,检测频率越高,系统瞬态可用度越高,这是因为此时系统故障率增加,提高检测频率可以及时进行视情维修,避免发生严重故障。由图 8-4 可以看出,系统可靠性随着工作时间的延长而不断下降,其中当系统状态检测越频繁时,系统可靠性越高,这是因为检测次数增加可以对系统进行反复维修更新,从而降低故障概率,提高系统可靠性。通过对图 8-3 和图 8-4 综合分析可知,在系统工作初期,不同检测频率下的可靠性差别较小,可以降低检测频率,以缩短不必要的检测时间,增加系统可用度;而在系统工作后期,不同检测频率下的可

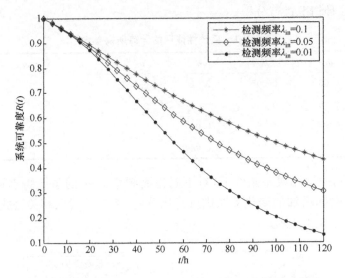

图 8-4　不同检测频率下系统可靠性随时间变化的示意图

靠性差距拉大,此时需要提高检测频率,及时发现潜在故障,避免功能故障的发生,提高系统可用度。

（2）对不同检测错误条件下的系统瞬态可用度和可靠性随工作时间增加的变化关系进行对比分析。设参数 $\lambda_{in}=0.1$,其他参数见前文算例描述,计算结果如图 8-5 和图 8-6 所示。

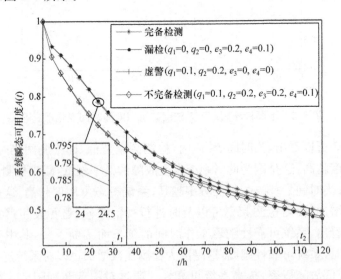

图 8-5　不同检测错误条件下系统瞬态可用度随时间变化示意图

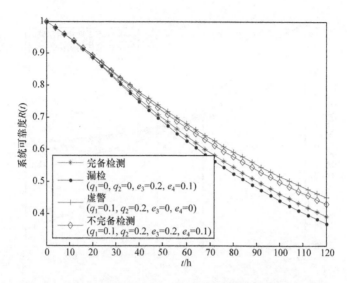

图 8-6　不同检测错误条件下系统可靠性随时间变化示意图

由图 8-5 可以看到,当时间 $t \leqslant t_1$ 时,漏检情况下的可用度略高于完备检测下的可用度,这是由于系统此时故障率较低,发生漏检情况实际上减少了进行视情维修的概率,提高了系统可用度;当时间 $t \geqslant t_1$ 时,漏检情况下的可用度低于完备检测下的可用度,这是因为系统此时故障率增加,漏检使得系统没有及时进行预防性维修而导致更为严重的故障;虚警情况下的可用度低于完备检测下的可用度,直到 $t = t_2$ 时与完备检测情况结果相等,这是因为虚警造成预防性维修提前进行,缩短了使用时间,降低了系统可用度;虚警和漏检情况的影响叠加即为图中不完备检测情况。由图 8-6 可以看到,在时刻 t 的系统可靠性在虚警情况下最高,不完备检测次之,然后依次是完备检测和漏检情况。这是因为系统可靠性与视情维修次数有关,虚警情况下进行视情维修的概率最高,因此可靠性最大;漏检情况进行视情维修概率最低,可靠性最小;虚警和漏检情况的影响叠加即为图中不完备检测情况。通过对图 8-5 和图 8-6 综合分析可知,在系统工作初期可靠性较高,应尽量降低虚警概率,以减少不必要的预防性维修,增加系统可用度;而在系统工作后期可靠性较低,此时需要加强检测,尽可能地减少漏检情况的发生,以便及时发现潜在故障,避免发生功能故障,从而提高系统可用度。

(3) 对不同视情维修策略下的系统瞬态可用度和可靠性随工作时间延长的变化关系进行对比分析。设参数 $\lambda_{in} = 0.1$, $q_i = 0.1 (1 \leqslant i < n)$, $e_i = 0.1 (n \leqslant i < 4)$, 其他参数见前文算例描述,计算结果如图 8-7 和图 8-8 所示。

由图 8-7 可以看到,当时间 $t \leqslant t_1$ 时,不采取视情维修的情况下系统可用度相对最高,而在采取视情维修的情况下,维修阈值越大系统可用度越高,这是因为此

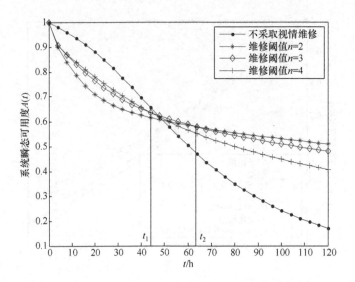

图 8-7　不同视情维修策略下系统瞬态可用度随时间变化示意图

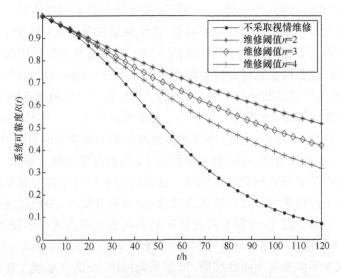

图 8-8　不同视情维修策略下系统可靠性随时间变化示意图

时系统发生故障的概率较低,不采取视情维修或设定较高的维修阈值均减少检测维修的次数,从而提高了系统可用度;当时间 $t \geqslant t_2$ 时,不采取视情维修的情况下系统可用度最低,而在采取视情维修的情况下,维修阈值越大系统可用度越低,这是因为此时系统发生故障的概率增加,降低维修阈值提高检测维修概率可以提高系统可用度。由图 8-8 看到,采取视情维修情况可以明显提高系统可靠性,并且维修阈值越小,即进行视情维修的概率越大,系统可靠性越高。

8.4 不完备检测下装备最优视情维修策略

功能检测是对劣化系统开展视情维修的首要工作,由于技术条件和知识水平的限制,实际对系统劣化状态检测识别很难给出精确结果,势必影响视情维修工作的有效进行。针对这一问题,基于多级劣化系统检测维修马尔可夫链模型,通过对不完备检测因素影响下劣化系统寿命周期的三种情况进行分析,结合常见虚警和漏检两种检测错误,以长期运行费用率最低为目标,计算最优检测周期和维修阈值,并分析在检测不完备情况下检测周期和维修阈值对系统长期运行费用率的影响。

8.4.1 系统模型的描述

1. 假设条件

(1) 系统在使用过程中不断劣化,其劣化水平是可测量的,待其到达一定程度时即可确定发生潜在故障,这时需要采取预防性维修。

(2) 系统从全新状态到发生故障,劣化程度不断加深,可将其划分为 k 个阶段,从当前所处劣化阶段向下一劣化阶段转移的时间服从参数为 λ 的指数分布,系统在经历第 k 个劣化阶段后进入故障状态。

(3) 以时间周期 T 对系统劣化状态进行定期检测,检测时间忽略不计,若检测获知系统当前处于劣化阶段 i,并设预防性维修阈值为 n,则维修策略为:若 $1 \leqslant i \leqslant n$,则系统处于正常状态,继续工作;若 $n+1 \leqslant i \leqslant k$,则发生潜在故障,进行预防性维修。

(4) 系统故障为隐蔽故障,需要检测才能确定。故障发生后直至被检出为系统停机时间,将造成系统停机损失。

(5) 检测是不完备的,会出现虚警和漏检,前者表示系统工作正常但被误认为发生潜在故障,后者表示潜在故障或功能故障发生但未被检出。设在时间 t 虚警概率为 $\alpha(t)$,潜在故障漏检和功能故障漏检概率分别为 $\beta_p(t)$ 和 $\beta_f(t)$,那么正确检测的概率分别表示为 $\bar{\alpha}(t)=1-\alpha(t)$,$\bar{\beta}_p(t)=1-\beta_p(t)$ 和 $\bar{\beta}_f(t)=1-\beta_f(t)$。

(6) 预防性维修和故障后维修均使系统修复如新,维修时间忽略不计。

(7) 通过计算,在不完备检测情况下,选择最优的检测周期和维修阈值 (T^*, n^*),实现长期运行条件下的费用率最低的系统优化目标。

2. 状态空间定义

根据上述假设,定义模型的状态空间如下:

状态 $\pi_i(i=1,2,\cdots,n)$ 表示系统工作正常;状态 $\pi_i(i=n+1,n+2,\cdots,k)$ 表示系统发生潜在故障;状态 π_F 表示系统发生功能故障。状态 π_i 以故障率 λ 向状态

π_{i+1}转移,状态 π_F 被检出后进行故障后维修,恢复至全新状态。

依据检测识别的系统劣化状态结果,相应的维修策略为:若当前为正常状态 π_i $(i=1,2,\cdots,n)$,则继续工作;若当前为潜在故障状态 $\pi_i(i=n+1,n+2,\cdots,k)$,则采取预防性维修;若当前为功能故障状态 π_F,则采取故障后维修。

将劣化状态 π_n 向 π_{n+1} 的转移时刻记为 τ_1,表示系统在时刻 τ_1 由正常进入潜在故障状态;将 π_k 向 π_F 的转移时刻记为 τ_2,表示系统在时刻 τ_2 发生故障。那么,系统从开始工作至时刻 τ_1,即系统处于正常状态 $\pi_i(i=1,2,\cdots,n)$ 的概率分布表示为

$$f_n(t)=f_{x_1+x_2+\cdots+x_n}(t)=\lambda e^{-\lambda t}\frac{(\lambda t)^{n-1}}{(n-1)!} \tag{8-7}$$

$$F_n(t)=1-\sum_{h=0}^{n-1}\frac{(\lambda t)^h}{h!}e^{-\lambda t} \tag{8-8}$$

$$\bar{F}_n(t)=1-F_n(t)=\sum_{h=0}^{n-1}\frac{(\lambda t)^h}{h!}e^{-\lambda t} \tag{8-9}$$

系统从时刻 τ_1 至 τ_2,即系统处于潜在故障状态 $\pi_i(i=n+1,n+2,\cdots,k)$ 的概率分布表示为

$$f_{k-n}(t)=f_{x_{n+1}+x_{n+2}+\cdots+x_k}(t)=\lambda e^{-\lambda t}\frac{(\lambda t)^{k-n-1}}{(k-n-1)!} \tag{8-10}$$

$$F_{k-n}(t)=1-\sum_{h=0}^{k-n-1}\frac{(\lambda t)^h}{h!}e^{-\lambda t} \tag{8-11}$$

$$\bar{F}_{k-n}(t)=1-F_2(t)=\sum_{h=0}^{k-n-1}\frac{(\lambda t)^h}{h!}e^{-\lambda t} \tag{8-12}$$

3. 长期运行检测维修费用率计算

系统状态空间中,前 n 个状态表示系统正常,其余 $k-n$ 个状态表示系统发生潜在故障,从当前状态向下一状态转移的时间服从参数为 λ 的指数分布,并最终转移到故障状态 π_F。当检测发现系统处于潜在故障状态时,则进行预防性维修,在功能故障被检出时进行故障后维修,维修均使系统恢复如新。根据假设,检测是不完备的,在正常状态下将以概率 $\alpha(t)$ 发生虚警;在潜在故障状态和功能故障状态下分别以概率 $\beta_p(t)$ 和 $\beta_f(t)$ 发生漏检,系统状态转移如图 8-9 所示。

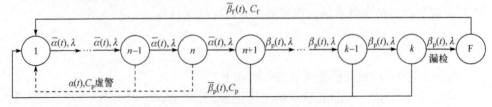

图 8-9　系统劣化状态转移示意图

设在检测周期 T 和维修阈值 n 条件下,系统在寿命周期内的维修费用期望为 $E[C(T,n)]$、寿命周期的期望为 E_τ,那么长期运行维修费用率为 $E[C(T,n)]/E_\tau$。具体地,系统寿命周期内维修费用由检测费用 C_i、预防性维修费用 C_p、故障后更换费用 C_f 和停机时间损失 C_d 组成,且设在系统寿命周期内的检测次数期望为 E_I,停机时间期望为 $E[W_r]$,预防性维修的概率为 P_P,故障后维修的概率为 P_F,可得

$$E[C(T,n)]=C_iE_I+C_dE[W_r]+P_PC_p+P_FC_f \tag{8-13}$$

$$E_I=\sum_{i=0}^{+\infty}i\cdot p_i \tag{8-14}$$

式中,p_i 为系统寿命周期内进行 i 次检测的概率。

8.4.2　模型分析与求解

1. 模型分析

连续两次维修使系统恢复至全新状态的时间为一个寿命周期,有如下 3 种情况[15],如图 8-10 所示。

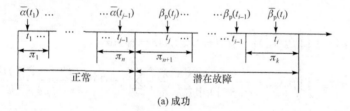

(a) 成功

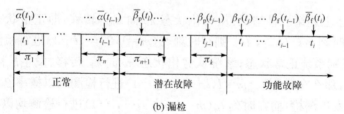

(b) 漏检

图 8-10　系统寿命周期的 3 种情况

（1）成功:在故障发生前,及时检出潜在故障状态 $\pi_i(i=n+1,n+2,\cdots,k)$,采

取预防性维修,重新运行。

(2) 漏检:由于未能够及时检出系统潜在故障状态 $\pi_i(i=n+1,n+2,\cdots,k)$,因此导致系统功能故障 π_F 发生,其为隐蔽故障,检出后进行故障后维修,重新运行。

(3) 虚警:将系统正常状态 $\pi_i(i=1,2,\cdots,n)$ 误判为潜在故障状态,提前进行预防性维修,重新运行。

2. 模型求解

按照上述分析,下面分别计算系统寿命周期 3 种情况的发生概率。

(1) 对于上述第一种情况:从劣化状态 π_n 向 π_{n+1} 转移,即正常状态向潜在故障状态转移时刻 $\tau_1\in(t_{j-1},\ t_j]$,则在时刻 $t_m(m=1,2,\cdots,j-1)$ 进行检测均以概率 $\bar{\alpha}(t_m)$ 正确识别系统正常状态;从劣化状态 π_k 向 π_F 转移的故障时刻 τ_2,满足 $\tau_2>t_i$ (t_i 为系统的潜在故障状态被检测正确识别的时刻),在时刻 $t_m(m=j,j+1,\cdots,i-1)$ 进行检测均以概率 $\beta_p(t_m)$ 在潜在故障状态下发生漏检,直到在时刻 t_i 检测时正确识别系统的潜在故障状态,并进行预防性维修,该情况发生概率为[15]

$$P_a(i,j)$$

$$=\bar{\beta}_p(t_i)\prod_{m=1}^{j-1}\bar{\alpha}(t_m)\prod_{m=j}^{i-1}\beta_p(t_m)\int_{t_{j-1}}^{t_j}f_n(\tau_1)\bar{F}_{k-n}(t_i-\tau_1)\mathrm{d}\tau_1$$

$$=\bar{\beta}_p(t_i)\prod_{m=1}^{j-1}\bar{\alpha}(t_m)\prod_{m=j}^{i-1}\beta_p(t_m)\frac{\mathrm{e}^{-\lambda_i}}{(n-1)!}\sum_{h=0}^{k-n-1}\frac{\lambda^{n+h}}{h!}\sum_{g=0}^{h}(-1)^g\frac{(t_j^{n+g}-t_i^{n+g})t_i^{h-g}\cdot h!}{(n+g)\cdot(h-g)!g!}$$

$$(8\text{-}15)$$

(2) 对于上述第二种情况:从劣化状态 π_n 向 π_{n+1} 转移,即正常状态向潜在故障状态转移时刻 $\tau_1\in(t_{l-1},\ t_l]$,则在时刻 $t_m(m=1,2,\cdots,l-1)$ 进行检测均以概率 $\bar{\alpha}(t_m)$ 正确识别系统正常状态;系统从劣化状态 π_k 向 π_F 转移、发生故障的时刻 τ_2 $\in(t_{j-1},\ t_j]$,那么在时刻 $t_m(m=l,l+1,\cdots,j-1)$ 进行检测均以概率 $\beta_p(t_m)$ 在潜在故障状态下发生漏检;而在时刻 $t_m(m=j,j+1,\cdots,i-1)$ 进行检测均以概率 $\beta_f(t_m)$ 在功能故障状态下发生漏检,直到在时刻 t_i 检测时功能故障被检出,并进行故障后维修,该情况发生概率为

$$P_b(i,j,l)$$

$$=\bar{\beta}_f(t_i)\prod_{m=1}^{l-1}\bar{\alpha}(t_m)\prod_{m=l}^{j-1}\beta_p(t_m)\prod_{m=j}^{i-1}\beta_f(t_m)\int_{t_{l-1}}^{t_l}f_n(\tau_1)(F_{k-n}(t_j-\tau_1)-F_{k-n}(t_{j-1}-\tau_1))\mathrm{d}\tau_1$$

$$=\bar{\beta}_f(t_i)\prod_{m=1}^{l-1}\bar{\alpha}(t_m)\prod_{m=l}^{j-1}\beta_p(t_m)\prod_{m=j}^{i-1}\beta_f(t_m)\frac{1}{(n-1)!}\sum_{h=0}^{k-n-1}\frac{\lambda^{n+h}}{h!}$$

$$\cdot\sum_{g=0}^{h}(-1)^g\frac{(t_l^{n+g}-t_{l-1}^{n+g})(\mathrm{e}^{-\lambda_{j-1}}t_{j-1}^{h-g}-\mathrm{e}^{-\lambda_j}t_j^{h-g})\cdot h!}{(n+g)\cdot(h-g)!g!}$$

$$(8\text{-}16)$$

从劣化状态 π_n 向 π_{n+1} 转移，即正常状态向潜在故障状态转移时刻 $\tau_1 \in (t_{j-1}, t_j]$，则在时刻 $t_m(m=1,2,\cdots,j-1)$ 进行检测均以概率 $\bar{\alpha}(t_m)$ 正确识别系统正常状态；在时刻 t_j 前系统发生故障，即系统从劣化状态 π_k 向 π_F 转移、发生故障时刻 $\tau_2 \in (\tau_1, t_j]$，在时刻 $t_m(m=j,j+1,\cdots,i-1)$ 进行检测均以概率 $\beta_f(t_m)$ 在功能故障状态下发生漏检，直到在时刻 t_i 检测时功能故障被检出，并进行故障后维修，该情况发生概率为

$$P_b(i,j,l) = P_b(i,j)$$

$$= \bar{\beta}_f(t_i) \prod_{m=1}^{j-1} \bar{\alpha}(t_m) \prod_{m=j}^{i-1} \beta_f(t_m) \int_{t_{j-1}}^{t_j} f_n(\tau_1) F_{k-n}(t_j - \tau_1) \mathrm{d}\tau_1$$

$$= \bar{\beta}_f(t_i) \prod_{m=1}^{j-1} \bar{\alpha}(t_m) \prod_{m=j}^{i-1} \beta_f(t_m) \left[\sum_{h=0}^{n-1} \frac{\lambda^h}{h!} (t_{j-1}^h \mathrm{e}^{-\lambda t_{j-1}} - t_j^h \mathrm{e}^{-\lambda t_j}) \right.$$

$$\left. - \frac{\mathrm{e}^{-\lambda t_j}}{(n-1)!} \sum_{h=0}^{k-n-1} \frac{\lambda^{n+h}}{h!} \sum_{g=0}^{h} (-1)^g \frac{(t_j^{n+g} - t_{j-1}^{n+g}) t_j^{h-g} \cdot h!}{(n+g) \cdot (h-g)! g!} \right] \quad (8\text{-}17)$$

（3）对于上述第三种情况：从劣化状态 π_n 向 π_{n+1} 转移，即正常状态向潜在故障状态转移时刻 $\tau_1 > t_i$，在时刻 $t_m(m=1,2,\cdots,i-1)$ 进行检测都以概率 $\bar{\alpha}(t_m)$ 正确识别系统正常状态，但在时刻 t_i 检测将系统误判为发生潜在故障，提前进行预防性维修，该情况发生概率为

$$P_c(i) = \alpha(t_i) \prod_{m=1}^{i-1} \bar{\alpha}(t_m) \bar{F}_n(t_i) = \alpha(t_i) \prod_{m=1}^{i-1} \bar{\alpha}(t_m) \sum_{h=0}^{n-1} \frac{(\lambda t_i)^h}{h!} \mathrm{e}^{-\lambda t_i} \quad (8\text{-}18)$$

根据式(8-13)，计算 $E[C(T,n)]$ 需要确定采取故障后维修的概率 P_F、采取预防性维修的概率 P_P 和系统寿命周期内检测 i 次的概率 P_i，经分析求解可得

$$P_F = \sum_{l=1}^{+\infty} \sum_{j=l}^{+\infty} \sum_{i=j}^{+\infty} P_b(i,j,l) \quad (8\text{-}19)$$

$$P_P = \sum_{j=1}^{+\infty} \sum_{i=j}^{+\infty} P_a(i,j) + \sum_{i=1}^{+\infty} P_c(i) \quad (8\text{-}20)$$

$$P_i = \sum_{j=1}^{i} P_a(i,j) + \sum_{l=1}^{i} \sum_{j=l}^{i} P_b(i,j,l) + P_c(i) \quad (8\text{-}21)$$

系统寿命周期的期望可表达为 $E_\tau = T_1 + T_2 + T_3$，式中 T_1、T_2、T_3 分别为

$$T_1 = \sum_{j=1}^{+\infty} \sum_{i=j}^{+\infty} t_i \cdot P_a(i,j) \quad (8\text{-}22)$$

$$T_2 = \sum_{l=1}^{+\infty} \sum_{j=l}^{+\infty} \sum_{i=j}^{+\infty} t_i \cdot P_b(i,j,l) \quad (8\text{-}23)$$

$$T_3 = \sum_{i=1}^{+\infty} t_i P_c(i) \quad (8\text{-}24)$$

功能故障发生至被检测发现之间的时间，即停机时间期望为

$$E[W_r] = \sum_{l=1}^{+\infty} \sum_{j=l}^{+\infty} \sum_{i=j}^{+\infty} t_i \cdot P_b(i,j,l)$$

$$- \sum_{l=1}^{+\infty} \sum_{j=l+1}^{+\infty} \prod_{m=1}^{l-1} \bar{\alpha}(t_m) \prod_{m=l}^{j-1} \beta_p(t_m) \int_{t_{l-1}}^{t_l} f_n(\tau_1) \int_{t_{j-1}-\tau_1}^{t_j-\tau_1} (t+\tau_1) f_{k-n}(t) \mathrm{d}t \mathrm{d}\tau_1$$

$$- \sum_{j=1}^{+\infty} \prod_{m=1}^{j-1} \bar{\alpha}(t_m) \int_{t_{j-1}}^{t_j} f_n(\tau_1) \int_0^{t_j-\tau_1} (t+\tau_1) f_{k-n}(t) \mathrm{d}t \mathrm{d}\tau_1 \qquad (8\text{-}25)$$

那么长期运行费用率计算表达式为

$$\frac{E[C(T,n)]}{E_\tau} = \frac{C_i E_1 + C_w E[W_r] + C_p P_P + C_f P_F}{T_1 + T_2 + T_3} \qquad (8\text{-}26)$$

8.4.3　算例分析

　　某型舰船柴油机在工作过程中发生缓慢劣化,其寿命周期可划分为 7 个性能劣化阶段,在不进行预防维修的情况下,最终发生劣化故障而失效。设备从当前状态转移到下一劣化状态的平均时间为 20h。定期对该设备进行状态检测,检测周期为 T(单位:h),费用为 150 元;若检测发现设备当前状态超过预定阈值 n,则对其进行预防性维修,费用为 1200 元;从设备发生故障开始,直到检测被发现的时间为停机时间,产生停机费用 80 元/h,进行故障后维修的费用为 5500 元,预防性维修和故障后维修均使设备恢复如新。对设备状态检测是不完备的,会发生虚警和漏检问题。

　　考虑一般情况,将系统正常状态误判为潜在故障状态的虚警概率将增大,潜在故障漏检概率和功能故障漏检概率将减小[16],设 μ_α、μ_{β_p} 和 μ_{β_f} 为相应的误差系数,则可定义虚警发生概率为 $\alpha(t) = \mu_\alpha F_1(t)$,潜在故障漏检发生概率和功能故障漏检发生概率分别为 $\beta_p(t) = \mu_{\beta_p} \bar{F}_2(t-\tau_1)$ 和 $\beta_f(t) = \mu_{\beta_f} \bar{F}_2(t-\tau_1)$。根据以上条件可得参数为:$k=7$,$\lambda=0.05$,$C_i=150$ 元/h,$C_w=80$ 元/h,$C_p=1200$ 元,$C_f=5500$ 元,并取误差系数 $\mu_\alpha = \mu_{\beta_p} = \mu_{\beta_f} = 0.2$。将其代入相关公式,计算预防性维修概率和长期运行费用率结果如图 8-11 和图 8-12 所示。

　　图 8-11 为不同预防性维修阈值 n 下系统预防性维修概率与检测周期之间的关系。图 8-12 为不同预防性维修阈值 n 下长期运行费用率与检测周期之间的关系。由图 8-11 可以看到,预防性维修概率随检测周期增加是单调递减的,且不同维修阈值 n 下的预防性维修概率随检测周期递减的速度不同,其中当检测周期 $T < 60\mathrm{h}$ 时,阈值 n 越大预防性维修概率减小越快。当检测周期 $T \to \infty$ 时,各维修阈值下预防性维修概率均趋于 0。由图 8-12 可以看到,各维修阈值条件下的长期运行费用率随检测周期增加而先减小后增加;并且,不同检测周期下的最低费用率对应的最优阈值 n^* 随检测周期 T 增加而递减,这是因为检测周期较短时,有利于把握系统劣化情况,允许在系统劣化程度较高时再进行预防性维修;当检测周期较

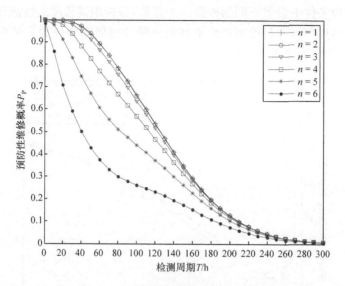

图 8-11　预防性维修概率与检测周期的关系

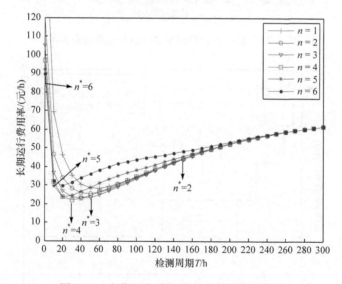

图 8-12　长期运行费用率与检测周期的关系

长时,不易及时发现潜在故障进而导致功能故障的发生,此时需要当系统轻度劣化时就进行预防性维修,以降低系统故障发生概率。当检测周期 $T>280h$ 时,各检测阈值下的长期运行维修费用率趋于一致。图 8-11 和图 8-12 的结果与实际工作情况相符合:当检测周期过长时,无论预防性维修阈值设置为何值,都不能及时发现潜在故障,使得故障后维修成为大概率事件。

下面在原条件下设置不同的检测误差系数,分析不同程度的检测误差,对于系统长期运行费用率以及最优预防性维修阈值随检测周期变化关系的影响,计算结果分别如图 8-13 和图 8-14 所示。

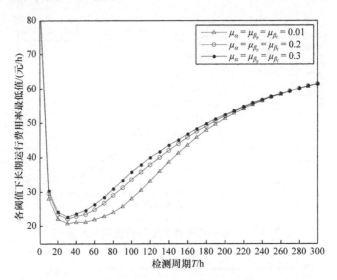

图 8-13　长期运行费用率最低值与检测周期关系

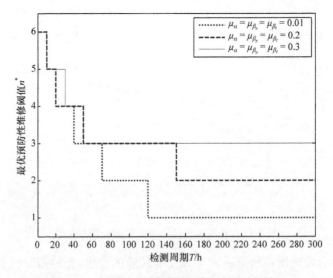

图 8-14　最优预防性维修阈值与检测周期关系

图 8-13 是不同预防性维修阈值下长期运行费用率最低值随检测周期变化的情况;图 8-14 相应地说明了在各检测周期下,取得长期运行费用率最低值的最优预防性维修阈值的变化情况。图 8-13 中,当误差系数 $\mu_a = \mu_{\beta_p} = \mu_{\beta_f} = 0.3$ 时,取得

长期运行费用率最低值为 22.7833；当误差系数均为 0.2 时，取得长期运行费用率最低值为 22.0771；当误差系数均为 0.01 时，取得长期运行费用率最低值为 20.7776，说明检测误差越大，长期运行费用率越高。由图 8-14 可以看出，在各检测周期下取得最低费用率的最优预防性维修阈值 n^* 随检测周期 T 增大而减小，且检测误差系数越大，最优维修阈值 n^* 减小越慢，这是由于检测中存在虚警和漏检的影响，导致最优维修阈值 n^* 随检测周期 T 变化的趋势发生了改变，且该影响在检测误差系数较大的情况下更明显。

8.5　本章小结

　　本章主要针对不完备检测条件下的视情维修模型进行了研究：一方面，在多级劣化系统视情维修模型中结合不完备检测因素，基于马尔可夫理论建立了该系统的性能评估模型，通过求解状态转移方程，分析了不完备检测因素对系统性能随时间变化关系的影响，提供了更符合实际情况的可用度和可靠性计算结果；另一方面，在基于马尔可夫链描述的多级劣化系统模型中，考虑虚警和漏检问题的影响，建立了不完备检测下劣化系统视情维修模型，提供了更为实际的最优维修策略求解方法。通过算例可以看出，检测错误程度决定其影响大小，检测误差系数越大，虚警和漏检造成的因预防性维修提前而浪费、延后导致功能故障发生，以及故障未及时检出造成停机损失的问题就越严重，系统长期运行费用率也随之越高；在一定的检测错误条件下，对检测周期和维修阈值进行选择，实现系统长期运行费用率降至最低的优化目标。

参 考 文 献

[1] 徐绪森. 装备维修决策技术[M]. 北京：兵器工业出版社，1991.

[2] 张伟，康建设，贾云献，等. 军用装备基于状态的维修策略研究[J]. 装甲兵工程学院学报，2005,19(3)：16-19.

[3] 王凌. 维修决策模型和方法的理论与应用研究[D]. 杭州：浙江大学，2007.

[4] 刘东风，孙怡. 舰用主柴油机机油监测技术研究与应用[J]. 柴油机，2003，(3)：17-20.

[5] 刘伯运，欧阳光耀，常汉宝. 柴油机故障表征体系的构建及优化方法研究[J]. 武汉理工大学学报，2008,30(6)：101-104.

[6] Banjevic D, Jardine A K S. Calculation of reliability function and remaining useful life for a Markov failure time process[J]. IMA Journal of Management Mathematics, 2006, 17：115-130.

[7] Louit D, Pascual R, Banjevic D. Condition-based spares ordering for critical components [J]. Mechanical Systems and Signal Processing, 2011, 25：1837-1848.

[8] 程志君，高大化，黄卓，等. 不完全维修条件下的视情维修优化模型[J]. 系统工程与电子技

术,2006,28(7):1106-1108.

[9] Barlow R, Wu A. Coherent systems with multi-state elements[J]. Mathematics of Operational Research, 1978, 3: 275-281.

[10] Neveihi E E, Proschan F, Sethuraman J. Multi-state coherent systems[J]. Journal of Applied Probability, 1978, 15: 675-688.

[11] Lisnianski A. Extended block diagram method for a multi-state system reliability assessment[J]. Reliability Engineering and System Safety, 2002, 92(12): 1601-1607.

[12] Ding Y, Lisnianski A. Fuzzy universal generating functions for multi-state system reliability assessment[J]. Fuzzy Sets and Systems, 2008, 159: 307-324.

[13] Isaac W S, Mustapha N, Daoud A K. Performance evaluation of multi-state degraded systems with minimal repairs and imperfect preventive maintenance[J]. Reliability Engineering and System Safety, 2010, 95(2): 65-69.

[14] 甘茂治,康建设,高崎. 军用装备维修工程学[M]. 北京:国防工业出版社,2005.

[15] Okumura S. An inspection policy for deteriorating processes using delay-time concept[J]. International Transactions in Operational Research, 1997, 4(5-6): 365-375.

[16] Amari S V, Mclaughlin L. Optimal design of a condition based maintenance model[C]// Proceedings of the 50th Annual Reliability and Maintainability Symposium(RAMS), Los Angeles, 2004.

第9章 多重故障并发下的维修决策

9.1 多重故障问题描述

从故障发生的速度及演变过程来看,多数舰船装备故障可以划分为渐发性(劣化)故障和突发性(冲击)故障两种。劣化故障是由装备的初始参数随时间逐渐老化而产生的,如磨损、腐蚀、疲劳和蠕变等;冲击故障则是因为外部或内部因素的偶然作用引发的突然故障。在实际中往往涉及多个故障同时存在、形成复合性故障的问题:一方面,装备在工作过程中经历不止一个劣化过程,并且其中任何一个劣化过程发展到一定程度时,都将引发功能故障而使得系统失效,为了避免系统故障发生带来的严重后果,在每次系统状态检测时需要同时考虑多个劣化过程的变化情况,以判断是否需要实施预防性维修措施;另一方面,在设备劣化过程中,还会由于外部或内部因素受到致命的冲击而发生随机故障,即劣化故障和冲击故障并发,其故障的原因是两类故障的综合,其故障特征则同时具有这两类故障的特征,并且当系统劣化程度不断加深时,发生冲击故障的概率往往会随之提高。因此,在视情维修建模中需要考虑多重故障并发以及故障间的相关性,以反映系统动态特征,从而更加符合实际[1,2]。

本章针对上述问题,从两个方面建立装备的故障模型,并在此基础上对维修策略进行分析和优化。一方面,对于多重劣化故障并发的情况,假设系统在寿命周期内经历两个相互独立的劣化故障过程,分别设定相应的预防性维修阈值并定期对系统状态进行检测,基于 Gamma 过程建立系统的视情维修决策优化模型,给出系统在预定维修策略下的长期运行费用率计算表达式,并以系统长期运行费用率最低为目标,对检测周期和两个维修阈值进行联合优化,并分析最优维修策略参数之间的函数关系;另一方面,考虑劣化故障与冲击故障并发以及多重故障之间存在相关性的情况,分别利用独立增量过程和非齐次泊松过程对系统劣化过程和冲击故障进行描述,建立单部件系统在序贯检测条件下的视情维修模型,并且以长期运行费用率最低为目标对维修阈值进行优化。

9.2 考虑多个劣化故障过程并发情况的视情维修模型

通常关键件的损坏会导致整个系统的停机,如果有两个以上的关键件,并且导致器件损坏的故障机理各不相同,那么称这样的装备系统存在多种故障并发的问题,如果这两个以上的故障均为劣化故障(例如,磨损和老化对很多舰船装备来说是同时并存的两种导致装备停机的退化过程),则装备系统存在多重劣化故障并发的问题。本节针对在实际装备维修中遇到的这种情况,假设系统经历的是两个相互独立的劣化故障过程,其中任意一个劣化故障过程发展到一定程度均引起系统发生故障而失效,利用不同参数的 Gamma 过程描述系统的两个劣化故障过程,并设定相应的预防性维修阈值,基于定期检测策略建立该劣化系统的视情维修决策模型。根据模型,推导出系统长期运行费用率与维修策略参数(包括检测周期和预防性维修阈值)的函数表达式,最后通过对检测周期和两个预防性维修阈值进行优化,使得系统长期运行费用率降至最低。

9.2.1　系统模型的描述

1. 模型假设

(1) 系统在工作过程中存在两个劣化故障过程 $X_1(t)$ 和 $X_2(t)$(当系统处于全新状态时,则有 $X_1(t)=0$ 和 $X_2(t)=0$),两者相互独立,系统劣化程度随工作时间延长而不断加深,当 $X_1(t)\geqslant L_1$ 或 $X_2(t)\geqslant L_2$ 时,系统发生故障进行故障后维修。

(2) 定期对系统状态进行检测,周期 $T=k\Delta t(k=1,2,3,\cdots)$,式中 Δt 为单位时间,由维修实际条件决定。

(3) 检测是非破坏性的,能够完全反映系统劣化程度,检测时间忽略。

(4) 设预防性维修阈值为 ξ_1 和 ξ_2,且满足 $\xi_1<L_1$ 和 $\xi_2<L_2$。如图 9-1 所示,根据在时刻 t 系统劣化状态 $X_1(t)$ 和 $X_2(t)$ 的检测结果,需要决策的内容如下:

① 当 $X_1(t)<\xi_1$ 且 $X_2(t)<\xi_2$ 时,继续运行。

② 当 $\xi_1\leqslant X_1(t)<L_1$ 且 $X_2(t)<\xi_2$,或 $\xi_2\leqslant X_2(t)<L_2$ 且 $X_1(t)<\xi_1$,或 $\xi_1\leqslant X_1(t)<L_1$ 且 $\xi_2\leqslant X_2(t)<L_2$ 时,进行预防性更换。

③ 当 $X_1(t)\geqslant L_1$ 或 $X_2(t)\geqslant L_2$ 时,进行故障后更换。

(5) 系统故障为隐蔽故障,即通过检测才能确定,系统故障从发生到被发现的时刻为停机时间,会产生停机损失。

(6) 预防性更换和故障后更换时间忽略,两者均使得系统恢复到全新状态。

(7) 优化目标是通过选择合适的检测周期 T 和预防性维修阈值 ξ_1 和 ξ_2,使得系统长期运行费用率降至最低。

2. 模型描述

装备在使用过程中,性能不断降低。根据假设,当系统某一劣化故障过程发展达到一定限度时发生故障,需要进行故障后更换。为了降低故障发生的概率、减少

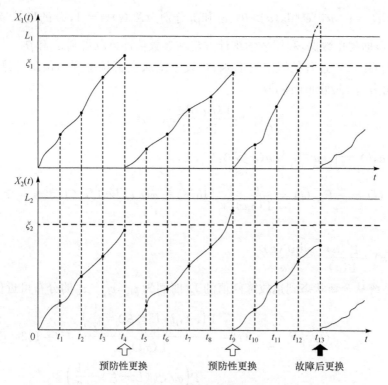

图 9-1　系统劣化过程示意图

故障发生带来的损失,通过对系统状态进行定期检测,获知系统劣化状态信息,及时采取预防性维修的措施。由于系统在寿命周期内经历两个相互独立的劣化故障过程,通过对不同劣化故障过程设定不同的预防性维修阈值,然后对检测周期 T 和预防性维修阈值 ξ_1、ξ_2 进行联合优化,使得系统长期运行费用率 $E[C(T,\xi_1,\xi_2)]$ 最低,即

$$\min\ \ E[C(T,\xi_1,\xi_2)]$$
$$\text{s.t.}\ \ \ T=k\Delta t,\ \ \ k=1,2,3,\cdots;0<\xi_1<L_1;0<\xi_2<L_2 \tag{9-1}$$

9.2.2　模型建立

1. 劣化故障过程描述

设连续时间随机过程 $\{X_i(t),t\geqslant0\}(i=1,2)$ 为 Gamma 过程,其概率密度函数为

$$f_{\alpha_i t,\beta_i}(x_i)=\frac{1}{\Gamma(\alpha_i t)}\beta_i^{\alpha_i t}x_i^{\alpha_i t-1}\exp(-\beta_i x_i),\ \ \ x_i\geqslant0,i=1,2 \tag{9-2}$$

式中，$\Gamma(a) = \int_0^{+\infty} u^{a-1} e^{-u} du (a > 0)$。$\alpha_i$ 和 β_i 分别为 $X_i(t)(i = 1,2)$ 的形状参数和尺度参数，根据劣化数据，利用数学统计方法和参数估计可以得到 α_i 和 β_i。

根据 Gamma 过程的概率密度函数，设系统从全新状态到达预防性维修阈值 ξ_i 的时间为 τ_{ξ_i}，其分布函数为

$$F_{\tau_{\xi_i}}(t) = \frac{\Gamma(\alpha_i t, \beta_i \xi_i)}{\Gamma(\alpha_i t)}, \quad i = 1,2 \tag{9-3}$$

式中，$\Gamma(a,b) = \int_b^{+\infty} u^{a-1} e^{-u} du (a > 0, b \geqslant 0)$。

$$f_{\tau_{\xi_i}}(t) = \frac{\partial}{\partial t} F_{\tau_{\xi_i}}(t) = \frac{\alpha_i}{\Gamma(\alpha_i t)} \int_{\beta \xi_i}^{+\infty} [\ln(z) - \varphi(\alpha_i t)] z^{\alpha_i t - 1} e^{-z} dz, \quad i = 1,2 \tag{9-4}$$

式中，$\varphi(a) = \dfrac{\Gamma'(a)}{\Gamma(a)} = \dfrac{\partial \ln \Gamma(a)}{\partial a}$。

设系统从全新状态到达故障阈值的 L_i 时间为 τ_{L_i}，$\tau_{L_i} - \tau_{\xi_i}$ 的分布可近似为[3]

$$F_{\tau_{L_i} - \tau_{\xi_i}}(t) \approx F_{\tau_{L_i - \xi_i - \frac{1}{2\beta}}}(t) = \frac{\Gamma\left(\alpha_i t, \beta_i (L_i - \xi_i) - \dfrac{1}{2}\right)}{\Gamma(\alpha_i t)}, \quad i = 1,2 \tag{9-5}$$

$$\overline{F}_{\tau_{L_i} - \tau_{\xi_i}}(t) = 1 - F_{\tau_{L_i} - \tau_{\xi_i}}(t) \approx 1 - \frac{\Gamma\left(\alpha_i t, \beta_i (L_i - \xi_i) - \dfrac{1}{2}\right)}{\Gamma(\alpha_i t)}, \quad i = 1,2 \tag{9-6}$$

2. 长期运行费用率计算

设 $E[\tau]$ 表示系统在两次更换之间的寿命周期期望；$E[N_I]$ 表示在寿命周期内进行检测次数的期望；$E[W_r]$ 表示故障发生后停机时间期望；$P_R(T, \xi_1, \xi_2)$ 和 $P_F(T, \xi_1, \xi_2)$ 分别表示系统进行预防性更换和故障后更换的概率。设检测费用为 C_i，停机费用为 C_d，预防性更换费用为 C_r，故障后更换费用为 C_f，根据模型假设，长期运行费用率 $E[C(T, \xi_1, \xi_2)]$ 可表示为

$$E[C(T, \xi_1, \xi_2)] = \frac{C_i E[N_I] + C_d E[W_r] + C_r P_R(T, \xi_1, \xi_2) + C_f P_F(T, \xi_1, \xi_2)}{E[\tau]} \tag{9-7}$$

9.2.3　模型分析与求解

1. 寿命周期期望

根据上述分析以及模型假设，预防性更换或故障后更换都在检测时刻进行。

因此,设系统寿命周期为 $\tau=(k+1)T(k=0,1,2,\cdots)$,按照系统劣化情况的不同,分以下 3 种情况进行分析:

(1) 劣化故障过程 $X_1(t)$ 到达预防性维修阈值的时间满足 $kT<\tau_{\xi_1}\leqslant(k+1)T$,而劣化故障过程 $X_2(t)$ 到达预防性维修阈值的时间满足 $\tau_{\xi_2}>(k+1)T$,那么在时刻 $(k+1)T$,因 $X_1(t)$ 超过预定阈值而须进行更换(预防性更换或故障后更换),因此可将该事件记为 $A_1(k,T)=\{kT<\tau_{\xi_1}\leqslant(k+1)T,\tau_{\xi_2}>(k+1)T\}(k=0,1,2,\cdots)$,该事件的发生概率为

$$P(A_1(k,T))=\int_{kT}^{(k+1)T}f_{\tau_{\xi_1}}(u)\mathrm{d}u\cdot\int_{(k+1)T}^{+\infty}f_{\tau_{\xi_2}}(v)\mathrm{d}v \tag{9-8}$$

(2) 反之,$X_2(t)$ 到达预防性维修阈值的时间满足 $kT<\tau_{\xi_2}\leqslant(k+1)T$,而 $X_1(t)$ 到达预防性维修阈值的时间满足 $\tau_{\xi_1}>(k+1)T$,那么在时刻 $(k+1)T$,因 $X_2(t)$ 超过预定阈值而须进行更换(预防性更换或故障后更换),记为 $A_2(k,T)=\{kT<\tau_{\xi_2}\leqslant(k+1)T,\tau_{\xi_1}>(k+1)T\}(k=0,1,2,\cdots)$,该事件的发生概率为

$$P(A_2(k,T))=\int_{(k+1)T}^{+\infty}f_{\tau_{\xi_1}}(u)\mathrm{d}u\cdot\int_{kT}^{(k+1)T}f_{\tau_{\xi_2}}(v)\mathrm{d}v \tag{9-9}$$

(3) $X_1(t)$ 和 $X_2(t)$ 到达预防性维修阈值的时间,分别满足 $kT<\tau_{\xi_1}\leqslant(k+1)T$ 和 $kT<\tau_{\xi_2}\leqslant(k+1)T$,那么在时刻 $(k+1)T$,因 $X_1(t)$ 和 $X_2(t)$ 均超过预定阈值而须进行更换(预防性更换或故障后更换),可记为 $A_3(k,T)=\{kT<\tau_{\xi_1}\leqslant(k+1)T,kT<\tau_{\xi_2}\leqslant(k+1)T\}(k=0,1,2,\cdots)$,该事件的发生概率为

$$P(A_3(k,T))=\int_{kT}^{(k+1)T}f_{\tau_{\xi_1}}(u)\mathrm{d}u\cdot\int_{kT}^{(k+1)T}f_{\tau_{\xi_2}}(v)\mathrm{d}v \tag{9-10}$$

通过以上分析,寿命周期期望为

$$E[\tau]=\sum_{k=0}^{+\infty}[P(A_1(k,T))+P(A_2(k,T))+P(A_3(k,T))]\cdot(k+1)T \tag{9-11}$$

2. 停机时间期望

设系统在时刻 $t(kT\leqslant t<(k+1)T)$ 因劣化故障而停机,根据劣化故障原因的不同,分以下两种情况进行分析:

(1) 在时刻 t 劣化故障过程 $X_1(t)$ 超过故障阈值,即 $X_1(t)\geqslant L_1$,使得系统在时刻 t 因劣化故障而停机。此时 $X_2(t)$ 有两种可能:①还未达到预防性维修阈值,即 $\tau_{\xi_2}\geqslant t$;②已超过预防性维修阈值但未达到故障阈值,即 $kT<\tau_{\xi_2}<t<\tau_{L_2}$。综合以上分析,可将此事件记为 $B_1(k,T)=\{kT<\tau_{\xi_1}<\tau_{L_1}<t,\tau_{\xi_2}>t\}\bigcup\{kT<\tau_{\xi_1}<\tau_{L_1}<t,kT<\tau_{\xi_2}<t<\tau_{L_2}\}(k=0,1,2,\cdots)$,该事件发生概率为

$$P(B_1(k,T))=\int_{kT}^{t}f_{\tau_{\xi_1}}(u)F_{\tau_{L_1}-\tau_{\xi_1}}(t-u)\mathrm{d}u$$

$$\cdot \left(\int_{t}^{+\infty} f_{\tau_{\xi_2}}(v) \mathrm{d}v + \int_{kT}^{t} f_{\tau_{\xi_2}}(v) \overline{F}_{\tau_{L_2} - \tau_{\xi_2}}(t-v) \mathrm{d}v \right) \tag{9-12}$$

（2）在时刻 t，$X_2(t)$ 超过故障阈值，即 $X_2(t) \geqslant L_2$，使得系统在时刻 t 因劣化故障而停机。此时 $X_1(t)$ 同样有两种可能：①还未达到预防性维修阈值，即 $\tau_{\xi_1} > t$；②已超过预防性维修阈值但未达到故障阈值，即 $kT < \tau_{\xi_1} < t < \tau_{L_1}$。综合以上分析，可将此事件记为 $B_2(k,T) = \{kT < \tau_{\xi_2} < \tau_{L_2} < t, \tau_{\xi_1} > t\} \bigcup \{kT < \tau_{\xi_2} < \tau_{L_2} < t, kT < \tau_{\xi_1} < t < \tau_{L_1}\}$ $(k=0,1,2,\cdots)$，该事件发生概率为

$$P(B_2(k,T)) = \left(\int_{t}^{+\infty} f_{\tau_{\xi_1}}(v) \mathrm{d}v + \int_{kT}^{t} f_{\tau_{\xi_1}}(v) \overline{F}_{\tau_{L_1} - \tau_{\xi_1}}(t-v) \mathrm{d}v \right)$$
$$\cdot \int_{kT}^{t} f_{\tau_{\xi_2}}(u) F_{\tau_{L_2} - \tau_{\xi_2}}(t-u) \mathrm{d}u \tag{9-13}$$

综合以上两种情况，停机时间期望为

$$E[W_{\mathrm{r}}] = \sum_{k=0}^{+\infty} \int_{kT}^{(k+1)T} [P(B_1(k,T)) + P(B_2(k,T))] \mathrm{d}t \tag{9-14}$$

3. 其他参数

根据式（9-11）计算得到寿命周期，那么在系统单个寿命周期内检测次数的期望 $E[N_{\mathrm{I}}]$ 可表示为

$$E[N_{\mathrm{I}}] = \frac{E[\tau]}{T} \tag{9-15}$$

为了计算系统进行预防性更换的概率 $P_{\mathrm{R}}(T,\xi_1,\xi_2)$，设在时刻 $(k+1)T(k=0,1,2,\cdots)$ 进行预防性更换，下面分 3 种情况进行分析：

（1）劣化故障过程 $X_1(t)$ 在时刻 $(k+1)T$ 已超过预防性维修阈值但没达到故障阈值，即 $kT < \tau_{\xi_1} \leqslant (k+1)T < \tau_{L_1}$，而此时劣化故障过程 $X_2(t)$ 还未到达预防性维修阈值，即 $\tau_{\xi_2} > (k+1)T$，将此事件记为 $C_1(k,T) = \{kT < \tau_{\xi_1} \leqslant (k+1)T < \tau_{L_1}, \tau_{\xi_2} > (k+1)T\}$ $(k=0,1,2,\cdots)$，该事件发生的概率为

$$P(C_1(k,T)) = \int_{kT}^{(k+1)T} f_{\tau_{\xi_1}}(u) \overline{F}_{\tau_{L_1} - \tau_{\xi_1}}((k+1)T - u) \mathrm{d}u \cdot \int_{(k+1)T}^{+\infty} f_{\tau_{\xi_2}}(v) \mathrm{d}v$$
$$\tag{9-16}$$

（2）$X_2(t)$ 在时刻 $(k+1)T$ 已超过预防性维修阈值但没达到故障阈值，即 $kT < \tau_{\xi_2} \leqslant (k+1)T < \tau_{L_2}$，而此时 $X_1(t)$ 还未到达预防性维修阈值，即 $\tau_{\xi_1} > (k+1)T$，将此事件记为 $C_2(k,T) = \{kT < \tau_{\xi_2} \leqslant (k+1)T < \tau_{L_2}, \tau_{\xi_1} > (k+1)T\}$ $(k=0,1,2,\cdots)$，该事件发生的概率为

$$P(C_2(k,T)) = \int_{(k+1)T}^{+\infty} f_{\tau_{\xi_1}}(v) \mathrm{d}v \cdot \int_{kT}^{(k+1)T} f_{\tau_{\xi_2}}(u) \overline{F}_{\tau_{L_2} - \tau_{\xi_2}}((k+1)T - u) \mathrm{d}u$$
$$\tag{9-17}$$

（3）劣化故障过程 $X_1(t)$ 和 $X_2(t)$ 在时刻 $(k+1)T$ 均已超过预防性维修阈值

且都没有达到故障阈值，即 $kT<\tau_{\xi_1}\leqslant(k+1)T<\tau_{L_1}$ 和 $kT<\tau_{\xi_2}\leqslant(k+1)T<\tau_{L_2}$，将此事件记为 $C_3(k,T)=\{kT<\tau_{\xi_1}\leqslant(k+1)T<\tau_{L_1},kT<\tau_{\xi_2}\leqslant(k+1)T<\tau_{L_2}\}$（$k=0,1,2,\cdots$），该事件发生的概率为

$$P(C_3(k,T))=\int_{kT}^{(k+1)T}f_{\tau_{\xi_1}}(u)\overline{F}_{\tau_{L_1}-\tau_{\xi_1}}((k+1)T-u)\mathrm{d}u$$
$$\cdot\int_{kT}^{(k+1)T}f_{\tau_{\xi_2}}(v)\overline{F}_{\tau_{L_2}-\tau_{\xi_2}}((k+1)T-v)\mathrm{d}v \quad (9\text{-}18)$$

综合以上分析，预防性更换的概率 $P_{\mathrm{R}}(T,\xi_1,\xi_2)$ 为

$$P_{\mathrm{R}}(T,\xi_1,\xi_2)=\sum_{k=0}^{+\infty}[P(C_1(k,T))+P(C_2(k,T))+P(C_3(k,T))] \quad (9\text{-}19)$$

系统进行故障后更换的概率 $P_{\mathrm{F}}(T,\xi_1,\xi_2)$ 为

$$P_{\mathrm{F}}(T,\xi_1,\xi_2)=1-P_{\mathrm{R}}(T,\xi_1,\xi_2) \quad (9\text{-}20)$$

9.2.4　算例分析

为了说明模型中最优维修策略求解过程，设某装备在工作过程中经历两个劣化故障过程 $X_1(t)$ 和 $X_2(t)$，其分别服从参数 $\alpha_1=1$、$\beta_1=1$ 和 $\alpha_2=0.8$、$\beta_2=0.8$ 的 Gamma 过程。以周期 T 对系统状态进行定期检测，费用 C_i 为 10 元，当发现 $X_1(t)\geqslant25$ 或 $X_2(t)\geqslant16$ 时，系统发生劣化故障而失效，即 $L_1=25$ 和 $L_2=16$ 时，须进行故障后更换，费用 C_r 为 1000 元；而当发现 $\xi_1\leqslant X_1(t)<25$ 或 $\xi_2\leqslant X_2(t)<16$ 时，即需要对系统进行预防性更换，费用 C_f 为 150 元，故障后更换和预防性更换均使得系统恢复如新。由于系统功能故障是隐蔽的，需要检测才能发现，因此从故障发生到检测被发现的时间为停机时间，单位时间内产生的停机损失 C_d 为 180 元。通过对检测周期 T、预防性维修阈值 ξ_1 和 ξ_2 进行联合优化，使得系统长期运行费用率 $E[C(T,\xi_1,\xi_2)]$ 最低（设单位时间 $\Delta t=1\mathrm{h}$）。

将参数代入相关公式，计算系统寿命期望 $E[\tau]$、停机时间期望 $E[W_r]$、寿命周期内进行检测次数的期望 $E[N_I]$、预防性更换的概率 $P_{\mathrm{R}}(T,\xi_1,\xi_2)$，以及故障后更换的概率 $P_{\mathrm{F}}(T,\xi_1,\xi_2)$，然后将其代入式（9-7），即可计算得出系统长期运行费用率。如图 9-2 所示，在检测周期 T 为 $5\Delta t$ 的情况下，最优预防性维修阈值 $\xi_1^*=16$、$\xi_2^*=7$，此时系统长期运行费用率 $E[C(4\Delta t,16,7)]=19.23$ 元/h。

下面进一步分析系统长期运行费用率与检测周期之间的关系。由图 9-3 可知，在某一检测周期 T 的条件下，能够找到一组最优预防性维修阈值 (ξ_1^*,ξ_2^*)，使得系统长期运行费用率 $E[C(T,\xi_1,\xi_2)]$ 降至最低。因此，通过计算各检测周期在取最优维修阈值条件下的最低维修费用率并进行比较，即可得到最优维修策略 (T^*,ξ_1^*,ξ_2^*)。

在取最优维修阈值条件下，长期运行费用率最低值随检测周期变化的关系如图 9-3 所示。题设条件下最优维修策略为 $(T^*=3,\xi_1^*=18,\xi_2^*=9)$，该策略下的

$E[C(T^*,\xi_1^*,\xi_2^*)]$为 18.412。各检测周期下的最优维修阈值$(\xi_1^*,\xi_2^*)$随检测周期的变化关系如图 9-4 所示。

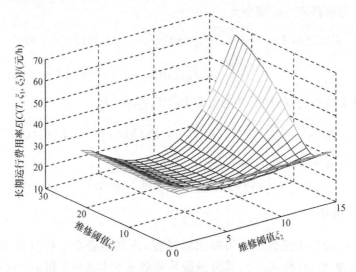

图 9-2　系统长期运行费用率 $E[C(T,\xi_1,\xi_2)]$与维修阈值 ξ_1、ξ_2 之间的关系（检测周期 $T=5\Delta t$）

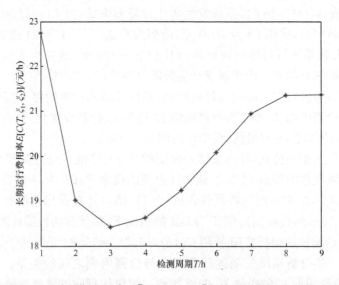

图 9-3　系统长期费用率 $E[C(T,\xi_1,\xi_2)]$与检测周期 T 之间的关系

图 9-4 中最优维修阈值(ξ_1^*,ξ_2^*)随检测周期变长而不断减小，这是因为在检测周期较长的情况下，很难把握系统状态劣化情况、及时采取预防性维修措施，此时可通过降低维修阈值的方式，尽早采取预防性维修活动，以有效减少系统发生劣化故障的概率，从而降低系统长期运行费用率。为进一步分析和说明维修阈值、检

测周期与预防性维修概率的关系,下面分别取 3 组不同的预防性维修阈值($\xi_1 =$ 20,$\xi_2 = 12$)、($\xi_1 = 16$,$\xi_2 = 12$)和($\xi_1 = 16$,$\xi_2 = 10$),计算得到预防性维修概率与检测周期变化的关系如图 9-5 所示。

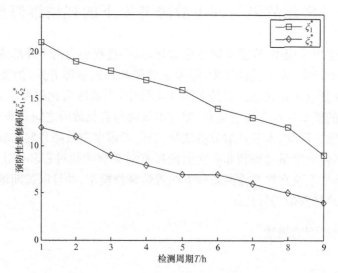

图 9-4　最优维修阈值 ξ_1^* 和 ξ_2^* 与检测周期 T 之间的关系

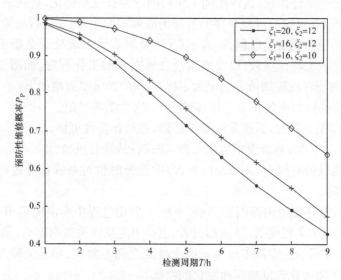

图 9-5　预防性维修概率与检测周期 T 之间的关系

由图 9-5 可以看出,3 组预防性维修阈值条件下的预防性维修概率均随着检测周期延长而不断下降。在维修阈值较高($\xi_1 = 20$,$\xi_2 = 12$)的情况下,预防性维修概率减小最快;而在维修阈值较低($\xi_1 = 16$,$\xi_2 = 10$)的情况下,预防性维修概率减小最为缓慢。同时,这也说明,在检测周期较长的情况下,为了减少故障后更换的概率,通过减小预防性维修阈值的方式,能够有效提高预防性维修的概率。

9.3　劣化故障与冲击故障并发下的视情维修模型

在装备使用过程中,性能不断发生劣化,这一过程还会由于外部或内部的因素而受到致命的冲击,发生随机故障,即劣化故障和冲击故障并发,需要进行修复性维修,使其恢复至工作状态。并且在维修实际中,当系统劣化程度不断加深时,发生冲击故障的概率往往会随之提高,即冲击故障与劣化故障之间是非独立的,存在一定的相关性。因此,本节针对装备维修实际,考虑多重故障并发和故障相关的情况,分别利用独立增量过程和非齐次泊松过程对系统劣化过程和冲击故障进行描述,建立单部件系统在序贯检测条件下的视情维修模型,并且以长期运行费用率最低为目标对维修阈值进行优化。

9.3.1　系统模型的描述

1. 模型假设

(1) 对于单部件系统,其性能随工作时间的延长逐渐劣化,直到最终发生故障失效进行更换,并且这一过程中伴随着冲击故障的发生,需要进行故障后更换。

(2) 设平稳独立增量过程 X_t 表示($X_t = 0$ 时表示系统处于全新工作状态)在时刻 t 的系统状态特征参数,以反映系统在该时刻的劣化程度,如图 9-6 所示,将预防性维修阈值和故障阈值分别记为 ξ 和 L,相应的维修策略如下:

① 当 $X_t < \xi$ 时,系统正常工作,确定下一次检测的时刻。

② 当 $\xi \leqslant X_t < L$ 时,系统发生潜在故障,进行预防性更换。

③ 当 $X_t \geqslant L$ 时,系统发生劣化故障,需进行故障后更换。

(3) 在离散的时间点 $t_k = k\Delta t (k \in N)$ 中选择时机对系统状态进行检测,式中 Δt 为单位时间。

(4) 受外部环境或内部因素影响,系统在劣化过程中会由随机事件引发冲击故障,即便此时劣化程度 X_t 还未超过 L,也会引起系统失效而停机,须进行故障后更换,如图 9-6 所示。设冲击故障与劣化故障之间不独立,相互关联,以反映系统冲击故障发生随劣化程度加深而变化的特征。

(5) 检测是非破坏性的,能够完全反映系统劣化程度,且检测时间可忽略,系统发生劣化故障和冲击故障时不用检测,可以立即发现。

(6) 维修方式包括预防性更换和故障后更换,两者均将系统恢复至全新,维修时间忽略。

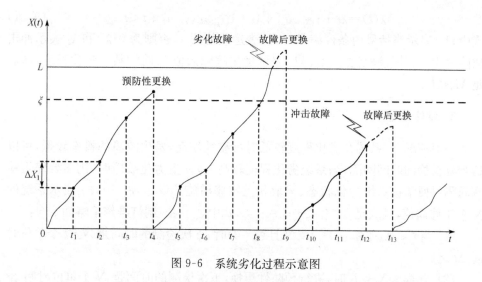

图 9-6　系统劣化过程示意图

（7）优化目标是通过选择最优的预防性维修阈值，使得系统长期运行费用率降至最低。

2. 模型描述

按照假设，根据检测出系统的劣化状态信息来决定采取何种维修策略，对于不同的系统劣化程度，定义不同的检测周期，当系统劣化程度较轻时，可以采取较长的检测间隔。这种非定期的检测方式，即序贯检测，其检测间隔是根据系统状态来动态调整的。另外，在劣化过程中，系统会因冲击故障的发生而停机，需要采取故障后更换使得系统恢复如新，并且当系统劣化程度较高时，冲击故障发生概率会增大。因此，需要在系统劣化过程中考虑冲击故障并发且相关的情况，通过对维修阈值进行优化，以实现系统长期运行维修费用率最低的目标。

9.3.2　模型建立

1. 劣化过程与冲击故障描述

劣化过程描述：将时刻 t_k 系统劣化程度记为 $X_k = X_{t_k}$，设相邻时刻系统劣化 $X_k - X_{k-1}$ 服从相同的分布 f，那么 n 个单位时间系统劣化增量的分布为 $f^{(n)}$，即 f 的 n 重卷积。Gamma 分布适合表述系统劣化出现的腐蚀、疲劳、裂纹增长等现象，这里设 f 为 Gamma 分布。

冲击故障描述：假设冲击故障到达时间服从非齐次泊松过程 $\{N(t), t \geq 0\}$，其参数 $\lambda(t)$ 取决于系统劣化程度 X_k，其可表示为[3]

$$\lambda(t)=\lambda_1 \cdot 1_{\{X_k \leqslant M_S\}}+\lambda_2 \cdot 1_{\{X_k > M_S\}}, \quad t_k \leqslant t < t_{k+1} \quad (9\text{-}21)$$

式中,$1_{()}$表示当括号内条件满足时,该表达式值为 1,否则为 0;λ_1 和 λ_2 表示冲击故障发生率,并且满足 $\lambda_1 \leqslant \lambda_2$;$M_S$ 表示劣化故障阈值 L 前的某一劣化程度,即满足 $M_S < L$。

2. 维修策略

一般情况下,系统在劣化程度较低时可靠性较高,发生故障的概率较低,可以适当延长检测时间间隔;当系统劣化程度较高、易发生劣化故障时,则需要缩短检测间隔以便掌握系统劣化状态、采取相关维修措施。设 $\xi_1,\xi_2,\cdots,\xi_N$ 表示系统的 N 个维修阈值,且满足 $0 < \xi_1 < \cdots < \xi_N < L$,式中 $\xi_N = \xi$。制订维修策略如下[4]:

(1) 当 $\xi_l \leqslant X_k < \xi_{l+1}(0 \leqslant l < N$ 且 $\xi_0=0)$时,下次检测的时间是 $N-l$ 个单位时间 Δt 之后。

(2) 当 $\xi_N \leqslant X_k < L$ 时,进行预防性更换,下次检测的时间是 N 个单位时间 Δt 之后。

当在时刻 $t_k \sim t_{k+1}$ 发生劣化故障或冲击故障时,系统在 t_{k+1} 进行故障后更换,下次检测的时间是 N 个单位时间 Δt 之后。

3. 长期运行费用率

维修决策优化的目标是通过在既定的维修策略下选择最优维修阈值,使得系统长期运行费用率最低。设检测费用为 C_i,预防性更换费用为 C_r,故障后更换费用为 C_f,那么系统长期运行费用率可以表示为

$$E[C(\xi_1,\xi_2,\cdots,\xi_N)]=\frac{1}{\Delta t}(C_i P_I + C_r P_R + C_f P_F) \quad (9\text{-}22)$$

式中,P_I、P_R 和 P_F 分别表示单位时间 Δt 内对系统进行检测、预防性更换和故障后更换的概率。

9.3.3　模型分析与求解

1. 模型分析

为了计算系统长期运行费用率,首先需要计算 P_I、P_R 和 P_F。设函数 g 为系统状态概率密度函数,按照是否进行检测和是否发生冲击故障,由全概率公式可得

$$g(x)=g_1(x)+g_2(x)+g_3(x)+g_4(x) \quad (9\text{-}23)$$

式中,$g_1(x)$表示系统当前状态为 x 时未发生冲击故障、该进行检测的概率密度;$g_2(x)$表示系统当前状态为 x 时未发生冲击故障、未进行检测的概率密度;$g_3(x)$

表示系统当前状态为 x 时该进行检测、但此时冲击故障已发生而导致停机的概率密度；$g_4(x)$ 表示系统当前状态为 x 时未进行检测、但此时冲击故障已发生而导致停机的概率密度。

由于预防性更换通常发生在检测之后，设预防性更换的费用包含检测的费用，因此单位时间 Δt 内发生检测概率 P_I、预防性更换概率 P_R 和故障后更换概率 P_F 表示为

$$P_I = \int_0^{\xi_N} g_1(x)\mathrm{d}x \tag{9-24}$$

$$P_R = \int_{\xi_N}^L g_1(x)\mathrm{d}x \tag{9-25}$$

$$P_F = \int_L^{+\infty} g(x)\mathrm{d}x + \int_0^L [g_3(x) + g_4(x)]\mathrm{d}x \tag{9-26}$$

2. 模型求解

根据题设，冲击故障被描述为参数是 $\lambda(t)$ 的非齐次泊松过程 $\{N(t), t \geqslant 0\}$，那么从时刻 t_r 到 t_{r+k} 发生的事件个数为一个泊松随机变量，记为 $N(r+k) - N(r)$，其均值为 $\int_r^{r+k} \lambda(t)\mathrm{d}t$。由式（9-21）可以得到

$$\int_r^{r+k} \lambda(t)\mathrm{d}t = k_1\lambda_1 + k_2\lambda_2 \tag{9-27}$$

式中，k_1 满足 $X_{r+k_1-1} \leqslant M_S < X_{r+k_1}$，$k = k_1 + k_2$。该均值与系统状态有关，而与时间起点 r 无关。将 k 个单位时间 Δt 内发生冲击故障次数记为 Y_k，其等于 0 的概率为

$$P(Y_k = 0) = \exp\{-(k_1\lambda_1 + k_2\lambda_2)\} = \overline{F}_1(k_1)\overline{F}_2(k_2) \tag{9-28}$$

式中，$\overline{F}_i(k_i) = \overline{F}_i(k_i\Delta t) = \exp\{-k_i\Delta t\lambda_i\}$（$i = 1$ 或 2）；$F_i(k_i) = F_i(k_i\Delta t) = 1 - \overline{F}_i(k_i\Delta t)$。

首先求解 $g_1(x)$ 和 $g_2(x)$。$g_1(x)$ 表示系统当前状态为 x 时未发生冲击故障、该进行检测的概率密度。按照既定的维修策略，当检测发现系统状态 $y \in [\xi_l, \xi_{l+1}]$（$0 \leqslant l \leqslant N-1$）时，$y = 0$ 表示系统全新状态，确定下一次检测的时间为 $N-l$ 个单位时间 Δt 之后，且检测前不发生冲击故障，有 $Y_{N-l} = 0$。$g_2(x)$ 表示系统当前状态为 x 时未发生冲击故障、未进行检测的概率密度。根据维修策略，在经历第 $1, 2, \cdots, N-l-1$ 个单位时间 Δt 后，均不发生检测，也无冲击故障发生，即 $Y_1 = 0$，$Y_2 = 0, \cdots, Y_{N-l-1} = 0$。根据以上分析，$g_1(x)$ 和 $g_2(x)$ 可用式（9-29）～式（9-32）表达[4]。

设 M_S 在第 S 个和 $S+1$ 个维修阈值之间，即 $\xi_S < M_S \leqslant \xi_{S+1}$，式中 $0 \leqslant S \leqslant N$（若 $S = N$，则 $\xi_N < M_S \leqslant L$），那么可分为以下两种情况：

(1) 当 $0 < x \leqslant M_S$ 时，$g_1(x)$ 和 $g_2(x)$ 分别为

$$g_1(x) = P_0 \overline{F_1}(N) f^{(N)}(x) + \sum_{l=0}^{\min(S,N-1)} \overline{F_1}(N-l) \int_{\xi_l}^{\min(\xi_{l+1}, x)} g_1(y) f^{(N-l)}(x-y) \mathrm{d}y$$

$$(9\text{-}29)$$

$$g_2(x) = P_0 \sum_{i=1}^{N-1} \overline{F_1}(i) f^{(i)}(x) + \sum_{l=0}^{\min(S,N-2)} \sum_{i=1}^{N-l-1} \overline{F_1}(i) \int_{\xi_l}^{\min(\xi_{l+1}, x)} g_1(y) f^{(i)}(x-y) \mathrm{d}y$$

$$(9\text{-}30)$$

$$x > M_S g_1(x) = \sum_{j=1}^{N} \overline{F_1}(j) \overline{F_2}(N-j) \cdot P_0 A_w(j,N)$$

(2) 当 $\displaystyle\sum_{l=0}^{\min(S,N-1)} \sum_{j=1}^{N-l} \overline{F_1}(j) \overline{F_2}(N-l-j) B_w(j,l,N) + \sum_{l=S}^{N-1} \overline{F_2}(N-l) C_w(l,N)$

时，$g_1(x)$ 和 $g_2(x)$ 分别为

$$g_1(x) = \sum_{j=1}^{N} \overline{F_1}(j) \overline{F_2}(N-j) \cdot P_0 A_w(j,N)$$

$$+ \sum_{l=0}^{\min(S,N-1)} \sum_{j=1}^{N-l} \overline{F_1}(j) \overline{F_2}(N-l-j) \cdot B_w(j,l,N)$$

$$+ \sum_{l=S}^{N-1} \overline{F_2}(N-l) C_w(l,N) \qquad (9\text{-}31)$$

$$g_2(x) = \sum_{i=1}^{N-1} \sum_{j=1}^{i} \overline{F_1}(j) \overline{F_2}(i-j) \cdot P_0 A_w(j,i)$$

$$+ \sum_{l=0}^{\min(S,N-2)} \sum_{i=1}^{N-l-1} \sum_{j=1}^{i} \overline{F_1}(j) \overline{F_2}(i-j) B_w(j,l,i+l)$$

$$+ \sum_{l=S}^{N-2} \sum_{i=1}^{N-l-1} \overline{F_2}(i) C_w(l,i+l) \qquad (9\text{-}32)$$

式中，$w = 1_{\{M_S < x < L\}} \cdot 1 + 1_{\{x \geqslant L\}} \cdot 2$；$1_{\{\ \}}$ 表示当括号内条件满足时，该表达式值为 1，否则为 0。式(9-29)~式(9-32)中其他参数分别为

$$A_1(m,n) = \int_{u=0}^{M_S} f^{(m-1)}(u) \int_{v=M_S}^{x} f(v-u) f^{(n-m)}(x-v) \mathrm{d}v \mathrm{d}u \qquad (9\text{-}33)$$

$$A_2(m,n) = \int_{u=0}^{M_S} f^{(m-1)}(u) \int_{v=M_S}^{L} f(v-u)$$

$$\cdot \int_{z=M_S}^{L} f^{(n-m-1)}(z-v) f(x-z) \mathrm{d}z \mathrm{d}v \mathrm{d}u \qquad (9\text{-}34)$$

$$B_1(m,l,n) = \int_{y=\xi_l}^{\min(\xi_{l+1}, M_S)} g_1(y) \int_{u=y}^{M_S} f^{(m-1)}(u-y)$$

$$\cdot \int_{v=M_S}^{x} f(v-u) f^{(n-l-m)}(x-v) \mathrm{d}v \mathrm{d}u \mathrm{d}y \qquad (9\text{-}35)$$

$$B_2(m,l,n) = \int_{y=\xi_l}^{\min(\xi_{l+1}, M_S)} g_1(y) \int_{u=y}^{M_S} f^{(m-1)}(u-y)$$

$$\cdot \int_{v=M_S}^{L} f(v-u) \int_{z=v}^{L} f^{(n-l-m-1)}(z-v) f(x-z) \mathrm{d}z\mathrm{d}v\mathrm{d}u\mathrm{d}y$$

$$(9\text{-}36)$$

$$C_1(l,n) = \int_{\max(\xi_l,M_S)}^{\min(\xi_{l+1},x)} g_1(y) f^{(n-l)}(x-y)\mathrm{d}y \qquad (9\text{-}37)$$

$$C_2(l,n) = \int_{y=\max(\xi_l,M_S)}^{\xi_{l+1}} g_1(y) \int_{z=y}^{L} f^{(n-l-1)}(z-y) f(x-z)\mathrm{d}z\mathrm{d}y \qquad (9\text{-}38)$$

式中,定义如下规则:①若 $i<j$,则 $\int_j^i f(u)\mathrm{d}u=0$;②若 $i<j$,则 $\sum_j^i W=0$;③当 $i\leqslant$ 0 时,满足 $\int f^{(i)}(y)f(x-y)\mathrm{d}y = f^{(i+1)}(x) = \int f(y)f^{(i)}(x-y)\mathrm{d}y$,以使表达式简洁。

下面求解 $g_3(x)$ 和 $g_4(x)$。$g_3(x)$ 表示系统当前状态为 x 时进行检测但冲击故障已发生。根据假设,冲击故障一旦发生就会采取故障后更换,意味着冲击故障只能发生在该段时间的最后一个 Δt 内。按照既定维修策略,在经过第 $N-l$ 个单位时间 Δt 后进行检测时发生冲击故障,即 $Y_{N-l-1}=0$ 且 $Y_{N-l}>0$。$g_4(x)$ 表示系统当前状态为 x 时未进行检测但冲击故障已发生。根据维修策略,在经过第 $1,2,\cdots,N-l-1$ 个 Δt 时不发生检测,但发生冲击故障需要进行故障后更换,即 $Y_{i-1}=0$ 且 $Y_i>0(i=1,2,\cdots,N-l-1)$。

(3) 当 $0<x\leqslant M_S$ 时,$g_3(x)$ 和 $g_4(x)$ 分别为

$$g_3(x) = \overline{F_1}(N-1)F_1(1)\cdot P_0 f^{(N)}(x) + \sum_{l=0}^{\min(S,N-1)} \overline{F_1}(N-l-1)$$
$$\cdot F_1(1)\int_{\xi_l}^{\min(\xi_{l+1},x)} g_1(y) f^{(N-l)}(x-y)\mathrm{d}y \qquad (9\text{-}39)$$

$$g_4(x) = P_0 \sum_{i=1}^{N-1} \overline{F_1}(i-1)F_1(1) f^{(i)}(x) + \sum_{l=0}^{\min(S,N-2)} \sum_{i=1}^{N-l-1} \overline{F_1}(i-1)$$
$$\cdot F_1(1)\int_{\xi_l}^{\min(\xi_{l+1},x)} g_1(y) f^{(i)}(x-y)\mathrm{d}y \qquad (9\text{-}40)$$

(4) 当 $x>M_S$ 时,$g_3(x)$ 和 $g_4(x)$ 分别为

$$g_3(x) = \sum_{j=1}^{N-1} \overline{F_1}(j)\,\overline{F_2}(N-j-1)F_2(1)\cdot P_0 A_w(j,N)$$
$$+ \overline{F_1}(N-1)F_1(1)\cdot P_0 A_w(N,N)$$
$$+ \sum_{l=0}^{\min(S,N-1)} \sum_{j=1}^{N-l-1} \overline{F_1}(j)\,\overline{F_2}(N-l-j-1)F_2(1)B_w(j,l,N)$$
$$+ \sum_{l=0}^{\min(S,N-1)} \overline{F_1}(N-l-1)F_1(1)B_w(N-l,l,N)$$
$$+ \sum_{l=S}^{N-1} \overline{F_2}(N-l-1)F_2(1)C_w(l,N) \qquad (9\text{-}41)$$

$$g_4(x) = \sum_{i=1}^{N-1}\sum_{j=1}^{i-1}\overline{F_1}(j)\,\overline{F_2}(i-j-1)F_2(1) \cdot P_0 A_w(j,i)$$

$$+ \sum_{i=1}^{N-1}\overline{F_1}(i-1)F_1(1) \cdot P_0 A_w(i,i)$$

$$+ \sum_{l=0}^{\min(S,N-2)}\sum_{i=1}^{N-l-1}\sum_{j=1}^{i-1}\overline{F_1}(j)\,\overline{F_2}(i-j-1)F_2(1)B_w(j,l,i)$$

$$+ \sum_{l=0}^{\min(S,N-2)}\sum_{i=1}^{N-l-1}\overline{F_1}(i-1)F_1(1)B_w(i,l,i)$$

$$+ \sum_{l=S}^{N-2}\sum_{i=1}^{N-l-1}\overline{F_2}(i-1)F_2(1)C_w(l,i+l) \tag{9-42}$$

9.3.4　算例分析

　　为了便于对本节建立的视情维修策略进行计算分析、符合 9.3.1 节中的模型要求,且不失问题的一般性,选择 Gamma 分布的特例——指数分布进行计算分析。按照上述分析和模型假设,设相邻时刻系统劣化增量 $X_k - X_{k-1}$ 服从相同的分布:

$$f(x) = \alpha e^{-\alpha x} \tag{9-43}$$

即系统劣化平均速度为 $1/\alpha$,α 越大表示系统劣化速度越慢。

　　设定维修阈值数目:$N=2$;系统状态参数:$\alpha=6$,$L=1$,$M_S=0.6$;维修费用参数:$C_i=1$ 元,$C_r=10$ 元,$C_f=100$ 元;发生冲击故障的故障率参数:$\lambda_1=0.01$,$\lambda_2=0.1$;单位时间 $\Delta t=1$h。将分布 f 及以上参数代入式(9-29)~式(9-42),通过解微积分方程组得到 $g_1(x)$、$g_2(x)$、$g_3(x)$ 和 $g_4(x)$,进而通过式(9-24)~式(9-26)得到 P_1、P_R 和 P_F,代入式(9-22)即可得到长期运行费用率 $E[C(\xi_1,\xi_2)]$。通过计算求解,长期运行费用率 $E[C(\xi_1,\xi_2)]$ 随维修阈值 ξ_1、ξ_2 变化的曲面图和等高线图如图 9-7 所示。

　　由图 9-7(b)所示的等高线图可以看到,在初始参数条件下,通过计算能够找到一组预防性维修阈值($\xi_1=0.08$,$\xi_2=0.44$),使得系统长期运行费用率降至最低,即 $E[C(\xi_1,\xi_2)]=5.1144$ 元/h。为了进一步分析说明系统特征(劣化速度、冲击故障发生率)和维修成本(检测费用)对最优维修策略的影响,下面以一组较低的冲击故障发生率($\lambda_1=0.001$,$\lambda_2=0.01$)作为比较的对象,分别以劣化参数 α 和检测费用 C_i 为变量,在其余参数不变的条件下进行计算求解,所得结果如图 9-8 和图 9-9 所示。

　　如图 9-8 所示,当系统劣化参数 $\alpha \leq 5$ 时,最优预防性维修阈值为 $\xi_1=0$ 和 $\xi_2>0$,表示此时仅选择较小的检测间隔 Δt,这是因为此时系统劣化 $1/\alpha$ 速度较快,需要较高的检测频率以发现劣化故障;伴随着系统劣化参数 α 的增大,最优预防性维修阈值 ξ_1 和 ξ_2 也不断增大,这表示当系统劣化参数 α 增大时,系统性能劣化速

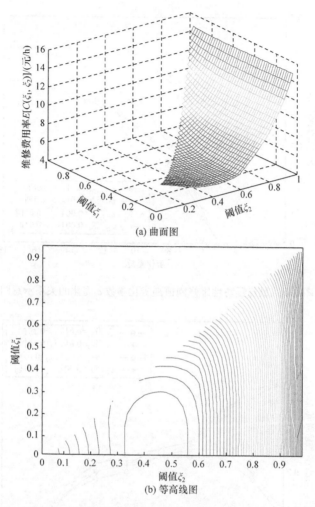

(a) 曲面图

(b) 等高线图

图 9-7　长期运行维修费用率随预防性维修阈值 ξ_1 和 ξ_2 变化关系示意图

度减慢,允许较高的预防性维修阈值 ξ_1 和 ξ_2 以降低检测频率(检测间隔为 $2\Delta t$)。如图 9-9 所示,当检测费用较低时(如 $C_i=1$),最优检测阈值 ξ_2 较大且 ξ_1 较小,即较多采用频繁的检测频率(检测间隔为 Δt),这是因为此时检测费较低,可以利用较为频繁的检测降低劣化故障的概率;随着 C_i 不断增大,最优预防性维修阈值 ξ_1 先增大后减小而 ξ_2 不断减小;并且当 $C_i=C_r/2$ 时,ξ_1 与 ξ_2 近似相等,表示此时须采用较低的检测频率来降低检测费用(检测间隔为 $2\Delta t$);直到 C_i 增大到 $C_i=C_r$ 时,ξ_1、ξ_2 都减小到约等于 0,表示此时检测费用过高,无须检测直接更换。由图 9-8 和图 9-9 可以看出,与冲击故障发生率相对较低的情况($\lambda_1=0.001$,$\lambda_2=0.01$)相比,算例描述($\lambda_1=0.01$,$\lambda_2=0.1$)的 ξ_1 较小,这是由于在冲击故障发生概率增加的

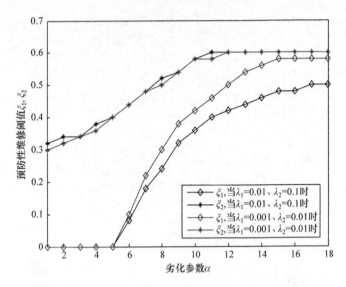

图 9-8　最优预防性维修阈值随劣化参数 α 变化的关系示意图

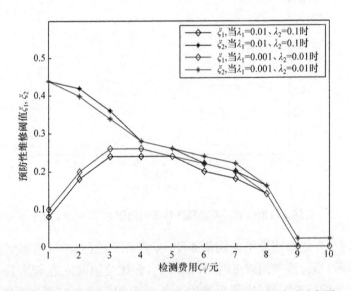

图 9-9　最优预防性维修阈值随检测费用 C_i 变化的关系示意图

情况下,需要较高频率的检测来降低劣化故障的发生概率。

　　下面分析在采取本节建立的序贯检测维修策略下,系统特征(劣化速度、冲击故障发生率)和维修成本(检测费用)对最优维修费用率的影响,并与定期检测的最优维修费用率结果进行对比。设定期检测的检测周期为 $w\Delta t$,通过以下方式得到定期检测的维修费用率计算结果[4]:设 $N=w$,即 ξ_w 为预防性维修阈值,并且满足

$\xi_1=\xi_2=\cdots=\xi_w$,再按照 9.2 节的维修策略进行计算并优化 w,即为定期检测下最优维修费用率。通过计算,序贯检测和定期检测条件下的长期运行费用率随劣化参数和检测费用变化关系如图 9-10 和图 9-11 所示。

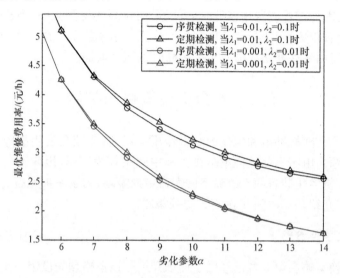

图 9-10　不同检测策略下最优维修费用率随劣化参数 α 变化的关系示意图

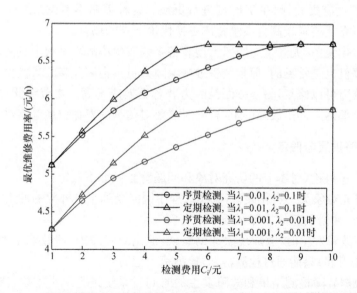

图 9-11　不同检测策略下最优维修费用率随检测费用 C_i 变化的关系示意图

如图 9-10 所示,与定期检测相比,序贯检测能够有效减少维修费用,这在 $8<\alpha<13$ 时最为显著,这是因为当平均劣化率 α 过小或过大,即系统劣化较快或

较慢时,需要分别采用尽量较高或较低的检测频率,这样就与采用较短和较长检测时间间隔的定期检测趋于一致,并且最优维修费用率会因为冲击故障发生率高低不同而发生增减。如图 9-11 所示,当 $3<C_i<8$ 时,序贯检测与定期检测的差别较为明显,这是因为在检测费用较低时,可以采用较高的检测频率;当检测费用较高时,无须检测直接更换,均与定期检测下的最优费用率趋于一致。两种检测策略下的最优维修费用率在冲击故障发生率较高时也随之增加。

9.4　寿命更换策略与扩展

本节讨论在随机冲击和劣化的双重作用下,当劣化装备发生故障后应采取的维修策略问题。由于寿命更换策略在实际中应用较为广泛,因此本节对此策略进行了扩展,分析劣化装备两类故障下的寿命更换策略,为了跟扩展后的维修策略进行对比,首先介绍基于时间 T 的寿命更换策略。

9.4.1　寿命更换策略

寿命更换策略在第 5 章已经做了详细介绍。该策略预先设定一预防性更换周期 T(本节周期单位为月),若系统在 T 时刻前失效,则立刻进行更换,若系统运行至 T 时刻而没有失效,则在 T 时刻进行更换。这种策略不考虑系统失效的原因,适用于对可靠性要求较高且系统整体更换代价不高的场合。

对于劣化装备,尤其是对舰船大型装备来说发生小故障是很常见的,由小故障造成系统停机也是常见的,但是装备维修保障人员不会因此将装备换掉,一方面是因为此类故障可以修复,另一方面是因为装备更换成本高。本节将此类可修复的小型故障全部纳入冲击故障的范畴,此时需要对传统的寿命更换策略进行扩展。

9.4.2　策略扩展与假定

基于上述讨论,对本节的研究对象和问题背景做如下假定:

(1) 研究对象为一劣化装备,工作过程中同时受到来自外部的冲击,冲击到来时系统失效,冲击引起的故障可修复。

(2) 当故障发生时,故障现象即刻显现,但是故障原因(即故障是由劣化引起还是由冲击引起)只能通过检测得到,检测费用记为 C_i。

(3) 根据故障检测结果和故障发生的时间对系统进行最小维修、修复性维修或预防性更换(具体见 9.4.4 节和 9.4.5 节对 (A, T) 策略和 (τ, T) 策略的描述)。

(4) 故障检测、最小维修、修复性维修和预防性更换对应的平均维修费用分别为 C_i、C_m、C_c 和 C_r,且满足以下关系:$C_m<C_r \leqslant C_c$,$C_i<C_r \leqslant C_c$。

在两类故障模式下,修复性维修和预防性更换均是对系统的完全维修,其区别在于前者发生在系统失效时,属于非计划维修,而后者发生在系统正常工作的情况下,属于主动维修。修复性维修一般包括系统更换和对故障不良影响的处理,所以通常其维修费用要高于预防性更换的费用。

下面讨论在上述假定条件下,系统的故障模型和最优维修更换策略。

9.4.3　故障模型

1. 劣化模型

系统在使用过程中逐渐劣化的过程可以用随机过程来描述,由于 Gamma 分布的普遍性,本节用平稳 Gamma 过程来描述系统的劣化过程,假定系统在 t 时刻的劣化度 $X(t)$ 的概率密度函数服从形状参数为 αt、尺度参数为 β 的 Gamma 分布:

$$f_{\alpha t,\beta}(u) = \frac{\beta^{\alpha t} u^{\alpha t-1} \exp(-\beta u)}{\Gamma(\alpha t)}, \quad u \geqslant 0 \tag{9-44}$$

式中,$\Gamma(\alpha) = \int_0^{+\infty} u^{\alpha-1} e^{-u} du$。

对于一个连续劣化过程,一般会有一个失效阈值 L,当劣化度 $X(t)$ 达到或超过 L 时,系统会发生失效。于是,由系统劣化导致的首次故障时间可以表示为

$$T_L = \inf\{t \geqslant 0, \ X(t) \geqslant L\} \tag{9-45}$$

T_L 的分布函数为

$$F_{T_L}(t) = P\{T_L \leqslant t\} = P\{X(t) \geqslant L\} = \int_L^{+\infty} f_{\alpha t,\beta}(x) dx = \frac{\Gamma(\alpha t, L\beta)}{\Gamma(\alpha t)}, \quad t \geqslant 0 \tag{9-46}$$

式中,$\Gamma(\alpha t, L\beta) = \int_{L\beta}^{+\infty} z^{\alpha t-1} e^{-z} dz$。

2. 冲击模型

不失一般性,假定系统在工作过程中受到的冲击为一非齐次泊松过程,冲击到来时系统失效。冲击强度为 $\lambda(t)$ 的冲击过程 $\{N(t), t \geqslant 0\}$ 满足下列条件:

(1) $N(0) = 0$。

(2) $N(t)$ 是独立增量过程。

(3) $P\{N(t+h) - N(t) = 1\} = \lambda(t)h + o(h); P\{N(t+h) - N(t) \geqslant 2\} = o(h)$。

显然,当 $\lambda(t)$ 为一常数时,非齐次泊松过程退化为齐次泊松过程。若令 $N_s(t)$ 表示自开始至 t 时刻经历的冲击次数,则首次冲击到来的时刻 T_s 可表示为 $T_s = \inf\{t \geqslant 0, N_s(t) = 1\}$,于是系统在冲击作用下至时刻 t 不发生失效的概率为

$$\overline{F}_\lambda(t) = P(T_s > t) = \exp(-\Lambda(t)) \tag{9-47}$$

式中,$\Lambda(t)=\int_0^t \lambda(u)\mathrm{d}u, u\geqslant 0$。

3. 混合故障模型

若系统在自身劣化的同时受到来自外部环境的冲击,冲击过程和劣化过程相互独立,则系统在劣化和冲击的双重作用(即混合故障模式)下,至时刻 t 不发生失效的概率为

$$\overline{F}(t)=P(T_\mathrm{s}>t)P(X(t)\leqslant L)=\overline{F}_\lambda(t)\overline{F}_{T_L}(t) \tag{9-48}$$

9.4.4　(A,T)策略

1. 策略描述

该策略针对两类故障模式,主要原则如下:

(1) 若系统运行至 T 时刻而没有被更新,则在 T 时刻对系统进行预防性更换(主动更新)。

(2) 针对系统在 T 时刻前失效,通过检测查明故障原因,若失效由劣化累积造成(即劣化程度超过 L),则对系统进行修复性维修;若失效由冲击造成,则根据系统的劣化程度依原则(3)选择维修活动。

(3) 系统在 T 时刻前由冲击造成失效,若劣化程度不超过预先设定的阈值 A,则对系统进行最小维修;反之,对系统进行修复性维修。

显然,当 $A=0$ 时,故障后将不区分故障类型,(A,T)策略退化为一般的基于时间 T 的寿命更换策略;当 $A\geqslant L$ 时,(A,T)策略为最小维修配合预防性定期更换,故(A,T)策略是对寿命更换策略的扩展,可以依据参数 A 对冲击故障的维修方式进行选择,以期达到降低更新周期内维修费用率的目的。

在(A,T)策略下,系统可能的故障与更新过程如图 9-12 所示,显示了在此策略下装备的三种更新类型:第一种是由累计劣化程度超过 L 造成的装备失效,此时对装备进行修复性维修;第二种是由于冲击失效时,系统的劣化程度超过了策略阈值 A,此时提前对其进行修复性维修;第三种是在策略周期 T 到来时系统劣化程度没有超过 L,对其进行预防性更换。

2. 系统更新周期与概率分布

记 T_fs 为由冲击引起的修复性维修时刻,则在(A,T)策略下 T_fs 可表示为

$$T_\mathrm{fs}=\inf\{t\geqslant 0, N_\mathrm{s}(t)-N_\mathrm{s}(T_A)=1, X(t)>A\} \tag{9-49}$$

式中,T_A 为系统劣化累积至 A 的时间。

若记系统的修复性维修发生时刻为 T_C,则 T_C 可以表示为

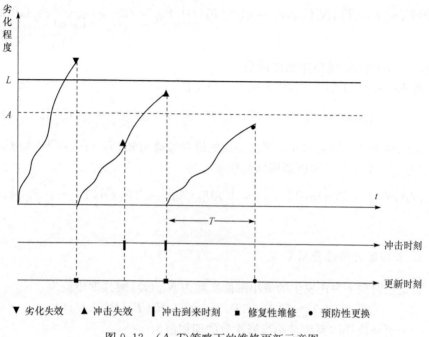

▼ 劣化失效　▲ 冲击失效　▌冲击到来时刻　■ 修复性维修　● 预防性更换

图 9-12 (A,T) 策略下的维修更新示意图

$$T_C = \min(T_L, T_{fs}) \tag{9-50}$$

式中，T_L 为由系统劣化导致的首次故障时间。记 T_C 的累积分布函数为 $F_C(A,t)$，则至时刻 t 系统没有进行修复性维修的概率可表示为

$$\overline{F}_C(A,t) = P(T_C > t) = E[P\{T_A > t\} + P\{T_A < t < T_L, N_s(T_A,t) = 0\}] \tag{9-51}$$

式(9-51)右边前一项表示至时刻 t 系统劣化程度还不到 A，后一项表示至时间 t 系统劣化程度介于 $A \sim L$，且自时刻 T_A 至时刻 t 没有冲击到来。

式(9-51)中，$P\{T_A > t\} = P\{X(t) < A\}$，由式(9-46)可知

$$P\{T_A > t\} = \overline{F}_{T_A}(t) = 1 - \frac{\Gamma(\alpha t, A\beta)}{\Gamma(\alpha t)}, \quad t \geqslant 0 \tag{9-52}$$

由泊松过程的性质可知，自时刻 T_A 至时刻 t，系统没有发生冲击故障的概率为

$$P(N_s(T_A,t) = 0) = \exp\left(-\int_{T_A}^{t} \lambda(u)\,\mathrm{d}u\right) = \frac{\overline{F}_\lambda(t)}{\overline{F}_\lambda(T_A)} \tag{9-53}$$

根据文献[5]，$T_L - T_A$ 的累积概率分布函数近似为

$$F_{T_L - T_A}(t) \approx F_{T_{L-A-1/2\beta}}(t) = \frac{\Gamma(\alpha t, \beta(L-A) - 1/2)}{\Gamma(\alpha t)}$$

故有

$$P\{T_A < t < T_L, N_s(T_A, t) = 0\} = \bar{F}_\lambda(t)\int_0^t \bar{F}_{T_L-T_A}(t-u)\frac{1}{\bar{F}_\lambda(u)}f_{T_A}(u)\mathrm{d}u$$

$$(9\text{-}54)$$

式中，$f_{T_A}(u)$ 为 T_A 的概率密度函数。

将式(9-52)和式(9-54)代入式(9-51)可得

$$\bar{F}_C(A, t) = \bar{F}_{T_A}(t) + \bar{F}_\lambda(t)\int_0^t \bar{F}_{T_L-T_A}(t-u)\frac{1}{\bar{F}_\lambda(u)}f_{T_A}(u)\mathrm{d}u \qquad (9\text{-}55)$$

若记系统更新周期为 T_R，则由系统的维修策略可知，T_R 可表示为(A, T)的函数，记为 $T_R(A, T)$，系统更新周期的期望值为

$$E[T_R(A, T)] = E[\min(T, T_C)] = \int_0^T t\mathrm{d}F_C(A, t) + T\bar{F}_C(A, T) = \int_0^T \bar{F}_C(A, t)\mathrm{d}t$$

$$(9\text{-}56)$$

3. 长期运行维修费用率

若记至时刻 t 为止发生的最小维修次数为 $N_{mr}(t)$，则其期望值为

$$E[N_{mr}(t)] = E[N_s(t)P(T_A > t) + N_s(T_A)P(T_A \leqslant t)] \qquad (9\text{-}57)$$

一个更新周期内系统最小维修次数的期望值为

$$E[N_{mr}(T_R)] = E[N_{mr}(A, T)] = \int_0^T \lambda(u)\bar{F}_{T_A}(u)\mathrm{d}u \qquad (9\text{-}58)$$

此外，由前面的讨论可知，导致系统更新的事件有两类：预防性更换和修复性维修。若在一个更新周期内，更新活动由预防性更换引起的概率为 P_R，由修复性维修引起的概率为 P_C，显然 $P_P + P_C = 1$，则由(A, T)维修策略的特点可知

$$P_C = F_C(A, T), \quad P_R = \bar{F}_C(A, T) \qquad (9\text{-}59)$$

记 $C(A, T)$ 为系统长期运行维修费用率，由更新理论[6]可知，其可以用更新周期内维修费用率的数学期望来表示：

$$C(A, T) = \frac{(C_c + C_i)P_C + C_r P_R + (C_m + C_i)E[N_{mr}(T_R)]}{E[T_R(A, T)]} \qquad (9\text{-}60)$$

全局最优策略(A^*, T^*)按照式(9-61)进行求解：

$$C(A^*, T^*) = \inf\{C(A, T), 0 < A < L, T > 0\} \qquad (9\text{-}61)$$

4. 算例

假定劣化装备工作过程中所受冲击为齐次泊松过程，主要模型参数为：$L = 10$，$\alpha = 1$，$\beta = 1$，$C_i = 5$ 万元，$C_m = 35$ 万元，$C_r = 50$ 万元，$C_c = 60$ 万元，冲击强度 $\lambda = 0.5$。对于一个给定了失效阈值 L 的连续劣化 Gamma 过程，在考虑其自然劣化的条件下，其寿命的期望值为 $L\beta/\alpha + 1/2$，结合本例($L = 10$，$\alpha = 1$，$\beta = 1$)，系统的期望寿命为 10.5，不妨选择系统预防性更换周期 T 为 10 个月，绘制周期维修费用率

$C(A,T)$ 随 A 变化的曲线,图 9-13 显示了当 T 为 10 月时不同的 A 值对维修费用率的影响。

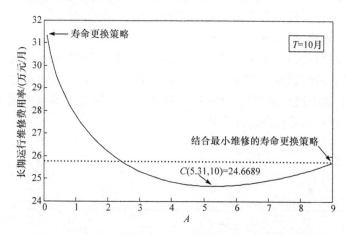

图 9-13　给定 T 时不同 A 值对周期维修费用率的影响

从图中可以看出,在一定的预防性更换周期下,纯寿命更换策略(对应于 $A=0$)的维修费用率最高,这是因为在该策略下不区分故障类型,对由冲击引起的可修复故障直接采取了修复性维修的方式,系统平均更新周期缩短;而结合了最小维修的寿命更换策略由于区分了故障类型维修费用率而较前者显著下降;(A,T) 策略与结合最小维修的寿命更换策略相比维修费用率进一步下降,这说明通过参数 A 来选择冲击故障的维修方式(进行最小维修或修复性维修)是有效的。

9.4.5　(τ,T) 策略

1. 策略描述

与 (A,T) 策略类似,(τ,T) 策略也是针对劣化和冲击两类故障模式,其主要原则如下:

(1) 针对系统在 τ 时刻前失效的情况,通过检测查明故障原因,若失效由冲击造成,则对系统进行最小维修使其尽快恢复功能;若失效由劣化累积造成,则对系统进行修复性维修。

(2) 若冲击发生在 τ 时刻之后,考虑系统的劣化累积达到一定程度,冲击造成的故障影响较难排除,此时不对故障原因进行检测,直接对系统进行修复性维修。

(3) 若系统运行至 T 时刻而没有被更新,则在 T 时刻对系统进行预防性更换(主动更新)。

显然,当 $\tau=0$ 时,故障后将不区分故障类型,(τ,T) 策略退化为一般的基于时

间 T 的寿命更换策略；当 $\tau \geqslant T$ 时，(τ, T) 策略为最小维修配合预防性定期更换，可见 (τ, T) 策略也是对寿命更换策略的扩展，可以依据参数 τ 对冲击故障的维修方式进行选择，以期达到降低更新周期内维修费用率的目的。

在 (τ, T) 策略下，系统可能的故障与更新过程如图 9-14 所示。图中显示了在此策略下装备的三种更新类型：第一种是由累计劣化程度超过 L 造成的装备失效，此时对装备进行修复性维修；第二种是由于冲击失效的时刻超过了策略阈值 τ，此时提前对装备进行修复性维修；第三种是在策略周期 T 到来时系统劣化程度没有超过 L，而对其进行预防性更换。

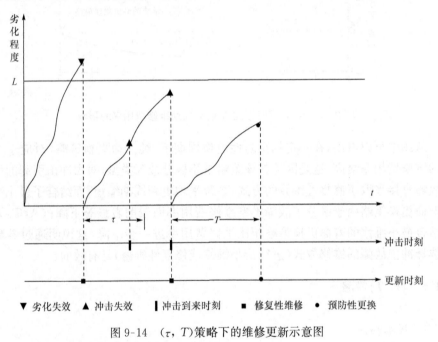

图 9-14 (τ, T) 策略下的维修更新示意图

2. 系统更新周期与概率分布

由图 9-14 可以看出，在 (τ, T) 策略下，系统的更新时刻要么为预防性更换时（即 T 时刻），要么为修复性维修发生时（记为 T_C），若系统更新周期记为 T_R，则有

$$T_R = \min(T, T_C) \tag{9-62}$$

记 T_C 的累积分布函数为 $F_C(\tau, t)$，则至时刻 t 系统没有进行修复性维修的概率可表示为

$$\overline{F}_C(\tau, t) = P(T_C > t) = P(T_L \geqslant t) I_{t \leqslant \tau} + P(T_L \geqslant t, N_s(\tau, t) = 0) I_{t > \tau} \tag{9-63}$$

式中，I_a 为指示函数，表示当条件 a 成立时为 1，否则为 0。式 (9-63) 右边前一项表示在 τ 时刻前系统没有发生劣化故障，后一项表示至时间 t 没有劣化故障发生且

在 (τ, t) 期间没有冲击故障发生,由泊松过程的性质可知

$$P(N_{s}(t)-N_{s}(\tau)=n)=\frac{[\Lambda(t)-\Lambda(\tau)]^{n}}{n!}\exp\{-[\Lambda(t)-\Lambda(\tau)]\} \quad (9\text{-}64)$$

取 $n=0$ 可得

$$P(N_{s}(\tau,t)=0)=\exp\{-[\Lambda(t)-\Lambda(\tau)]\}=\frac{\overline{F}_{\lambda}(t)}{\overline{F}_{\lambda}(\tau)} \quad (9\text{-}65)$$

将式(9-46)和式(9-65)代入式(9-63)可得

$$\overline{F}_{C}(\tau,t)=\overline{F}_{T_{L}}(t)I_{t\leqslant\tau}+\overline{F}_{T_{L}}(t)\frac{\overline{F}_{\lambda}(t)}{\overline{F}_{\lambda}(\tau)}I_{t>\tau} \quad (9\text{-}66)$$

又因为 $T_{R}=\min(T, T_{C})$,所以系统的期望更新周期为

$$E[T_{R}]=E[\min(T,T_{C})]=\int_{0}^{T}t\mathrm{d}F_{C}(\tau,t)+T\overline{F}_{C}(\tau,T)=\int_{0}^{T}\overline{F}_{C}(\tau,t)\mathrm{d}t \quad (9\text{-}67)$$

将式(9-66)代入可得

$$E[T_{R}]=\int_{0}^{T}\overline{F}_{T_{L}}(t)\mathrm{d}t\cdot I_{T\leqslant\tau}+\left\{\int_{0}^{\tau}\overline{F}_{T_{L}}(t)\mathrm{d}t+\int_{\tau}^{T}\overline{F}_{T_{L}}(t)\frac{\overline{F}_{\lambda}(t)}{\overline{F}_{\lambda}(\tau)}\mathrm{d}t\right\}I_{T>\tau} \quad (9\text{-}68)$$

3. 长期运行维修费用率

记 $N_{\text{insp}}(t)$ 为至 t 时刻 $(t\leqslant\tau)$ 总共发生的检测次数,分两种情况讨论:要么至 t 时刻系统没有发生劣化失效,此时检测次数为冲击发生的次数;要么至 t 时刻系统劣化失效,此时检测次数为 1 次,故其数学期望可表示为

$$E[N_{\text{insp}}(t)]=\int_{0}^{t}\lambda(u)\overline{F}_{T_{L}}(u)\mathrm{d}u+F_{T_{L}}(t)\cdot1 \quad (9\text{-}69)$$

根据 (τ, T) 维修策略的特点,检测只发生在 τ 时刻之前,所以对于一个更新周期 T_{R} 内的期望检测次数 $E[N_{\text{insp}}(T_{R})]$,有如下结论:

(1) 当 $\tau<T$ 时,因为 τ 时刻后要么因为故障导致修复性维修,要么没有发生故障至 T 时刻系统被预防性更换,即 τ 时刻后不会再有检测活动发生,此时有

$$E[N_{\text{insp}}(T_{R})]=E[N_{\text{insp}}(\tau)] \quad (9\text{-}70)$$

(2) 当 $t\leqslant T\leqslant\tau$ 时,与上述结论类似,T 时刻后也不会有检测活动发生,此时有

$$E[N_{\text{insp}}(T_{R})]=E[N_{\text{insp}}(T)] \quad (9\text{-}71)$$

综上所述,$E[N_{\text{insp}}(T_{R})]$ 可表示为

$$E[N_{\text{insp}}(T_{R})]=E[N_{\text{insp}}(T)]I_{T\leqslant\tau}+E[N_{\text{insp}}(\tau)]I_{T>\tau} \quad (9\text{-}72)$$

若令至时刻 t 为止发生的最小维修次数为 $N_{\text{mr}}(t)$,则一个更新周期内的最小维修次数 $N_{\text{mr}}(T_{R})$ 的数学期望为

$$E[N_{mr}(T_R)] = (E[N_{insp}(T)] - F_{T_L}(T))I_{T \leqslant \tau} + (E[N_{insp}(\tau)] - F_{T_L}(\tau))I_{T > \tau}$$

$$(9\text{-}73)$$

与 9.4.4 节的讨论类似,在(τ, T)策略中,导致系统更新的事件也是两类:预防性更换和修复性维修。若在一个更新周期内,更新活动由预防性更换引起的概率为P_R,由修复性维修引起的概率为P_C,显然$P_R + P_C = 1$,则由(τ, T)维修策略的特点可知

$$P_C = F_C(\tau, T) \tag{9-74}$$

$$P_R = \overline{F}_C(\tau, T) \tag{9-75}$$

记$C(\tau, T)$为系统长期运行维修费用率,由更新理论可知,其可以用更新周期内维修费用率的数学期望来表示:

$$C(\tau, T) = \frac{C_c P_C + C_r P_R + C_i E[N_{insp}(T_R)] + C_m E[N_{mr}(T_R)]}{E(T_R)} \tag{9-76}$$

将式(9-66)、式(9-68)、式(9-72)和式(9-73)代入式(9-76)可得,当$T \leqslant \tau$时,长期运行维修费用率为预防性更换周期T的函数,而与τ无关,$C(\tau, T)$可表示为

$$C(\tau, T) = \frac{C_c F_{T_L}(T) + C_r \overline{F}_{T_L}(T) + C_i E[N_{insp}(T)] + C_m E[N_{mr}(T)]}{\int_0^T \overline{F}_{T_L}(t) \mathrm{d}t} \tag{9-77}$$

因为当$T \leqslant \tau$时,(τ, T)策略退化为结合最小维修的寿命更换策略,所以主要讨论$\tau < T$的情况。

为了得到最小的维修费用率,首先针对给定的预防性更换周期T来优化τ,然后一维搜索最优的T^*,设定求解公式如下:

$$\frac{\partial C(\tau, T)}{\partial \tau} = 0 \tag{9-78}$$

$$C(\tau, T^*) < C(\tau, T \neq T^*) \tag{9-79}$$

在迭代过程中发现,最优周期维修费用率随着T的增大而减小,当T逐渐增大时维修费用率$C(\tau, T)$趋于恒定,这是因为当$\tau < T$时,有

$$C_i E[N_{insp}(T_R)] + C_m E[N_{mr}(T_R)] = (C_i + C_m)\int_0^\tau \lambda(u) \overline{F}_{T_L}(u) \mathrm{d}u + C_i F_{T_L}(\tau) \tag{9-80}$$

该表达式取值仅与τ相关,当T足够大时存在$\tau^* < T$使其最小,同时对于期望更新周期:

$$E(T_R) = \int_0^\tau \overline{F}_{T_L}(t) \mathrm{d}t + \int_\tau^T \overline{F}_{T_L}(t) \frac{\overline{F}_\lambda(t)}{\overline{F}_\lambda(\tau)} \mathrm{d}t < \int_0^T \overline{F}_{T_L}(t) \mathrm{d}t \tag{9-81}$$

根据文献[5]有$\int_0^{+\infty} \overline{F}_{T_L}(t) \mathrm{d}t \approx L\beta/\alpha + 1/2$,故

$$E(T_R) < \int_0^{+\infty} \overline{F}_{T_L}(t) \mathrm{d}t \approx \frac{L\beta}{\alpha} + \frac{1}{2} \tag{9-82}$$

根据式(9-66)、式(9-74)和式(9-75)有

$$\lim_{T\to\infty}P_R=0,\quad \lim_{T\to\infty}P_C=1 \tag{9-83}$$

故当 T 足够大时,有

$$\inf[C(\tau,T)]=\frac{C_c+C_{opt}}{\dfrac{L\beta}{\alpha}+\dfrac{1}{2}} \tag{9-84}$$

式中

$$C_{opt}=\min\{C_iE[N_{insp}(\tau)]+C_mE[N_{mr}(\tau)]\} \tag{9-85}$$

式(9-84)表明,对于一个连续劣化装备,选择过大的预防性更换周期是没有意义的,受冲击故障的影响,系统更新周期的期望不会大于其自然劣化状态下的期望寿命,对冲击故障的维修方式是影响周期内维修费用率的主要因素。

4. 算例

假定劣化装备工作过程中所受冲击为齐次泊松过程,主要模型参数为:$L=10$,$\alpha=1$,$\beta=1$,$C_i=5$ 万元,$C_m=30$ 万元,$C_r=50$ 万元,$C_c=60$ 万元,冲击强度 $\lambda=0.5$。按照式(9-78)和式(9-79)确定的搜索算法,首先给定预防性更换周期 T,进而求出该周期下的最佳 τ 值和周期维修费用率,不断改变 T 的取值可以得到图 9-15。从图中可以看出,随着预防性更换周期的增大,最佳维修费用率 $C(\tau,T)$ 呈下降趋势,但是当 T 增大到一定程度后,维修费用率保持恒定,此时 $C^*(\tau,T)=22.03$ 万元/月。这和前面的结论相符。

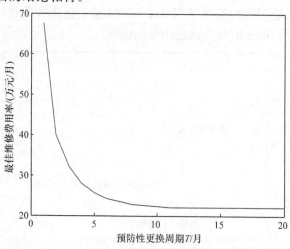

图 9-15　不同预防性更换周期下的最优维修费用率

为了与不区分故障类型的寿命更换策略和结合最小维修的寿命更换策略进行对比,分别取 $\tau=0$ 和 $\tau=T$,绘制两条费用率曲线和 (τ,T) 策略进行对比,如图 9-16 所示。

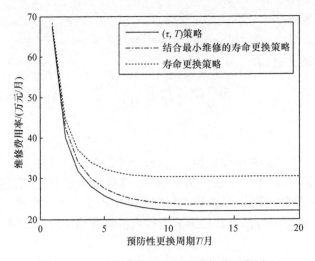

图 9-16　三种维修策略下周期维修费用率对比

从图中可以看出，如果预先设定相同的预防性更换周期，寿命更换策略的维修费用率最高，这是因为在该策略下，对冲击故障直接采取故障更新的维修方式，系统更新周期缩短；最小维修结合寿命更换策略由于区分了故障类型维修费用率而较前者显著下降；(τ, T) 策略与最小维修结合寿命更换策略相比维修费用率进一步下降，这说明通过参数 τ 来选择冲击故障的维修方式（最小维修或修复性维修）是有效的。

给定参数 T，绘制周期维修费用率 $C(\tau, T)$ 随 τ 变化的曲线，图 9-17 显示当 T 为 10 个月时不同的 τ 值对维修费用率的影响。

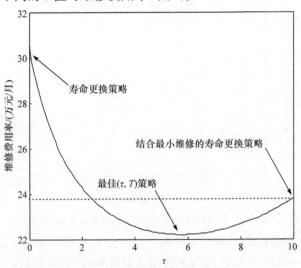

图 9-17　给定 T 时 τ 值对周期维修费用率的影响

由图 9-17 可以看出，对于给定的预防性更换周期 T，(τ, T) 策略存在最佳 τ 值，使得维修费用率最低，最低维修费用率出现在 $\tau = 5.63$ 月，此时维修费用率 $C(5.63, 10) = 22.1462$ 万元/月。

若选定预防性更换周期 T，保持其他参数不变，改变冲击强度 λ 的值，则可以得到不同冲击强度下的 (τ, T) 策略曲线。图 9-18 为当 T 为 30 月，冲击强度分别取 0.01、0.02、0.03、0.04 时，(τ, T) 策略对应的维修费用率曲线。

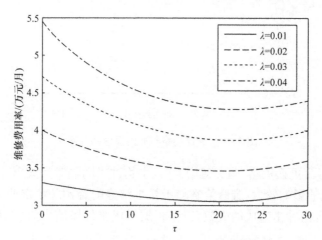

图 9-18　不同冲击强度下和 τ 值下的维修费用率曲线

不同冲击强度下对应的最优维修策略及维修费用率如表 9-1 所示。

表 9-1　不同冲击强度下的最优维修策略

λ	τ^*/月	$C(\tau, T)$/(万元/月)
0.01	19.6	3.05
0.02	20.6	3.46
0.03	21.1	3.87
0.04	21.5	4.28

由表 9-1 可以看出，当冲击强度较大时，对应的 τ 值也较大，其实际意义为在给定预防性更换周期 T 的条件下，对一个经常由外部冲击导致失效的劣化装备应适当推迟修复性维修的时机。为了进一步揭示冲击强度对劣化装备维修策略的影响，让冲击强度在 $(0, 0.2)$ 变化，对应的最佳 τ 值如图 9-19 所示。

由图 9-19 可以看出，在给定预防性更换周期 T 的情况下，对于齐次冲击过程，冲击强度 λ 和 τ^* 同向变化，即较大的 λ 对应的 τ^* 值也较大，较小的 λ 对应的 τ^* 值也较小。这是因为当 λ 值减小时，平均冲击间隔时间增大，混合故障模式中由冲击造成的影响较弱，劣化累积故障占据主导地位，维修策略趋于 $(0, T)$，即基

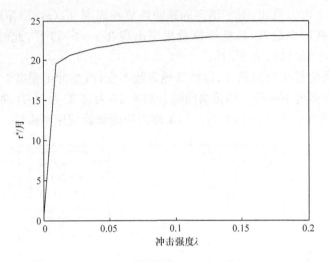

图 9-19　最佳策略与冲击强度的关系

于时间 T 的寿命更换策略；当 λ 值增大时，平均冲击间隔时间减小，混合故障模式中由冲击造成的影响较大，维修策略趋于最小维修配合预防性定期更换。无论是哪种情况，系统由冲击造成的失效，需要根据最优维修策略中的 τ^* 值进行合理的维修规划：

（1）若冲击故障发生在 $(0, \tau^*)$ 期间，则对系统实施最小维修。

（2）若冲击故障发生在 τ^* 时刻后，则对系统进行修复性维修。

9.5　本 章 小 结

可修劣化装备是实际中较常见的一类系统。对于此类系统，通常以其长期运行维修费用率为指标函数，对预防性维修策略进行建模与优化。以往的研究主要针对单一故障类型，要么从系统故障率函数入手，通过对维修效果的建模寻求系统更换前的最优故障维修次数；要么从导致系统劣化的机理入手，建立系统的劣化模型，根据系统状态观测数据确定最佳检测周期和预防性维修阈值，均没有考虑故障模式对维修策略的影响。实际系统在工作过程中除受自身劣化的影响外，还受来自外部环境的冲击，同时许多实际在用的劣化装备其状态并不可观，视情维修难以展开。

本章针对这些问题对传统的寿命更换策略进行了扩展，建立了劣化装备两类故障模式下基于时间的维修更换策略。该方法能够根据外部冲击强度以及其他已知条件，对冲击故障造成的系统停机采取合理的维修措施，进行最小维修或者修复性维修；同时实际操作简单，装备维修人员可以根据冲击故障发生的时间或当时系统的劣化状态自由选择维修策略。该扩展的寿命更换策略对于加强装备维护、降低装备的维修运行成本具有一定的指导意义和参考价值。

参 考 文 献

[1] Singpurwalla N D. Survival in dynamic environments[J]. Statistical Science, 1995, 10(1): 86-103.

[2] Huynh K T, Barros A, Berenguer C, et al. A periodic inspection and replacement policy for systems subject to competing failure modes due to degradation and traumatic events[J]. Reliability Engineering and System Safety, 2011, 96(4): 497-508.

[3] 刘文彬, 王庆锋, 高金吉, 等. 以可靠性为中心的智能维修决策模型[J]. 北京工业大学学报, 2012, 38(5): 672-677.

[4] Grall A, Berenguer C, Dieulle L. A condition-based maintenance policy for stochastically deteriorating systems[J]. Reliability Engineering and System Safety, 2002, 76(2): 167-180.

[5] Bérenguer C, Grall A, Dieulle L, et al. Maintenance policy for a continuously monitored deteriorating system[J]. Probability in the Engineering and Informational Sciences, 2003, 17(2): 235-250.

[6] Lam Y. A note on the optimal replacement problem[J]. Advances in Applied Probability, 1988, 20(2): 479-482.

第 10 章　舰船装备组合维修策略

10.1　组合维修策略问题概述

目前,装备维修工作主要围绕故障后维修(事后维修)和预防性维修开展,其中预防性维修包括定期维修和视情维修两种方式。较定期维修而言,视情维修考虑系统运行状态,尽可能地在系统发生故障前进行维修,有效避免定期维修中存在的维修不足和维修过剩等问题。在发达国家积极开展对故障诊断与状态监测技术研究与应用的背景下,视情维修策略得以迅速发展和成熟,广泛应用于军事、航天、航空、发电等行业,获得了巨大的军事效益和经济效益。相比而言,视情维修在我国还处于发展阶段,基础条件还比较薄弱。尽管国内很多单位部门在视情维修应用上投入大量人力物力,但实际运行效果往往不够理想[1]。究其原因,一方面是在理论层面上,视情维修建模与优化问题本身具有较高的复杂性,如维修决策过程中存在系统状态检测不完备、维修不完全、多重故障并发等诸多因素的制约,忽略这些影响因素带来的复杂性,将会使得视情维修决策模型与现实情况不尽相符;另一方面,在现实层面上还存在不少影响视情维修有效实施的薄弱环节,归纳起来有以下原因:

(1)对装备故障规律认知不足,维修人员的经验和技术有限,以及缺少配套的检测设备,导致无法及时诊断发现装备的潜在故障,制约视情维修的有效开展。

(2)对装备维修管理不重视,缺少详尽的维修历史记录和性能跟踪数据,以及相应的数据分析和理论总结。

(3)未形成较为全面和完善的维修决策理论体系,以解决现有维修策略存在的问题和不足。

综上所述,尽管从维修发展趋势来看,视情维修将逐步取代传统计划定期维修方式的主体地位,但也不能在基础条件尚未成熟的条件下仓促地全面推行视情维修。针对目前装备预防性维修工作处于改革发展、由定期维修向视情维修过渡阶段的情况,本章基于视情维修与定期维修组合的维修策略构建装备维修决策基本框架,将两种预防性维修策略有机结合,弥补两种维修策略在装备维修工程实际应用中的不足,达到科学地确定维修内容、正确地发挥维修作用、有效保证装备工作运行安全的目的,切实满足现阶段我军舰船装备维修保障的需要,并促进装备维修改革向以视情维修为主的方向逐步发展。

10.2　基于组合维修策略的装备维修决策框架

构建装备维修决策基本框架,合理正确地选择维修策略,解决定期维修和视情维修策略在具体实施过程中存在的不足和问题,适应并满足当前装备维修实际需要,为我国海军舰船装备维修改革发展提供思路。

10.2.1　基本维修策略

目前舰船装备的三种基本策略包括事后维修、定期维修和视情维修。事后维修是在设备运行至发生故障而停机后才进行的维修[2],适用于后果影响小的突发性故障。在现行舰船装备维修制度中,为了避免故障发生带来的严重后果,通常对装备采取维护、保养、翻修等预防性维修行为和措施,包括定期维修和视情维修两种策略。

维修制度的建立是与当时的科学技术发展和技术管理水平一致的。由于当初故障规律认识水平不足,并且缺乏先进的检测技术和手段,长期以来我国海军都采用传统的定期维修制度。定期维修的理论基础是装备磨损服从经典的浴盆曲线,以规定的维修间隔期为依据,维修时机明确,便于维修工作的计划及组织实施,在一定程度上能够有效预防事故发生;但定期维修以使用时间作为确定维修时机的依据,即只要到了规定的维修间隔期,不论装备现有技术状况如何,都要按照规定内容组织一次维修作业,因此容易出现过剩维修和不足维修的问题[3,4]。基于以可靠性为中心维修思想的视情维修,则是根据装备状态的客观情况进行修理,能把在功能故障即将发生之前的潜在故障状态检出并及时予以排除,有效地提高预防性维修的效率。相对于定期维修,其掌握了潜在故障征兆,属于预防性维修的高级阶段[5,6]。三种基本维修策略的优缺点如表 10-1 所示。

从表中可以看出,视情维修在维修效率和效果上,相比定期维修具有明显优势,但是由于我国海军装备多年以来一直采用传统的定期维修管理模式,而对于视情维修研究与应用的基础较为薄弱,因此全面推行视情维修并不现实。在现阶段应将视情维修与定期维修策略相融合,在装备维修中首先须明确每种预防性维修策略的适用范围,例如,哪些装备适合视情维修,哪些装备仍然需要实行定期维修,取长补短,充分发挥每种维修策略的优势;并且,针对故障危害大的重点设备,加强状态检测技术和能力,采取视情维修与定期维修相结合的方式,以达到有效降低装备运行过程中故障发生的风险、提高预防性维修效率的目的。通过这种组合机制,在装备视情维修实践中不断积累经验,建立和完善装备技术条件的科学判据,逐步扩大视情维修的应用范围,为日后建立并实施以视情维修为主的装备维修制度奠定坚实基础。

表 10-1　事后维修、定期维修和视情维修比较

维修策略	事后维修	定期维修	视情维修
特点	被动维修 故障后维修	主动维修 周期性地进行预防性维修	主动维修 预测式维修 周期性地进行状态检测
优点	不必投入精力于预防工作	维修时机比较明确 便于制订维修计划	针对性强,维修工作量小 充分利用装备工作寿命 保证装备运行可靠性
缺点	不能控制故障风险 缺少灵活性和成本控制 无法保证装备安全运行	针对性差,维修工作量大 缺乏故障预测能力 维修成本高	需要检测设备和技术条件 状态检测需耗费人力物力

10.2.2　维修策略选择

1. 按部件分类

现代舰船装备是由各个子系统及零部件组成的,很多部件的故障不会对整个装备产生严重影响,这些故障发生后只要能够及时地加以排除即可。根据以可靠性为中心的维修分析的基本思路,判断部件重要与否的主要依据包括[7]:①安全性或环境性后果;②使用性或任务性后果;③经济性后果;④隐蔽性后果。其中,安全性或环境性后果涉及操作人员生命安全以及环境影响,是部件重要性分析的基本原则;使用性或任务性后果则是故障对装备使用或任务完成的影响程度,是部件重要性分析的主要内容;经济性后果是在故障既不影响安全也不影响任务完成的情况下考虑的因素,是部件重要性分析的重要补充;隐蔽性故障尽管没有直接影响,但往往具有严重的,甚至灾难性的后果,是部件重要性分析的必要步骤。如图 10-1 所示,通过对功能故障后果进行分析,判断部件重要程度,为维修策略的选择提供基本思路。

一般而言,对于能够找到有效预防性维修工作的,尤其是重要程度高的关键部件,其运行状态直接影响装备的整个运行以及任务执行过程,需要采取定期维修或视情维修来预防故障的发生;而对于无法找到有效预防性维修工作或者重要程度低的非关键部件,其故障失效的后果影响甚微,采取事后维修较为合适。

2. 按故障类型分类

系统功能故障可分为渐发性故障和突发性故障,其中渐发性故障是由于装备的初始参数随时间逐渐老化而产生的,比较典型的是机械设备所使用材料的磨损故障,如腐蚀、疲劳和蠕变等;而突发性故障则是由外部或内部因素的偶然作用引

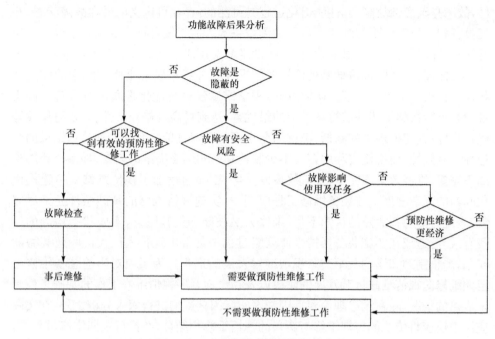

图 10-1　对功能故障后果的评估流程

发的突然故障,其主要特征是设备故障在工作一段时间间隔后突然发生。

一般情况下,对于系统渐发性功能故障,由于存在可确定的耗损期,因此采取定期维修的策略是可行的;若该系统退化过程是可探测的,且存在可定义的潜在故障状态,则采取视情维修是可行的[8]。结合部件根据其功能后果评估的重要度分析,对于重要程度高的关键部件,在定期维修可行的前提下,若视情维修也可行,则应首选视情维修策略,否则必须采取定期维修。对于突发性功能故障,往往无法通过预防性维修工作以降低其发生概率,因而采取事后维修的方式;当突发性功能故障为隐蔽故障时,还需要对其进行定期故障检查,以便及时采取维修措施,降低故障危害及损失。

3. 维修策略选择的综合权衡

在维修策略选择过程中,除考虑装备部件重要性、故障类型之外,还需要考虑维修工程实际中的外部因素和维修条件,包括装备故障的认知水平、维修人员经验技能、实施视情维修所需的检测技术条件等,因为这些因素直接关系到预防性维修工作能否有效开展和实施。以可靠性为中心的维修理论先按故障后果、再按维修工作既要技术可行又要值得做来确定预防性维修工作。技术可行是指能够满足采取某种预防性维修方式的条件,例如,采取视情维修须满足的条件对象是重要部件,故障是渐发性故障,其性能退化过程是可测的,存在可定义的潜在故障状态,并且具备相应技能水平的维修人员和检测设备等。值得做是指采取预防性维修工作能够有效降低故障发生概率,并且预防性维修费用成本低于故障后维修成本[2]。

　　总体而言,我国视情维修理论发展情况及其在我军装备维修实际中的应用现状还存在很多不足。在理论研究方面,视情维修建模与优化是通过对装备维修决策问题进行数学描述并求得理论上的最优解,达到提高维修经济性、装备可用性等优化目标,其建模水平的高低、考虑问题全面与否都直接关系到模型计算结果的合理性与有效性;而维修实际中存在不少制约和影响维修决策的因素,如系统状态检测不完备、维修效果不完全、多重故障发生等,都显著增加了视情维修决策建模优化问题的复杂程度。在装备维修工程应用中,实施视情维修的基础条件还不尽完善,表现为对装备故障的认知不足、维修人员技能和经验匮乏,实施状态检测的设备有限等,造成在实施装备视情维修策略过程中常常出现投入巨大但收效甚微的问题,严重制约和影响我军装备视情维修发展的进程。为了应对当前装备维修由定期维修向视情维修过渡发展的阶段以及在全面开展视情维修工作的基础条件尚未成熟的情况,除在维修理论模型中考虑实际因素影响进行深入分析之外,在实际应用中还应将传统的定期维修与新兴的视情维修相结合,在执行定期维修过程中,加强和完善检测技术和手段,掌握装备的工作状态,及时发现问题,采取相应对策。尤其是对于重要程度高的装备,可以将视情维修与定期维修方式组合应用,实行"先到先执行"的策略[3],并结合视情维修模型对定期维修间隔进行优化,以确保有效降低装备故障发生概率的同时提高维修的经济性。根据以上分析,综合权衡后的维修策略选择流程如图 10-2 所示。

10.3　考虑风险的装备组合维修策略模型分析

　　维修策略选择过程中,在定期维修和视情维修均适用的情况下,应优先选择视情维修策略;对于重要程度高、故障后果危害大的部件,须尽量采取视情维修。但是,目前我军舰船装备视情维修基础较为薄弱、维修技术人员的经验不足、对故障规律的认识不清、检测设备不够齐全等,不能发挥视情维修应有的作用。在这种情况下,若仅采取和依靠视情维修单一维修方式往往无法达到预期效果。例如,系统潜在故障已经发生,但检测水平和经验不足使得未能及时识别和发现潜在故障,从而导致功能故障发生严重后果。针对目前这一状况,在装备现有维修制度下将视情维修与定期维修相结合,作为一种组合策略,以有效降低故障发生的风险,保证装备正常使用。本节主要考虑系统潜在故障检测不完备、存在一定检出概率的情况,建立基于组合维修策略的系统维修决策模型,说明装备组合维修策略的决策及优化过程,以故障风险为约束降低系统长期运行费用率,从定量分析的角度说明在当前装备维修发展过渡阶段采取组合维修策略的有效性和必要性。

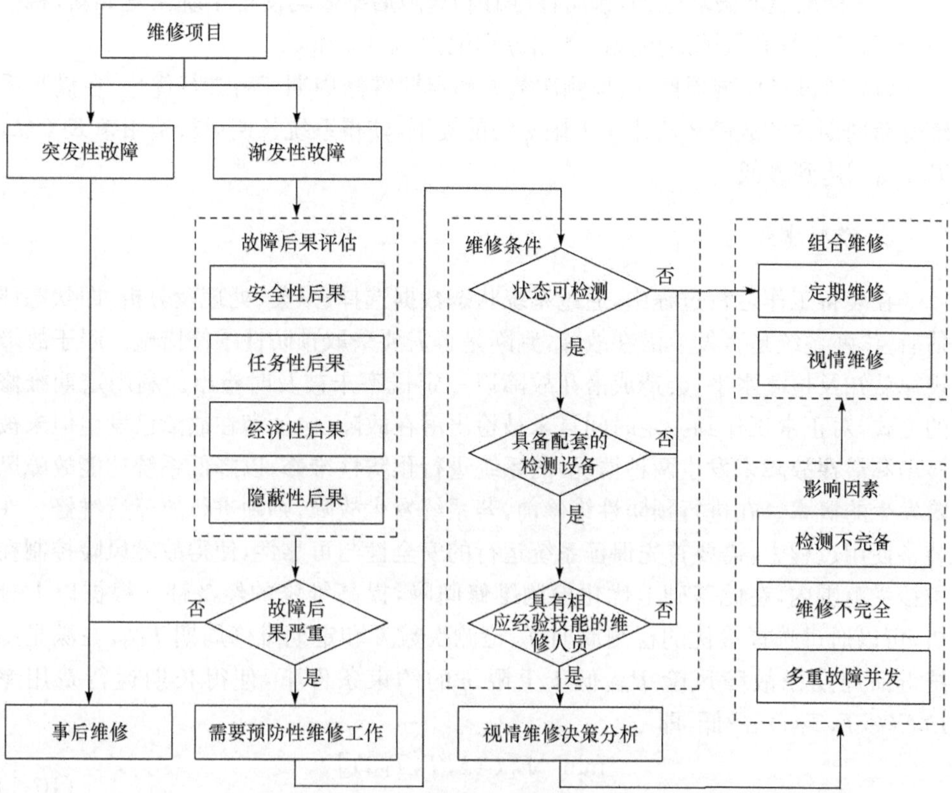

图 10-2　维修策略的选择流程

10.3.1　系统模型的描述

1. 模型假设

（1）系统在工作过程中不断劣化，在不采取预防性维修活动的情况下，最终因劣化而发生故障。

（2）系统从全新状态开始工作，以周期 T 对系统状态进行定期检测，设在时刻 $T, 2T, \cdots, kT$ 进行检测，若检测发现系统发生潜在故障，则进行预防性维修；否则，在时刻 $T_{PM}(T_{PM}>kT)$ 进行定期维修。

（3）系统处于正常状态和潜在故障状态的时间为随机变量，分别记为 $F_1(t)$ 和 $F_2(t)$，相应分布密度函数记为 $f_1(t)$ 和 $f_2(t)$。

（4）当系统处于潜在故障状态时，通过定期检测以一定概率被发现，将系统潜在故障检出概率记为 $q(0<q<1)$。

（5）系统潜在故障发生但未被检出、并在进行定期维修前导致功能故障的发生,此时需要对其进行故障后维修。

(6) 检测是非破坏性的,预防性维修和故障后维修均使得系统恢复如新,将检测、预防性维修和故障后更换的费用分别记为 C_i、C_p 和 C_f。

(7) 通过对检测周期 T、检测次数 k 和定期维修周期 T_{PM} 进行优化,在满足系统寿命周期内的故障风险小于上限 η 的前提下,使得系统长期运行费用率 $E[C(k, T, T_{PM})]$ 达到最低。

2. 模型建立

在装备工作运行过程中,通过系统状态数据选择、采集、处理及分析,即状态评估后,诊断系统是否发生潜在故障,判断是否需要采取预防性维修措施。限于故障规律认知及检测水平,会造成潜在故障以一定概率未被及时检出。利用定期维修的方式,对正常工作到一定时间且未被检出潜在故障(包括潜在故障已发生但未被检出和潜在故障未发生两种情况)的系统进行预防性维修,以降低系统功能故障风险发生的概率。在进行预防性维修前,若系统发生故障,则须进行故障后维修。在装备使用过程中,需要首先保证系统运行的安全性与可靠性,使得故障风险控制在可接受范围内,在此基础上优化检测维修间隔,提高维修的经济性。根据以上分析,可以通过选择最优的检测周期 T、检测次数 k 和定期维修周期 T_{PM},在满足系统寿命周期内故障风险 P_{risk} 低于上限 η 的约束条件下,使得长期运行费用率 $E[C(k, T, T_{PM})]$ 最低,即

$$\begin{aligned} \min \quad & E[C(k, T, T_{PM})] \\ \text{s. t.} \quad & P_{risk} < \eta \end{aligned} \tag{10-1}$$

按照上述分析,基于组合维修策略的维修决策流程如图 10-3 所示。

10.3.2　模型分析与计算

设连续两次维修(包括预防性维修和故障后维修,维修后系统均恢复至全新状态)之间的时间为一个寿命周期。根据模型假设,系统寿命周期可分为以下四种情况:

(1) 在第 i 次与第 $i+1$ 次($i=0,1,2,\cdots,k-1$)检测之间发生故障,进行故障后维修。其原因包括该时间段内发生潜在故障但未达到检测时刻就发生功能故障,以及系统在第 j 次与第 $j+1$ 次($j=0,1,2,\cdots,i-1$)检测之间发生潜在故障但未被检出而造成系统在该时间段发生故障,该事件发生的概率为

$$\begin{aligned} P(A(i, T, T_{PM})) = & \sum_{j=0}^{i-1}(1-q)^{i-j}\int_{jT}^{(j+1)T}f_1(u)[F_2((i+1)T-u)-F_2(iT-u)]\mathrm{d}u \\ & + \int_{iT}^{(i+1)T}f_1(u)F_2((i+1)T-u)\mathrm{d}u \end{aligned} \tag{10-2}$$

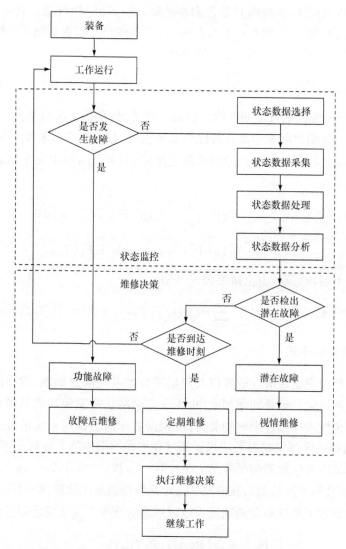

图 10-3　基于组合维修策略的装备维修决策流程

（2）第 k 次检测后，在时刻 T_{PM} 定期维修前发生故障，进行故障后维修。其原因包括该时间段内发生潜在故障但还未到定期维修时刻 T_{PM} 就发生功能故障，以及系统在第 j 次与第 $j+1$ 次（$j=0,1,2,\cdots,k-1$）检测之间发生潜在故障但未被检出而造成系统在该时间段发生故障，该事件发生的概率为

$$P(A(k,T,T_{PM})) = \sum_{j=0}^{k-1} (1-q)^{k-j} \int_{jT}^{(j+1)T} f_1(u) \left[F_2(T_{PM}-u) - F_2(kT-u) \right] \mathrm{d}u$$
$$+ \int_{kT}^{T_{PM}} f_1(u) F_2(T_{PM}-u) \mathrm{d}u \qquad (10\text{-}3)$$

（3）在第 $i(i \leqslant k)$ 次检测时发现潜在故障，进行预防性维修。其中，潜在故障发生在第 j 次与第 $j+1$ 次 $(j=0,1,2,\cdots,i-1)$ 检测之间，直到第 i 次检测时被检出，且未导致故障发生，该事件发生的概率为

$$P(B(i,T,T_{PM})) = \sum_{j=0}^{i-1} q(1-q)^{i-j-1} \int_{jT}^{(j+1)T} f_1(u)\,\overline{F_2}(iT-u)\,\mathrm{d}u \quad (10\text{-}4)$$

（4）在 T_{PM} 时刻进行定期维修。包括三种情况：在第 j 次与第 $j+1$ 次 $(j=0,1,2,\cdots,k-1)$ 检测之间发生潜在故障但未被检出，且直到 T_{PM} 未发生故障；在第 k 次检测与 T_{PM} 之间发生潜在故障但未发生故障；时刻 T_{PM} 前未发生潜在故障。该事件发生概率为

$$P(B(T,T_{PM})) = \sum_{j=0}^{k-1} (1-q)^{k-j} \int_{jT}^{(j+1)T} f_1(u)\,\overline{F_2}(T_{PM}-u)\,\mathrm{d}u$$
$$+ \int_{kT}^{T_{PM}} f_1(u)\,\overline{F_2}(T_{PM}-u)\,\mathrm{d}u + \overline{F_1}(T_{PM}) \quad (10\text{-}5)$$

综合以上四种情况，由全概率公式可知

$$\sum_{i=1}^{k} P(A(i,T,T_{PM})) + \sum_{i=1}^{k} P(B(i,T,T_{PM})) + P(B(T,T_{PM})) = 1 \quad (10\text{-}6)$$

1. 故障风险计算

通过定期检测发现潜在故障以及定期维修使系统恢复如新，旨在降低系统功能故障发生的风险。但是即便如此，也无法完全防止和避免功能故障的发生。尤其对于有安全性或任务性影响的装备，应根据实际需求设定系统故障失效概率上限 η，即所选择的维修策略参数应保证系统在寿命周期内的失效概率不超过 η。系统在寿命周期内发生故障包括在第 i 次与第 $i+1$ 次 $(i=0,1,2,\cdots,k-1)$ 检测之间发生故障，以及第 k 次检测后在时刻 T_{PM} 定期维修前发生故障两种情况。因此，所选维修策略参数下系统寿命周期发生故障风险的概率 P_{risk} 应满足以下约束：

$$P_{risk} = \sum_{i=1}^{k} P(A(i,T,T_{PM})) < \eta \quad (10\text{-}7)$$

2. 寿命周期期望

根据系统周期寿命的四种情况，可得到相应情况下寿命周期的计算表达式。

（1）在第 i 次与第 $i+1$ 次 $(i=0,1,2,\cdots,k-1)$ 检测之间发生故障，进行故障后维修，设 t 为系统故障发生时刻，其满足 $iT<t\leqslant(i+1)T(i=0,1,2,\cdots,k-1)$，该情况的寿命周期期望为

$$\tau_1 = \sum_{i=1}^{k-1} \sum_{j=0}^{i-1} (1-q)^{i-j} \int_{jT}^{(j+1)T} f_1(u) \int_{iT}^{(i+1)T} t \cdot f_2(t-u)\,\mathrm{d}t\mathrm{d}u$$

$$+ \sum_{i=0}^{k-1} \int_{iT}^{(i+1)T} f_1(u) \int_u^{(i+1)T} t \cdot f_2(t-u) \mathrm{d}t \mathrm{d}u \tag{10-8}$$

（2）第 k 次检测后，在时刻 T_{PM} 定期维修前发生故障，进行故障后维修，设 t 为故障发生时刻，其满足 $kT < t \leqslant T_{\mathrm{PM}}$，该情况的寿命周期期望为

$$\tau_2 = \sum_{j=0}^{k-1} (1-q)^{k-j} \int_{jT}^{(j+1)T} f_1(u) \int_{kT}^{T_{\mathrm{PM}}} t \cdot f_2(t-u) \mathrm{d}t \mathrm{d}u$$

$$+ \int_{kT}^{T_{\mathrm{PM}}} f_1(u) \int_u^{T_{\mathrm{PM}}} t \cdot f_2(t-u) \mathrm{d}t \mathrm{d}u \tag{10-9}$$

（3）第 $i(i \leqslant k)$ 次检测时发现潜在故障但未发生功能故障，进行预防性维修，该情况的寿命周期期望为

$$\tau_3 = \sum_{i=1}^{k} \sum_{j=0}^{i-1} iT \cdot q(1-q)^{i-j-1} \int_{jT}^{(j+1)T} f_1(u) \overline{F_2}(iT-u) \mathrm{d}u \tag{10-10}$$

（4）在时刻 T_{PM} 进行定期维修，该情况的寿命周期期望为

$$\tau_4 = T_{\mathrm{PM}} \left[\sum_{j=0}^{k-1} (1-q)^{k-j} \int_{jT}^{(j+1)T} f_1(u) \overline{F_2}(T_{\mathrm{PM}}-u) \mathrm{d}u \right.$$

$$+ \left. \int_{kT}^{T_{\mathrm{PM}}} f_1(u) \overline{F_2}(T_{\mathrm{PM}}-u) \mathrm{d}u + \overline{F_1}(T_{\mathrm{PM}}) \right] \tag{10-11}$$

综合以上分析，两次维修（包括预防性维修和故障后维修）之间的系统寿命期望为

$$E[\tau(k,T,T_{\mathrm{PM}})] = \tau_1 + \tau_2 + \tau_3 + \tau_4 \tag{10-12}$$

3. 维修费用期望

在系统寿命周期内的检测次数期望为

$$E[N_{\mathrm{I}}] = \sum_{i=1}^{k} i \cdot [P(A(i,T,T_{\mathrm{PM}})) + P(B(i,T,T_{\mathrm{PM}}))] + kP(B(T,T_{\mathrm{PM}})) \tag{10-13}$$

系统进行故障后更换的概率为

$$P_{\mathrm{F}} = \sum_{i=1}^{k} P(A(i,T,T_{\mathrm{PM}})) \tag{10-14}$$

系统进行预防性维修的概率为

$$P_{\mathrm{P}} = \sum_{i=1}^{k} P(B(i,T,T_{\mathrm{PM}})) + P(B(T,T_{\mathrm{PM}})) \tag{10-15}$$

事实上，预防性维修的概率 P_{P} 与故障后更换的概率 P_{F} 满足 $P_{\mathrm{P}} + P_{\mathrm{F}} = 1$。

因此，系统长期运行费用率的表达式为

$$E[C(k,T,T_{\mathrm{PM}})] = \frac{C_i E[N_{\mathrm{I}}] + C_p P_{\mathrm{P}} + C_f P_{\mathrm{F}}}{E[\tau(k,T,T_{\mathrm{PM}})]} \tag{10-16}$$

10.3.3　算例分析

柴油机是保障舰船安全运行的动力心脏,根据对舰船故障的统计分析,柴油机的故障占 60%～70%。因此,柴油机是船舶行业监测技术的重点。目前,柴油机的维护保养主要采用定期维修方式,即通过不同级别的维护保养,如拆卸、检修、调整、更换、修复和试车等手段,将两次维修间隔内的各种事故降低到最低限度,使柴油机经常保持良好的运行状态。一般情况下,每运行一段规定时间后就要进行一次停航检修。为了避免在连续两次定期维修之间发生故障,在平时执行任务过程中,可以通过油液监测、振动监测等手段发现潜在故障,及时采取预防性维修措施,降低故障发生的风险。

以某型舰船柴油机轴承为研究对象,在不同的运转阶段产生的磨损水平不尽相同,可将其分为正常磨损和异常磨损阶段,通过检测手段发现异常磨损时就需要采取预防性维修措施,避免柴油机发生故障而停机。设正常磨损阶段以及从出现异常磨损到故障发生之间的时间均服从韦布尔分布,参数分别为 (λ_1, β_1) 和 (λ_2, β_2)。若系统发生故障,则须进行故障后更换,费用为 C_f。为及时发现潜在故障、避免功能故障的发生,维修人员对柴油机部件进行定期检测,检测费用为 C_i,但检测是不理想的,存在一定的缺陷检出概率 q;当系统潜在故障已发生且被检出时,就对其进行预防性维修,否则系统继续运行;与此同时,以时间长度 T_{PM} 为周期对其进行定期维修,即系统在连续运行时间达到 T_{PM} 过程中,没有检出潜在故障(包括潜在故障未发生和潜在故障发生但未被检出两种情况),就对其进行预防性维修,视情维修和定期维修的费用均为 C_p。为了满足舰船安全性及任务性的需求,系统故障风险发生概率应不超过 η。维修决策的目的是将定期维修的时间间隔与视情维修的检测策略进行联合优化,在满足系统故障失效风险上限 η 的约束下,使得系统长期运行费用率最低。

根据题设,系统处于正常状态和潜在故障状态时间的概率分布函数 $F_1(t)$、$F_2(t)$ 为 $F_i(t)=1-\exp(-\lambda_i t^{\beta_i})$,概率密度函数为 $f_i(t)=\lambda_i \beta_i t^{\beta_i-1} \exp(-\lambda_i t^{\beta_i})$($i=1,2$)。取模型参数 $\lambda_1=3.7502\times10^{-4}$,$\beta_1=1.13$,$\lambda_2=1.5176\times10^{-4}$,$\beta_2=1.94$,检出概率 $q=0.6$,系统故障风险上限 $\eta=0.2$,检测维修费用参数 $C_i=500$ 元,$C_p=3000$ 元,$C_f=28000$ 元,按照以上条件,下面分别在给定维修间隔 T_{PM} 条件下优化检测策略、对定期维修间隔和视情维修策略联合优化以及检出概率对于最优维修策略的影响三个方面进行分析。

(1) 分析在给定维修间隔 T_{PM} 的条件下,求解满足故障风险上限 $\eta=0.2$ 要求的最优检测周期和检测次数。设定期维修间隔 $T_{PM}=1000h$,将模型参数代入式(10-2)～式(10-15),再将计算结果代入式(10-16),即可得到费用率 $E[C(k, T,$

$T_{PM})]$与检测周期 T、检测次数 k 的函数变化关系。如图 10-4 所示,根据维修策略
(包括检测周期 T 和检测次数 k)是否满足系统故障风险要求,将维修策略分为两
部分,图中曲面左半部分为 $P_{risk} \geqslant \eta$,不满足故障风险小于上限 $\eta = 0.2$ 的要求,因
此应将该部分对应的费用率计算结果舍去;右半部分为 $P_{risk} < \eta$,满足系统故障风
险小于上限 $\eta = 0.2$ 的要求,其中最优维修策略为$(k^* = 17, T^* = 54h)$,使得系统
在满足故障风险约束下最低维修费用率为 $E[C(k^*, T^*, T_{PM})] = 20.126$ 元/h。

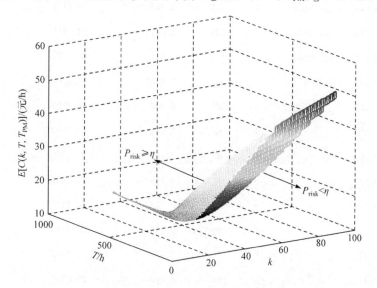

图 10-4　系统长期运行费用率 $E[C(k, T, T_{PM})]$与检测周期 T、
检测次数 k 的关系($T_{PM} = 1000h$)

由图 10-4 可以看出,在定期维修间隔 T_{PM} 确定的情况下,可以找到一组检测
策略(k^*, T^*)使得系统长期费用率达到最低值 $E[C(k^*, T^*, T_{PM})]$。根据以上分
析,可以在优化检测策略(k, T)基础上,对定期维修周期 T_{PM} 进行遍历,继而得到
最优的组合维修策略(k^*, T^*, T_{PM}^*)。

(2) 分析在不同定期维修间隔 T_{PM} 下,求解满足故障风险上限 $\eta = 0.2$ 要求的
最优组合维修策略(k^*, T^*, T_{PM}^*)。取 50h 为单位时间对参数 T_{PM} 进行遍历搜索,
部分计算结果如表 10-2 所示。对应于每个定期维修间隔 T_{PM} 都可求得一组最优
检测策略(k^*, T^*);通过比较,在检出概率 $q = 0.6$ 条件下,最优组合维修策略为
$(k^* = 11, T^* = 66h, T_{PM}^* = 800h)$,此时故障风险 $P_{risk} = 0.197$,系统维修费用率为
$E[C(k^*, T^*, T_{PM}^*)] = 20.0166$ 元/h。

表 10-2　组合维修与定期维修策略对比

T_{PM}/h	定期维修				组合维修		节省百分比/%
	P_r	$E[C(T_{PM})]$/元	k	T^*/h	P_{risk}	$E[C(k^*,T^*,T_{PM})]$/(元/h)	
100	0.018	34.5574	1	52	0.011	38.0587	—
150	0.045	27.906	1	79	0.029	28.7417	—
200	0.079	25.5501	1	106	0.055	25.1106	1.72
250	0.115	24.4872	1	134	0.085	23.5219	3.94
300	0.151	23.9343	2	101	0.094	22.5071	5.96
350	0.187	23.63	3	87	0.104	21.8602	7.49
400	0.222	—	3	100	0.133	21.3722	9.55
450	0.257	—	4	89	0.141	20.9969	11.14
500	0.290	—	5	82	0.149	20.7266	12.29
550	0.322	—	6	77	0.158	20.5251	13.14
600	0.354	—	6	84	0.183	20.3479	13.89
650	0.384	—	7	80	0.190	20.2074	14.48
700	0.413	—	8	77	0.198	20.1002	14.94
750	0.441	—	10	67	0.189	20.0786	15.03
800	0.468	—	11	66	0.197	20.0166	15.29
850	0.494	—	13	60	0.191	20.0816	15.02
900	0.519	—	14	59	0.198	20.0399	15.19

注:P_r 表示系统寿命周期发生故障风险的概率。

　　表 10-2 中,当 $T_{PM} \geqslant 400h$ 时,节省百分比表示该条件下采取组合维修,相比满足故障风险约束条件的定期维修下达到的最低费用率(即 $T^*_{PM}=350h$, $E[C(T^*_{PM})]=23.63$ 元/h)减少的比例。

　　表 10-2 中,采取组合维修的长期费用率 $E[C(k^*,T^*,T_{PM})]$ 会随着定期维修间隔 T_{PM} 增加呈现先减小后增加的趋势,这是因为定期维修间隔时间 T_{PM} 过短,没有充分利用设备寿命而提前维修造成浪费;而 T_{PM} 过长则会在设备运行后期故障率增加时,因没有及时采取措施而易导致故障发生,造成巨大损失。进一步地,为了说明组合维修策略的有效性,将其与定期维修策略下的费用率计算结果进行对比。通过对原模型进行修改,舍去其中包含视情维修策略的表达式,如式(10-2)、式(10-4)、式(10-8)和式(10-10),并将其余式中的 k 取值为 0,即可得到定期维修

策略下的系统长期运行费用率的计算结果,对比结果如表 10-2 所示。从表 10-2 中节省百分比可以看到,当 $T_{PM} \leqslant 150h$ 时,定期维修下的费用率低于组合维修策略,这是由于此时定期维修间隔过短,系统故障率很低,不必进行检测;之后随着定期维修间隔时间 T_{PM} 不断增加,定期维修下的费用率均高于组合维修策略,并且当 $T_{PM} \geqslant 400h$ 时,由于定期维修策略下的故障风险大于 $\eta = 0.2$ 而无法满足要求,而此时组合维修策略能够在满足系统故障风险小于 $\eta = 0.2$ 要求下,有效降低系统长期运行费用率。这是因为当定期维修间隔变长时,会导致预防性维修延迟,造成系统故障发生率增加;而组合维修策略通过状态检测,可以及时发现潜在故障,有效降低故障发生的概率,控制故障风险在要求范围内,减少长期运行费用率,节省系统维修成本。

(3) 在取最优检测周期 T 和检测次数 k 的条件下,分析潜在故障检出率 q 对于系统预防性维修概率和长期运行费用率随定期维修间隔 T_{PM} 变化的影响。在原题设条件不变的情况下,分别对 $q = 0.4$、$q = 0.6$ 和 $q = 0.8$,以及不采取检测而仅采取定期维修四种条件下的计算结果进行对比,如图 10-5 和图 10-6 所示。

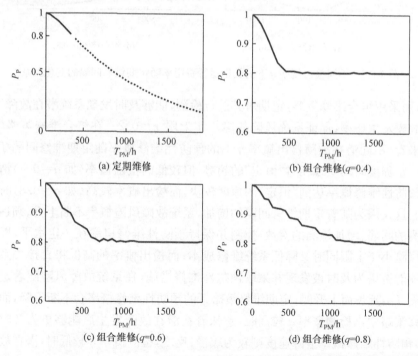

图 10-5 不同检出概率 q 下的预防性维修概率 P_P 随定期维修间隔 T_{PM} 变化关系图

由图 10-5 可以看出,定期维修下的系统预防性维修概率随着定期维修间隔的增加而快速降低,虚线部分表示此时系统风险故障已大于上限 $\eta = 0.2$ 而无法满足

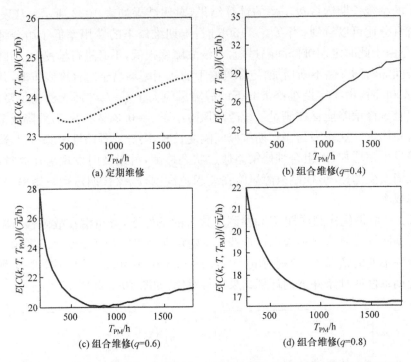

图 10-6　不同检出概率 q 下的长期运行费用率随定期维修间隔的变化关系

要求;而采用组合维修策略,定期对其进行检测,能够及时发现系统潜在故障,有效降低故障发生概率,保证系统风险故障小于上限 $\eta=0.2$。在组合维修策略中,从趋势来看,不同潜在故障检出概率 q 下的预防性维修概率随定期维修间隔 T_{PM} 变化到一定程度时均呈现相对"恒定"的趋势,但较低的检出概率(如 $q=0.4$)情况下系统预防性维修概率达到"恒定"的速度较快,而检出概率较高(如 $q=0.8$)时则较缓慢。这是因为随着定期维修间隔的增加,系统故障风险概率不断上升,须适时缩短检测的间隔、增加检测的次数,控制并保持预防性维修概率在一定水平,以保证故障风险小于上限同时又降低系统维修成本;而检出概率的高低将直接关系到潜在故障能否更为及时被发现并采取预防性维修措施,在系统故障风险随着定期维修间隔 T_{PM} 延长而上升时,定期维修策略下的预防性维修概率会不断下降,而在组合维修策略中当检测概率 q 较高时,意味着在潜在故障发生后能够更为及时地被发现,预防性维修概率下降速度则较为缓慢;反之,检测概率 q 较低时,潜在故障没有被及时发现的概率较高,预防性维修概率下降速度则较快。相对应地,从图 10-6 中可以看到不同检测概率对于系统长期运行费用率最低值随定期维修间隔变化趋势的影响。图 10-6 中定期维修下的长期费用率变化曲线的虚线部分,表示此时系统风险故障已大于上限 $\eta=0.2$ 而无法满足要求,其满足故障风险小于上限 $\eta=$

0.2 的长期费用率最小值为 23.63 元/h(最优定期维修间隔 $T_{PM}^{*}=350h$,取 50h 为单位时间对 T_{PM} 遍历搜索,下同);而在不同检出概率 q 下采取组合维修策略,能够满足系统风险故障上限约束的长期运行费用率最低值分别为 22.9657 元/h(当 q $=0.4$ 时)、20.0166 元/h(当 $q=0.6$ 时)、16.7331 元/h(当 $q=0.8$ 时),因此,与定期维修相比,组合维修策略能够有效降低系统长期运行维修费用率,并且检出概率 q 越高费用率降低的幅度越大。从变化趋势来看,组合维修策略下长期运行费用率随维修间隔均呈现先减小后增大的趋势。对比检出概率 $q=0.4$、$q=0.6$ 和 $q=$ 0.8 三种情况,随着检出概率 q 的增大,长期运行费用率在后半段随维修间隔增加呈现变缓趋势,这是因为随着定期维修间隔 T_{PM} 的增加、系统故障风险会不断提高,在检出概率 q 较低的情况下,需要更多地缩短检测间隔、增加检测次数,使得潜在故障能够被及时检出,并采取预防性维修措施,降低故障发生概率,满足系统故障风险的上限约束,但这同时相对增加了检测成本,因而该条件下的长期运行费用率随 T_{PM} 增加的趋势更加明显;反之,在检出概率 q 较高的情况下,不必因 T_{PM} 延长而过多地缩短检测间隔、增加检测次数,就能保证潜在故障被及时检出,并满足系统故障风险的上限约束,检测成本较低,因而该条件下的长期运行费用率随 T_{PM} 增加的趋势较缓。

综合以上分析,相比定期维修,组合维修策略通过检测能够以一定概率发现潜在故障,并及时采取预防性维修措施,避免功能故障的发生,满足故障风险上限的约束下有效降低系统长期运行费用率。进一步可以看出,较高检出概率条件下的最优定期维修间隔期更长,这是因为较高的检出概率能够在定期维修间隔内,更准确地把握维修时机,有助于提高预防性维修的效率,在保证系统故障风险满足实际安全需求的前提下,可适当延长定期维修间隔,以有效减少系统长期运行的维修成本。因此,随着装备故障规律认识水平不断提高,状态检测技术不断加强和完善,并在此基础上制订全面具体、可操作性强的维修大纲,必将更好地发挥视情维修的作用,从而推动视情维修在装备维修工程应用中的持续发展。

10.4　本章小结

基于组合维修的舰船装备维修决策框架是指将视情维修、定期维修以及故障后维修有机融合的一种维修机制。本章对于舰船装备组合维修策略从定性、定量两方面进行分析和介绍,首先定性说明了在目前实施视情维修的基础条件尚不完备的情况下,需要将以可靠性为中心的维修思想的视情维修策略与现行的定期维修制度有机结合,构建基于组合维修策略的装备维修决策框架,以实现最大限度地提高装备的使用可靠性、保证装备的任务可用性等目标;然后基于组合维修策略建立装备维修模型进行定量分析,通过算例说明了组合维修策略能够充分发挥各种维修方式的不同特点与优势,获得最佳的维修效果,最大限度地减少故障带来的损失,证明了组合维修策略的有效性。

参 考 文 献

[1] 李华,董明,严璋. 对正确开展状态检测及状态维修的建议[J]. 电力设备,2004,5(5):48-51.

[2] 莫布雷. 以可靠性为中心的维修[M]. 北京:机械工业出版社,1995.

[3] 胡剑波,葛小凯,王瑛,等. 航空装备综合状态维修框架研究[J]. 空军工程大学学报(自然科学版),2011,12(6):1-7.

[4] 王庆锋,么子云,高金吉,等. 基于风险和状态决策的维修任务优化研究[J]. 机械科学与技术,2011,30(11):1855-1863.

[5] 袁玉道,朱石坚. 完善维修体制提高舰船维修水平[J]. 中国修船,2005,(4):39-42.

[6] 顾磊,钱正芳,范英,等. 舰船装备视情维修间隔模型研究[J]. 华中科技大学学报(自然科学版),2003,31(6):103-105.

[7] 陈学楚. 现代维修理论[M]. 北京:国防工业出版社,2003.

[8] 贾希胜. 以可靠性为中心的维修决策模型[M]. 北京:国防工业出版社,2007.

索　引